基于 Modelica 的物理系统建模方法

刘艳芳　黎文勇　编著

机 械 工 业 出 版 社

《基于 Modelica 的物理系统建模方法》围绕 Modelica 语言的核心、主要和常用功能编写，让读者快速突破、重点围剿、抓大放小；选择一些有必要、有特色、简单实用的典型模型，使读者快速掌握编程方法。全书共分五章，包括连续物理系统的建模方法、非连续变结构系统的建模方法、仿真计算方法、基于 TypeDesigner 的物理系统建模方法和机电液控一体化领域的建模应用，旨在揭示如何使用 Modelica 语言来创建物理系统模型，展现语言的创造力。

本书既可以作为汽车、航空航天、工程机械、船舶、精密仪器和机器人等领域的工程师开展系统动力学建模与仿真的参考工具书，也可以作为高等院校的教研教材。

图书在版编目（CIP）数据

基于 Modelica 的物理系统建模方法/刘艳芳，黎文勇编著．—北京：机械工业出版社，2020.9

ISBN 978-7-111-66316-4

Ⅰ.①基…　Ⅱ.①刘…　②黎…　Ⅲ.①物理学-计算机仿真②物理学-系统建模　Ⅳ.①O4-39

中国版本图书馆 CIP 数据核字（2020）第 146974 号

机械工业出版社（北京市百万庄大街 22 号　邮政编码 100037）
策划编辑：母云红　责任编辑：母云红
责任校对：李　伟　封面设计：马精明
责任印制：李　昂
北京机工印刷厂印刷
2020 年 10 月第 1 版第 1 次印刷
184mm×260mm · 10.75 印张 · 2 插页 · 238 千字
0001—1900 册
标准书号：ISBN 978-7-111-66316-4
定价：59.00 元

电话服务	网络服务
客服电话：010-88361066	机　工　官　网：www.cmpbook.com
010-88379833	机　工　官　博：weibo.com/cmp1952
010-68326294	金　　书　　网：www.golden-book.com
封底无防伪标均为盗版	机工教育服务网：www.cmpedu.com

序

Modelica 语言的诞生是建模仿真界乃至工业界的里程碑事件，对于模型重用、交互标准化与工程系统建模具有重要意义，为解决复杂工程系统仿真中多领域耦合问题开辟了新的道路，推动了工业领域模型驱动工程技术的发展与应用，被誉为“工程师的语言”。

基于 Modelica，国外一些商业公司开发了 SimulationX、Dymola 等众多优秀的仿真软件，先在汽车行业得到了广泛应用，后逐渐在航空航天、能源、电力、电子、机械、化学、控制和流体等行业也得到了推广，例如，宝马、奥迪、奔驰、福特、丰田、大众、DLR、ABB 和西门子等知名企业都广泛使用上述软件。国内部分科研人员、工程师在产品研发过程中也逐渐意识到复杂工程系统仿真技术的重要性，并有意识地逐步推广应用。因此，作为工程研发人员，有必要深入了解 Modelica 建模及应用技术。但是，Modelica 系统仿真技术过于庞杂，既需要系统专业知识，也需要系统建模方法，很容易在面对复杂工程系统建模与仿真问题时不知所措。本书正好解决了上述痛点。

本书总结了作者十多年在该领域的教学科研成果，结合其工程实践经验，围绕 Modelica 语言的核心功能编写，为了让读者快速突破，选择了一些必要的或有特色的且来自于工程实际的典型模型。相信本书一定能为汽车、航空航天、船舶、工程机械等领域的工程师们在开展系统动力学建模与仿真工作方面提供帮助，也会对高等院校系统动力学建模与仿真技术的教学研究提供参考。

徐向阳

于北京航空航天大学

前 言

基于模型的系统工程是系统仿真与系统级产品设计的热点方向，其核心就是，通过模型与仿真集成优化手段，完成产品设计、制造生产、产品试验以及服务等关键业务活动的虚拟测试。可见，模型是系统工程的核心，而多领域耦合问题是复杂工程系统仿真模型的重大技术难题。Modelica 语言的诞生，为解决该问题开辟了新的道路，已成为系统工程中创建复杂物理系统模型的重要技术手段。

2006 年春，我刚刚步入汽车工程领域，很荣幸参加了北京航空航天大学徐向阳教授邀请的德国凯姆尼兹工业大学教授 Peter Tenberge 先生的学术交流，一同来访的还有时任德国 ITI 公司（现 ESI 集团）大中华区总裁黎文勇博士，正式开启了我在汽车自动变速器领域的研究生涯；同年，北京航空航天大学与德国 ITI 公司合作成立了 SimulationX 培训中心，承担国内 SimulationX 软件的技术支持和培训工作，标志着 ITI-SimulationX 正式投放国内市场，时至今日，已培养了大批仿真工程师。无论是在新产品、新方法、新技术的理论探索方面，还是在产品技术的工程化方面，基于 Mocelica 语言的多学科系统动力学仿真技术都发挥了巨大作用，帮助企业解决了很多工程技术难题。

2010 年，基于国内 SimulationX 技术支持和软件培训经验，我编写了一本入门级图书《SimulationX 精解与实例：多学科领域系统动力学建模与仿真》，先后印刷两次，拥有很多读者。同年，在德国德累斯顿召开的第八届国际 Modelica 大会上，确定了黎文勇博士负责 Modelica 中国用户组。受黎博士委托，我开始关注国内 Modelica 开发与应用的发展情况。结合自身所在高校的优势，考虑先从培养人才开始，2012 年，在北京航空航天大学交通科学与工程学院率先开设了一门关于 Modelica 的研究生课程——多学科系统动力学建模与仿真。该课程主要讲授基于 Modelica 的多学科领域物理系统动力学建模方法，黎博士多次回国联合授课，颇受学生欢迎。

随着越来越多行业工程师加入使用 Modelica 的行列，出版一本关于复杂物理系统动力学建模方法的图书的呼声愈加强烈。2017 年，我与黎博士下决心，计划将多年的心得、经验整理成册，并综合高校的理论优势和工程公司的实践优势，编写一本深入介绍 Modelica 建模应用的书籍，面向工业界和学术界的研发人员，重在介绍如何创建复杂物理系统的动力学模型，引导读者找到有效的工程应用解决方案。今天，这本书终于面世，深感欣慰。

本书的内容结构如下。

第1章介绍连续物理系统的建模方法，讲解化整为零的连续物理系统分解理念和化零为整的复杂物理系统的层级式建模方式；讲述Modelica模型的主要构成要素，并对物理域内计算的“势”量和“流”量进行了说明。

第2章介绍非连续变结构系统的建模方法，讲解离散问题的建模，探究了关系式触发事件、离散方程和瞬态方程的建模机制，重点说明瞬态方程的各种建模规则。

第3章介绍Modelica模型的仿真计算方法，讲解如何将复杂物理系统的模型平坦化，铲平模型的层级式结构，将模型转化为一组平坦的方程、常量、参数和变量；探讨混合微分代数方程组的奇异问题及其解决办法。

第4章介绍基于TypeDesigner的物理系统建模方法。讲解创建新类型的高级建模方法及其创建流程；结合来自机械系统、控制系统、迭代算法等方面的实践案例，详细讲述如何基于该集成开发工具，创建新的模型类型，满足工程需求。

第5章介绍机电液控一体化领域的建模应用情况，基于软件平台SimulationX，结合从机械、控制、液压等领域选取的工程应用案例，详细讲述了齿轮传动系统、控制系统和液压系统建模所依据的基础理论和具体的实现方法。

本书很多系统动力学仿真案例来自于工程实践，曾得到很多同行专家、学者的建议，在此对他们表示由衷的感谢。特别感谢徐向阳教授和Peter Tenberge教授，他们是我踏入汽车自动变速器方向的引路人，让我有机会了解Modelica与多学科系统动力学仿真。感谢王书翰、董鹏两位博士对我在Modelica教学方面给予的支持。

另外，在北京航空航天大学先进传动技术实验室，非常幸运拥有一群天资聪颖而又勤奋好学的博士、硕士研究生。李想、刘艳静、吕一功等积极参与了本书相关内容的文献检索、外文翻译等工作。许昊星完成了全书的公式编辑、表格制作。他们的专业情怀和认真负责的态度，让我由衷地感动，相信这种素养会使他们在今后的课题研究中无往不胜。这些学子是我的骄傲，也必将是中国的未来和希望。

在本书撰写过程中，荣幸邀请到国内外很多汽车、航空、工程机械和船舶等领域系统动力学仿真的知名专家、教授、工程师对全书进行了全面审查，在此对他们表示衷心的感谢。

最后，特别感谢现ESI集团（原德国ITI公司），从最早的总裁先生Schindler博士，双方合作开始至今，都给予了我们充分的信任，并提供了强有力的软件平台支持。

由于作者知识水平有限，加之处于知识飞速发展、信息爆炸的时代，书中疏漏在所难免，欢迎广大读者批评指正。

刘艳芳

目　录

第1章　连续物理系统的建模方法

1.1　连续物理系统的建模方式与模型要素

1.1.1　真实连续物理系统的最小元件分解法

任何真实的物理系统，根据其构成元素以及运行工作环境，都可以分解或者等效为由若干个最小物理元件构成的集合体。为便于说明，以研究车辆的垂向动力学为例，如图 1-1 所示，为了分析整车的垂向动力学特性，可将整车系统等效为简单的单轴四自由度车辆模型，其中车身可以等效为质量和惯量的子集合体：（m_3，J_3），前后轴的悬架可以分别等效为刚度和阻尼构成的两个子集合体：（d_3，k_3）和（d_4，k_4），前后轮胎可以等效为质量、刚度和阻尼构成的子集合体：（m_1，d_2，k_2）和（m_2，d_1，k_1），地面给前后轴的激励可等效为轮廓曲线，此时已无法再进行分解。可见，整车系统可以看作是由这些质量、惯量、刚度和阻尼等最小元件构成的集合体。另外，最小元件之间在物理系统中是相互作用的，例如，轮胎质量元件承受悬架作用力的同时也反馈给悬架相等的作用力。因此，根据真实的相互作用关系，可以确定集合体中各个元件之间的平衡关系及物理属性信息的传递情况，在物理系统分解后可用连线图形化表示这种相互作用关系，不同的学科领域存在不同传递关系的连线。将所有最小元件通过若干连线关联起

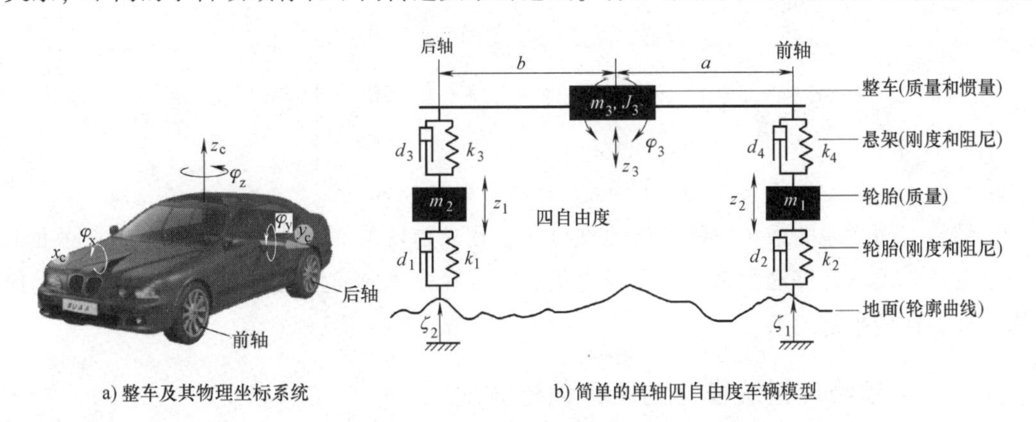

图 1-1　研究垂向动力学车辆系统的最小元件分解法举例

来，可形成真实物理系统的等效原理模型，最小元件可来自各个学科领域，连线也可以来自各个学科领域。按照上述理论，任何真实多域物理系统可以分解为由有限个最小元件构成的集合体，元件之间通过连线进行关联。

同时，根据其运行原理或者必须遵循的各种守恒定律、平衡准则等，可建立真实物理系统的静态平衡方程或者动力学方程等反映某种特性的方程系列。根据等效模型的构成，图 1-1 所示的车辆系统的垂向动力学方程可写为

$$\boldsymbol{M}\ddot{\boldsymbol{y}}+\boldsymbol{D}\dot{\boldsymbol{y}}+\boldsymbol{K}\boldsymbol{y}=\boldsymbol{h}$$

其中，状态变量列阵 $\boldsymbol{y}$、质量矩阵 $\boldsymbol{M}$、阻尼矩阵 $\boldsymbol{D}$、刚度矩阵 $\boldsymbol{K}$ 和激励矩阵 $\boldsymbol{h}$ 分别如下：

$$\boldsymbol{y}=[z_1 \quad z_2 \quad z_3 \quad \varphi_3]^{\mathrm{T}}$$

$$\boldsymbol{M}=\begin{bmatrix} m_1 & 0 & 0 & 0 \\ 0 & m_2 & 0 & 0 \\ 0 & 0 & m_3 & 0 \\ 0 & 0 & 0 & J_3 \end{bmatrix}$$

$$\boldsymbol{D}=\begin{bmatrix} d_2+d_4 & 0 & -d_4 & -ad_4 \\ 0 & d_1+d_3 & -d_3 & -bd_3 \\ -d_4 & -d_3 & d_3+d_4 & bd_3+ad_4 \\ -ad_4 & -bd_3 & bd_3+ad_4 & b^2d_3+a^2d_4 \end{bmatrix}$$

$$\boldsymbol{K}=\begin{bmatrix} k_2+k_4 & 0 & -k_4 & -ak_4 \\ 0 & k_1+k_3 & -k_3 & -bk_3 \\ -k_4 & -k_3 & k_3+k_4 & bk_3+ak_4 \\ -ak_4 & -bk_3 & bk_3+ak_4 & b^2k_3+a^2k_4 \end{bmatrix}$$

$$\boldsymbol{h}=\begin{bmatrix} k_2\zeta_1+d_2\dot{\zeta}_1 & 0 & 0 & 0 \\ 0 & k_1\zeta_2+d_1\dot{\zeta}_2 & 0 & 0 \\ 0 & 0 & 0 & 0 \\ 0 & 0 & 0 & 0 \end{bmatrix}$$

结合上面所述的最小元件分解原理可知，建立物理系统特性方程的过程，实际上也是逐个建立最小元件动力学基本方程再集成的过程，集成的依据是连线所表示的相互作用之间存在的平衡关系。

1.1.2 连续物理系统模型的两种创建方式

基于真实物理系统最小元件分解方法的基本思想，当创建一个物理系统的仿真模型

时，通常可采用两种方式：基于方程的建模方式、基于元件的网络式建模方式。当然，有些情况下，两种建模方式也会混合采用。

1. 基于方程的建模方式

传统的很多建模语言采用基于赋值语句的过程式建模方式，来描述系统的动态行为。与此不同，Modelica 采用的是基于方程的陈述式建模方式。在赋值语句中，其消息传递方式必须遵守“赋值符号左边总是输出、右边总是输入”的规定，也就是说，这种模型的因果特性是非常明确的，其模型描述和求解是一体的。而在方程中，不用管哪个变量是输入（已知）、哪个变量是输出（未知），此时，基于方程的模型内部是非因果关系，只有在方程系统求解时才确定固定变量的因果关系。因此，基于方程的陈述式建模方式属于非因果建模，与传统的包括赋值语句的过程式建模方式相比，基于方程的模型具有更强的复用性，更加适合表达复杂系统的物理结构。

如果已知描述物理系统原理的方程（组），则可采用系统仿真语言 Modelica 直接创建最小（基础）元件的模型，这些最小（基础）元件将是创建更为复杂物理系统模型的基础。图 1-2 所示为一简单的电路系统模型，其中用到的电阻元件模型就是先用 Modelica 基于描述它动态行为的方程而直接创建的模型，黑色箭头所指框内的内容即为创建电阻元件所撰写的底层代码模型，核心代码即电阻元件必须遵守的欧姆定律方程。

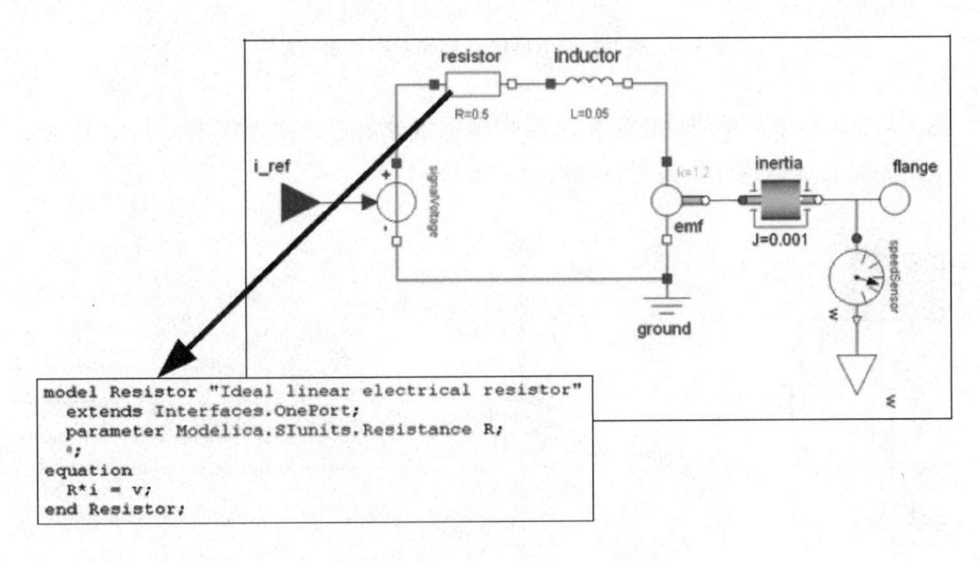

图 1-2　基于方程的建模方式的工程案例示意

2. 基于元件的网络式建模方式

该建模方式得益于系统仿真语言 Modelica 强大的资源优势。由于 Modelica 支持高层次、图形化的元件建模，所以已发布了不同学科领域越来越多的最小元件并形成若干元件模型库。例如，在模型库中可以选出各个学科领域的最小元件，如机械领域的质量、惯量、阻尼、刚度等最小元件模型，以及由若干个最小元件构成的复合元件模型，如将一个刚度元件和一个阻尼元件构成一个振动器模型。这些模型库及元件在开源的和商业的 Modelica 仿真环境中可以使用。

首先，分解真实的物理系统，确定并选择出构成此物理系统所需的所有基本元件(包括最小元件或者复合元件)；然后，根据物理系统中这些元件之间的相互作用，将这些元件通过连线进行关联；最后，设定参数，此时完成了该物理系统的建模任务。由于整个物理系统模型是由各个元件通过若干条连线关联起来的，与网络相似，元件类似于网络单元或者结点，连线类似于网络线。因此，该建模方式称为基于元件的网络式模型，其基本思想如图 1-3 所示。可见，模型是由若干个元件和连线构成的，其中元件可以是来自各个学科领域的基础元件，连线是同类学科领域的耦合。因此，基于元件的网络式模型特别适合于多领域物理系统的建模。

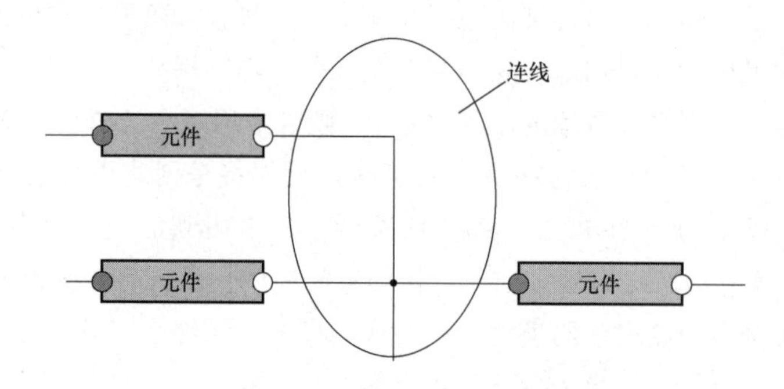

图 1-3　基于元件的网络式建模基本思想示意图

图 1-4 表示一个简单的单质量振荡器物理系统分解后的物理模型，基于上述方法，可以采用 Modelica 创建元件模型，然后进行求解。

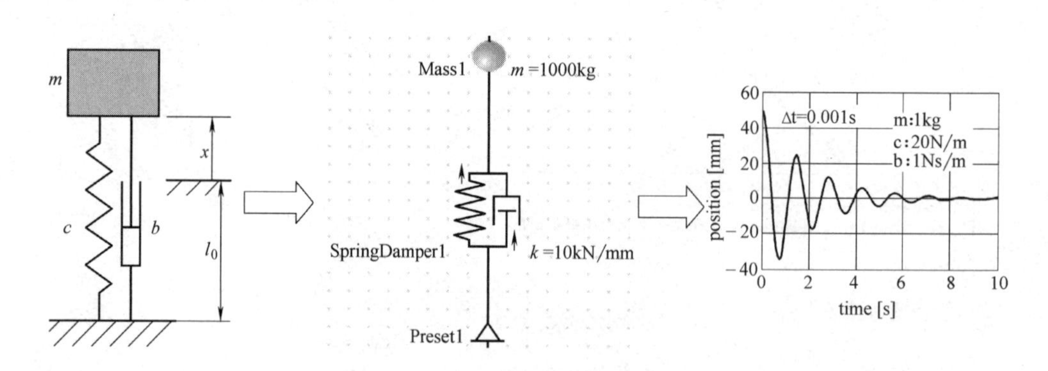

图 1-4　单质量振荡器物理系统的分解、模型及求解结果

上述举例比较简单，在对系统工程中的真实物理系统进行建模后，往往模型的构成和连接非常复杂，但是按照该建模方式，最后得到的模型可以与原理图非常近似，图形化方式非常直观，图 1-5 所示为基于一个商业的 Modelica 仿真环境中采用该建模方式搭建的复杂物理系统模型，分别针对车辆、航空航天、船舶和机器人等行业，而且每个物理系统都是多领域耦合的，涉及机械、液压和控制等交叉耦合问题。

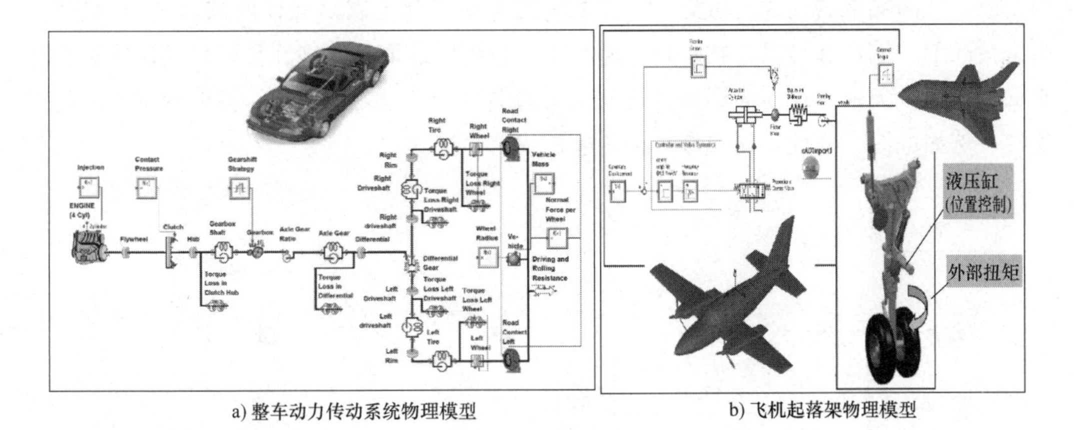

a) 整车动力传动系统物理模型　　b) 飞机起落架物理模型

c) 船舶动力传动系统物理模型　　d) 机器人机构物理模型

图 1-5　基于元件的网络式建模方式的工程案例

1.1.3　连续物理系统 Modelica 模型的构成要素

一个完整物理系统的 Modelica 模型主要包含以下要素。

1. 元件

元件表征的物理对象构成了物理系统的主体，因此，元件是模型的主要构成要素，例如图 1-4、图 1-5 中的质量、弹簧、阻尼、齿轮、电机等元件，这些元件都是物理系统行为的主体。

2. 端口和连线

为了使同类元件之间可以从图形上实现连接，从原理上实现信息传递或者耦合，每个元件都定义了与外部的接口，称为“端口”。端口中包含所属学科领域与该元件相关的物理量。为了对所有端口进行唯一区分以便识别，在 Modelica 标准库里约定：一个元件中两个相同类型的端口必须采用不同的图标，如图 1-6 所示。端口的存在使得元件之间的耦合成为可能。元件的端口在 Modelica 语言规范中定义为“connector”，直译为连接器。端口定义了与其他元件之间的相互作用。图 1-6 展示了两个电子元件的端口以及两个元件之间端口的连线，可见，元件之间的连线实际上就是元件的端口之间的连线。通常情况下，端口都可以将物理量传递出去，也可以读取从其他元件端口经连线传递过来的物理量。无论是定向的端口，还是无向的端口，端口之间的连线都表示真实的物理连接，例如电缆、刚性机械连接、传热连接或信号连接等。

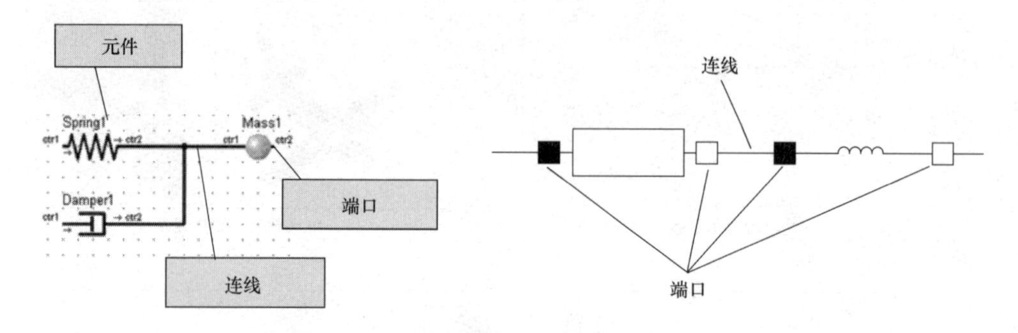

图 1-6　元件（选自 SimulationX）的端口举例

3. 参变量

元件表征的是对象的类型，只有赋予具体的属性值后才成为具体的对象，因此，元件模型通常都有若干个参数和变量属性。在使用过程中，可以对各个参数设定数值或者修改，在仿真过程中参数值是保持恒定不变的。例如图 1-2 中电阻元件模型中，引用已有元件的参数 R，也可以直接用下面语句来定义：

```
parameter  Real  R;
```

上述参数的数据类型定义为 Real，即为浮点数类型。在 Modelica 中，模型参变量的数据类型主要有五种，见表 1-1。上述语句即为浮点数类型的使用方法，其赋值方法见表 1-1。如果为布尔型变量，可以赋值为 false 或者 true。如果是字符串类型的，通过双引号定义其表示的文本。枚举是一组有序的名称的类型，枚举值的文字描述是由枚举类型名称后缀一个点以及元素名称构成的。

表 1-1　参变量的数据类型

类型	描述	示例
Real	浮点数	1.0,-2.1234,1e-14,1.4e3
Integer	整数	1,2,-4
Boolean	逻辑值	false,true
String	字符串	"File name"
enumeration	枚举	type Extrapolation=enumeration(HoldLastPoint,LastTwoPoints,Periodic); // 使用方法：Extrapolation.LastTwoPoints;

4. 图标

为了便于直观地识别元件表征的物理对象，每个基本元件通常都设置有标志性的图标，例如表 1-2 所示的电学领域的电容器、电感器、电阻器元件，平移机械领域的质量、弹簧、阻尼元件，旋转机械领域的转动惯量、转动弹簧、转动阻尼元件，液压领域的体积、管道、节流阀孔元件。直观的图标可以容易识别其代表的物理对象。

表 1-2 典型学科领域基本元件的图标示例

电学领域			平移机械领域		
电容器	电感器	电阻器	质量	弹簧	阻尼
旋转机械领域			**液压领域**		
转动惯量	转动弹簧	转动阻尼	体积	管道（无损失）A B	节流阀 A B

5. 图形化模型的可转换方程组

在对图形化物理系统模型求解时，往往需要通过一定的算法，例如 SimulationX 中的符号处理算法，将图形化模型转变成适合数值运算形式的代数-微分方程组，再进行求解。因此，要实现物理系统模型的仿真，必须具备可方程化的条件。

1.1.4 物理域的“势”量和“流”量

根据前面的分析，一个物理系统的仿真模型主要由元件和连线构成，如图 1-7 所示。

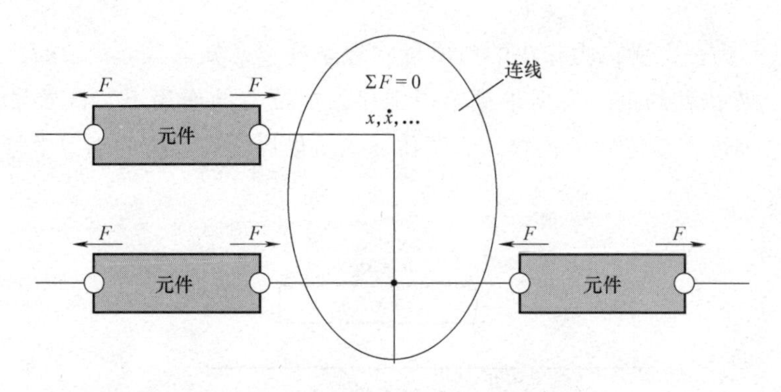

图 1-7 Modelica 仿真模型中各个物理量之间的表征方法

在元件中，该元件需要遵循其表征物理对象的特性方程，例如，弹簧元件系统的状态变量通常设定为位移，根据弹簧特性方程，即可计算出不同位移下的弹簧力。在 Modelica 中，把弹簧位移之类的状态变量称为“势”量，把弹簧力之类的物理量称为“流”量。流量类型的变量总是有方向的，必须规定流量的正方向。通常，如果某物理量从外部流入元件，则定义为正方向，为正值；相反，如果该物理量流出，则为负方向，为负值。在连线中，所有相连端口的“流”量要遵循守恒定律，例如机械领域的力平衡、液压领域的质量和能量平衡等，即所有“流”量的总和等于零，根据守恒定律，可建立物理系统的平衡方程（组），通过数值计算方法可求解出“势”量，再代入特性方程，即可进一步求出“流”量。

在连线中，连线通过端口读取元件的“流”量，然后在连线中求解描述守恒定律的方程组来计算出“势”量，再通过端口将该物理量传递至元件。在元件中，根据“势”量，即可由特性方程计算出“流”量，然后再通过端口，将“流”量传递给连线。可见，借助于端口，物理连线可以将物理量读取进来，也可以传递出去，即为双向。这一点与信号控制类元件端口是单向传递不一样的，这也是物理系统建模与控制信号系统建模的区别。

以平移机械领域中的弹簧元件为例，已知元件的参数属性有刚度 k 和初始压缩量 x_0，则根据新发生的变形量，可以计算出弹簧力。因此，弹簧元件的基本特性方程有：

$$F=k[x_0+(\text{ctr2}.x-\text{ctr1}.x)]$$

式中，F 表示弹簧力；ctr1 和 ctr2 表示元件的两个端口；ctr1.x 表示端口 1 的位移，ctr2.x 表示端口 2 的位移。因此，弹簧力 F 即为“流”量，而 ctr1 和 ctr2 两个端口的位移 x 即为“势”量，需要通过其他平衡方程进行求解并传递给弹簧元件。

1.2　简单物理对象的 Modelica 建模方法

1.2.1　模型的声明：以符合牛顿第一定律的单质量物理系统为例

图 1-8 所示为一个受拉力作用的单质量物理系统，已知其质量为 2kg，所受拉力为 6N，左端有边界位移约束。根据牛顿第一定律，在拉力的作用下，该质量块产生加速度，从而产生速度，最终发生位移。为了仿真该质量块物理系统的动力学特性，可为其建立仿真模型。

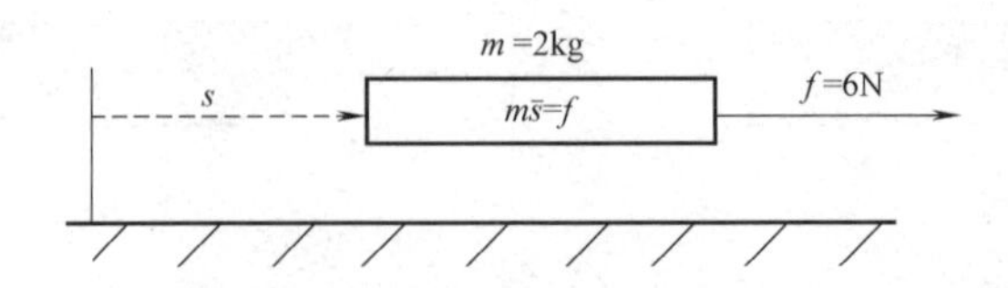

图 1-8　受拉力作用的单质量块的动力学模型

最简单直观的方法是第一种建模方式：从 Modelica.Mechanics.Translational 模型库中选择出质量块、拉力及边界约束等元件，按照元件之间的物理连接关系，可以很容易地建立该系统的物理模型。

当然也可以采用第二种建模方式，建立该物理系统的Modelica代码模型，代码撰写如下，其中双斜线后是注释代码的功能：

```
model MovingMass1//开始创建模型,命名为MovingMass1;
    parameter Real m=2;//定义参数m,表示质量,并赋值为2
    parameter Real f=6;//定义参数f,表示外力,并赋值为6
        Real s;//定义变量s,表示位移
        Real v;//定义变量v,表示速度
    annotation(Diagram(Rectangle(extent=<other definitions>)));//定义图标
    equation//表示下面开始定义方程
        v=der(s);//定义速度和位移之间的方程
        m*der(v)=f;//定义牛顿第一定律方程
  end MovingMass1;//模型创建完成
```

从上面可以看出，模型的完整定义，约定必须在“model<Name>...end<Name>”的框架内完成。其中，<Name>是自行命名的模型名称。另外，模型中出现若干个**粗体**的语句，例如parameter、equation等，此为Modelica语言中的关键字。通常，Modelica模型由若干个带关键字的语句构成。

模型中还需要对每个参变量进行声明，例如上述的参变量m、f、s和v，都被声明为浮点数Real类型，其中，m和f前面添加的关键字parameter，表示这些参变量是可以赋值且在仿真过程中保持恒定不变。模型的声明中，这些操作的顺序并不重要，可以先使用、后声明，这也是为什么在一些商业的Modelica软件中可以任意顺序选取元件进行图形化建模的原因所在。

方程的定义是Modelica代码模型的核心，需要用到关键字equation，表示可以开始编写方程了。每个方程都包含等式和声明两部分，在等式中，已声明的参变量可构成方程。需要注意的一点是，此处语法与C、C++、FORTRAN等语言的赋值语句不同，其一般形式为expression1=expression2。从数学意义上来讲，等号左边和右边的两个表达式是相同的。上述模型中，引用了操作运算函数der（..），用于对位移、时间求导数，以计算出速度。由于Modelica只有第一阶时间导数的运算符，如果需要计算更高阶的导数，需要引入辅助变量，例如定义了变量v，对其求一阶时间导数就是加速度，而且表达式中的数学符号都是标准、通用的，例如加号（+）、减号（-）、乘号（*）、除号（/）、幂（^）和圆括号等。例如，一个多项式可以采用下列两种描述，其意义是相同的：

```
y1=(x-2)*(x+4);
y2=x^2+2*x-8;
```

至于图标，是否需要声明，是可选择的。每个模型可以有选择性地用函数annotation（..）来进行定义。图标的定义只是用来规范元件的图形位置、菜单或文档的布局等图形化的形式，并不会影响物理系统的动力学模拟结果。

1.2.2 参变量属性的声明

再进一步可发现，上述模型中定义的参变量是没有单位的。实际上，在 Modelica 模型的声明中，是可以定义参变量的属性的，例如，可为某物理量定义其单位。因此，如果为上述模型进一步补充单位属性的信息，则可拓展模型如下：

```
model MovingMass2
    parameter Real m(unit="kg",min=0)=2; //定义 m 的单位为 kg 且不小于 0
    parameter Real f(unit="N")=6; //定义 f 的单位为 N
        Real s(unit="m");//定义 s 的单位是 m
        Real v(unit="m/s");//定义 v 的单位是 m/s
    annotation(Diagram(Rectangle(extent=<other definitions>)));
    equation
        v=der(s);
        m*der(v)=f;
end MovingMass2;
```

为了保持物理意义的一致性，模型中方程的两边等式的单位必须也要保持一致，例如上面的方程 m * der (v) = f，左侧的单位根据定义的质量和速度的单位可计算为 $kg \cdot m^2/s^2$，右侧的单位为力 f 的单位 N，此时，两边的单位是保持一致的。如果该方程写成 m * v=f，两边单位将不相同，求解时就会报错。实际上，单位是无法限定物理量的，例如转矩的单位为 N · m、能量的单位为 J，但是在 SI 基本单位制中，两者的单位都是 $kg \cdot m^2/s^2$。因此，在 Modelica 里，定义了三个与单位相关的属性：quantity 表示物理量的类型、unit 表示单位（在方程中使用的就是此单位）、displayUnit 表示默认或者显示单位。物理单位在 Modelica 中定义时采用字符串的形式，语法遵守按照 ISO 推荐，见表 1-3。

表 1-3 物理单位在 Modelica 中的语法示例

单位	Modelica 语法
$kg \cdot m^2/s^2$	“kg. m2/s2”或者“kg. m. m/(s. s)”
rad/s	“rad/s”
1/s	“1/s”或“s-1”

除了定义单位属性外，还可以定义参变量的最大值、最小值、初始值等属性。例如，如果参变量为实数型，可按照表 1-4 所列的属性来定义。

表 1-4 实数型参变量的其他属性

属性	含义
min	最小值
max	最大值
start	初始值

（续）

属性	含义
fixed	=true,表示初始值固定 =false,表示初始值可以改变(例如积分变量)
nominal	额定值(例如 nominal=10e5,表示变量的正常值约为 10^5)
stateSelect	影响微分方程的状态变量的选择,可取值为 StateSelect. never,. avoid,. default,. prefer,. always

因此，上述 Modelica 模型还可以进一步拓展为

```
……
parameter Real m(min=0,quantity="mass",unit="kg")=2;//定义最小值、单位类型、单位
……
Real v(quantity="velocity",unit="m/s",start=3,fixed=true);//定义单位类型、单位、初始值及其类型
……
```

1.2.3 派生类型及其参变量的声明

上述建模过程需要手动编写代码，为了避免重复编写代码，可以根据 Modelica 的基本类型，派生出其他类型。例如，可按照下面语句来定义派生类型：

```
type Angle=Real(finalquantity="Angle",finalunit="rad",displayUnit="deg");
type Torque=Real(finalquantity="Torque",final unit="Nm");
type Mass=Real(final quantity="Mass",final unit="kg",min=0);
type Pressure=Real(final quantity="Pressure",final unit="Pa",displayUnit="bar",nominal=1e5);
```

括号中的每个属性都可以被定义，如果前缀有 final，则表示它不能再修改；否则，是可以进行修改的。例如，上面类型 Pressure 的属性 displayUnit 前面没有前缀 final，这表示在使用该属性时允许将单位从 bar 修改为 MPa。

研发人员可以基于这些派生类型来定义参变量，例如：

```
parameter Mass m=2;
parameter Angle phi=0.1;
    Pressure p(start=1e6,fixed=true,displayUnit="MPa");
```

为了避免研发人员会定义出各式各样的派生类型，Modelica 标准库根据 ISO 31—1992 和 ISO 1000—1992，定义了约 450 个单位派生类型，详见 Modelica 中的单位包 Modelica. SIunits。使用这些单位的派生类型时，可以采用下面四种方式：

（1）使用单位的派生类型全名

```
parameter Modelica.SIunits.Mass m=2; //直接用单位类型的全名
    Modelica.SIunits.Velocity v(start=3); //直接用单位类型的全名
```

（2）使用单位的派生类型的缩写名

```
import Modelica.SIunits; //引入单位包至模型中
parameter SIunits.Mass m=2;  //直接使用单位包中的单位类型
    SIunits.Velocity v(start=3); //直接使用单位包中的单位类型
```

（3）使用用户自定义的名称

```
import SI=Modelica.SIunits; //引入单位包并将其赋值于自定义包 SI
parameter SI.Mass m=2;  //用自定义包 SI 中的单位类型 Mass
    SI.Velocity v(start=3); //用自定义包 SI 中的单位类型 Velocity
```

（4）使用非正式的引入和缩写名

```
import Modelica.SIunits.*; //引入单位包至模型
parameter Mass m=2;//直接使用单位类型
imports Velocity v(start=3);//直接使用单位类型
```

多数研发人员偏爱使用第三种方式。

继续以上面模型为例，可进一步拓展模型如下：

```
model MovingMass3
    import SI=Modelica.SIunits;
    parameter SI.Mass m=2;
    parameter SI.Force f=6;
        SI.Position s;
        SI.Velocity v;
    annotation(Diagram(Rectangle(extent=<other definitions>)));
    equation
        v=der(s);
        m*der(v)=f;
end MovingMass3;
```

将该模型在SimulationX平台上运行，1s内的速度和位移的仿真结果如图1-9所示，可以看出，在恒定力的作用下，质量块的速度v是线性增长的，质量块的位移s是二次方的，仿真结果与解析解相同，证明上述模型定义正确。

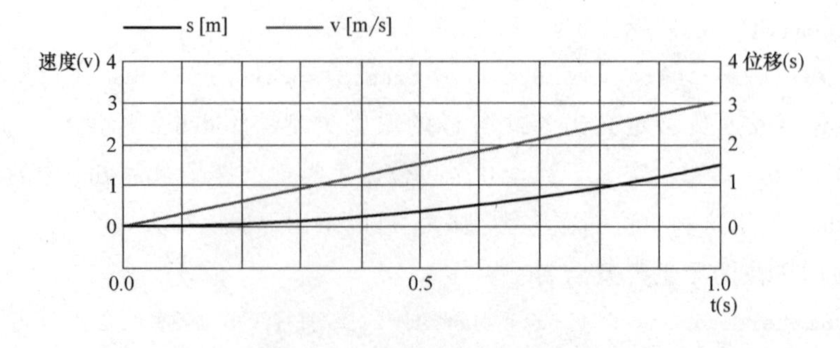

图1-9 模型仿真结果（彩图见后插页）

1.2.4　端口的声明

由于元件之间的相互作用是通过一条线连接元件的端口来实现的，因此元件的端口应该包含描述相互作用所需的全部变量。举例来说明，电路元件的端口需要有变量：电势和电流；传动系统元件的端口需要有变量：角度和转矩。采用 Modelica 语言可以定义端口如下：

```
connector Pin //定义端口,命名为 Pin
import SI=Modelica.SIunits;
  SI.Voltage v;//定义变量
  flow SI.Current i; //定义变量

connector Flange//定义端口,命名为 Flange
import SI=Modelica.SIunits;
    Angle phi;//定义变量
    flow Torque tau;//定义变量
```

上面的端口定义里定义了两个变量，其语法和在模型中的变量定义是一致的。变量 i 和 tau 的前面，都有前缀符号 flow，表示该变量是个“流”量。上面定义的两个端口中，约定电流 i 就是定义从外部流入元件为正值。假设变量前面没有前缀 flow，则表示该变量为“势”量，当两个端口连接在一起时，根据元件的物理特性，“势”量必然是相等，而“流”量的和必然等于零。

在 SimulationX 的仿真平台上，可以借助其二次开发平台 TypeDesigner 来为 Modelica 模型定义各个物理领域的端口，图 1-10 所示定义了一个机械领域的端口 ctr1，并设置了它的图标及其显示位置等图形化信息。

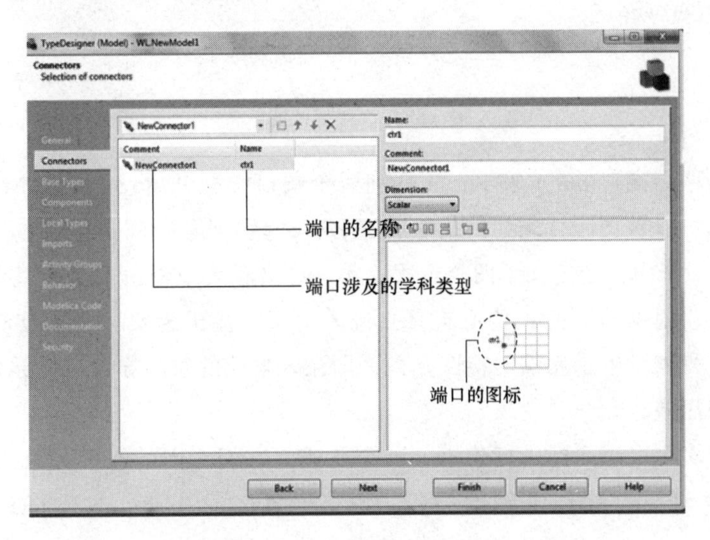

图 1-10　端口的声明举例

为了对所有端口进行唯一区分以便识别，约定：在一个元件中，两个相同类型的端口必须采用不同的图标。例如，假设需要定义两个端口类型 PositivePin 和 NegativePin，可要求：第一个端口采用实心方形的显示图标，第二个端口采用空心方形的显示图标。在 SimulationX 中，就规定在 PositivePin 端口旁边增加一个“+”号，便于识别，如图 1-11 所示。

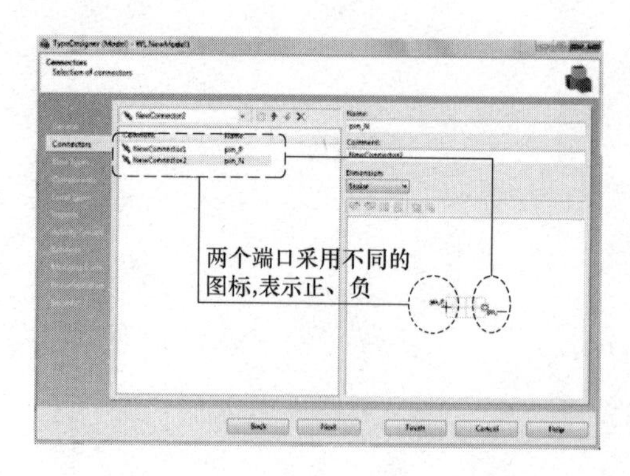

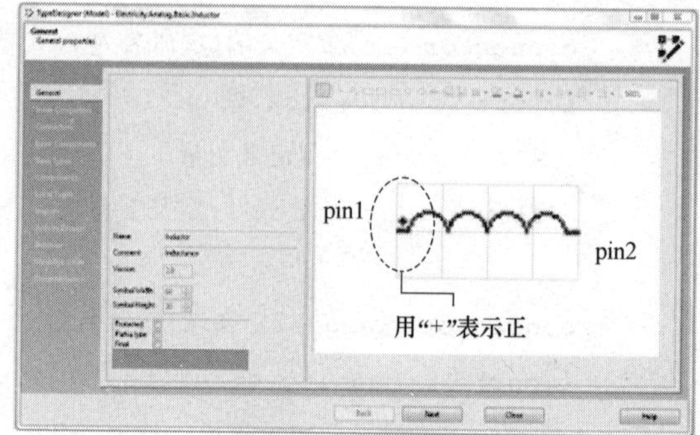

图 1-11　两个端口类型 PositivePin 和 NegativePin 图标的定义示例

然后，就可以使用这两个端口，建立一个电感元件的 Modelica 模型，声明如下：

```
model Inductor//定义理想线性电感元件模型
    parameter Modelica.SIunits.Inductance L;
        Modelica.Electrical.Analog.Interfaces.PositivePin pin_p;//定义端口
    annotation(Placement(transformation(extent={{-110,-10},{-90,10}})));
        Modelica.Electrical.Analog.Interfaces.NegativePin pin_n;//定义端口
    annotation(Placement(transformation(extent={{90,-10},{110,10}})));
    equation
        0=pin_p.i+pin_n.i;//所有‘流’量的和等于零
        L*der(pin_p.i)=pin_p.v-pin_n.v;  //‘势’量相等
end Inductor;
```

其中，定义的两个端口 pin_p 和 pin_n 分别属于端口类型 PositivePin 和 NegativePin，它们包含的变量可以被访问，例如，此处通过 pin_p.i 访问了端口 pin_p 的电流 i。上面的电感模型 Inductor 中，还定义了两个方程，第一个方程表示经由两个端口流入电感的电流之和等于零，根据前面的正负值定义，流入为正，流出为负，两者具有相同的绝对值；第二个方程表示电感元件的特性方程，即流入电流的时间导数与传导系数的乘积等于两个端口的压差。

如果选用多个电感元件进行建模，则需要建立它们之间的连接关系，图 1-12 所示为连接三个电感模型元件之间的操作方法。图 1-12a 中显示 inductor3 被连接到了 inductor1 与 inductor2 之间连线的中间，其实并非如此。在 Modelica 中，仅支持元件端口之间的“双点”连接操作，即从一个端口到另外一个端口，不能从连线的中间来连接，因此，真正的连接操作可以是，首先将 inductor1 和 inductor2 之间连接，如图 1-12b 所示；然后，将 inductor1 和 inductor3 之间连接，如图 1-12c 所示。

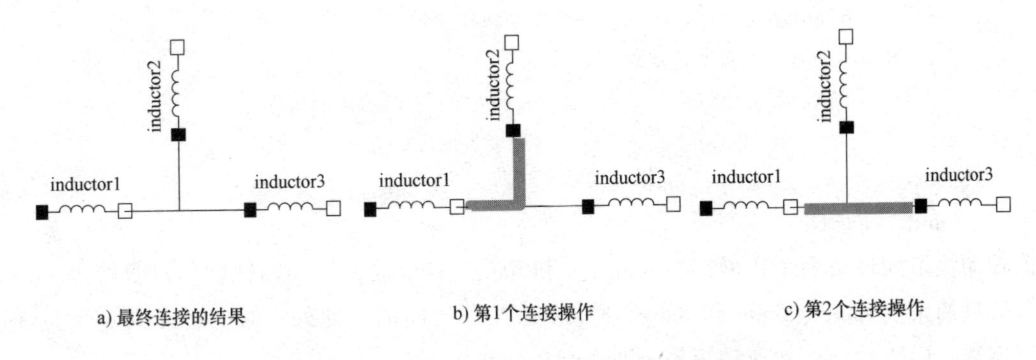

a) 最终连接的结果　　b) 第1个连接操作　　c) 第2个连接操作

图 1-12　连接三个电感模型元件之间的操作方法

在 SimulationX 中，该特性得到了拓展，能够自动生成连接点，因此，这意味着也可以直接连接到这个点上，声明如下：

```
equation
    connect(inductor1.pin_n,inductor2.pin_p);
    connect(inductor1.pin_n,inductor3.pin_n);
```

上述函数 **connect**（..）属于方程的内置函数，因此在模型的 **equation** 命令段内定义。分析处理模型时，Modelica 通过下面规则，把这些函数转化为方程组：

1）如果同一连接中的变量没有前缀 **flow**，则变量相等，即“势”量相等。

2）如果同一连接中的变量有前缀 **flow**，则所有变量的总和为零，即“流”量的总和等于零。

按照上述规则，可得到下列方程组：

```
inductor1.pin_n.v=inductor2.pin_p.v;
inductor1.pin_n.v=inductor3.pin_n.v;
0=inductor1.pin_n.i+inductor2.pin_p.i+inductor3.pin_n.i;
```

上述方程表示，三个端口的电势相同，而电流之和等于零，这描述的就是著名的基尔霍夫电压和电流定律，此处，端口的电势为“势”量，电流为“流”量。至于这两个连接规则为什么以及如何描述物理元件的耦合现象，将在后面章节进行阐释。

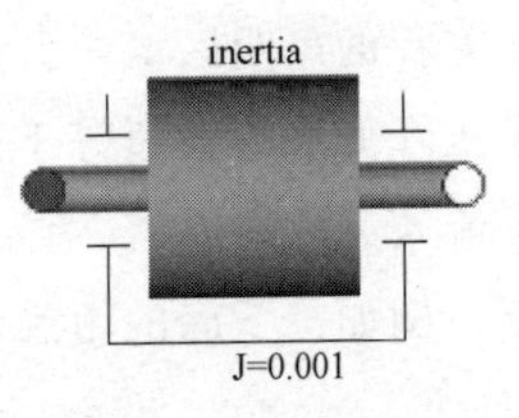

图 1-13　表征刚性轴的转动惯量元件模型

类似地，也可构造其他基本元件，例如，表征刚性轴的转动惯量元件的模型（图 1-13）可声明为

```
model Inertia//声明一维转动惯量模型
    import SI=Modelica.SIunits;
    import Modelica.Mechanics.Rotational.Interfaces;
```

```
        Interfaces.Flange_a flange_a;//定义端口 flange_a
        Interfaces.Flange_b flange_b;//定义端口 flange_b
    parameter SI.InertiaJ;  //定义惯量参数
        SI.AngularVelocity w;//定义转速变量
    Equation//下面定义方程
        flange_a.phi=flange_b.phi;//两个端口的角度相等
        w=der(flange_a.phi);//转速变量的求解方程
        J*der(w)=flange_a.tau+flange_b.tau;//动量守恒方程
end Inertia;
```

该转动惯量元件由两个机械端口 flange_a 和 flange_b 组成，由于刚性轴的自身特点，两个端口的角度 flange_a. phi 和 flange_b. phi 必然是相同的。此外，必然也还满足动量守恒定律，即刚性轴的加速转矩等于两个端口的转矩总和。

1.2.5 模型的拓展声明

通常情况下，不同的模型可能会存在部分代码相同的情况。如果只需定义一次这些共用代码，通过引用来使用它们，不但可以避免重复编写代码，而且不易出错。例如，多数电子元件都包括两个电子端口、压降和电流等特性，因此，可以编制这些元件的共享代码如下：

```
partial model OnePort//利用关键字段partial,定义了一段共享代码
    Modelica.Electrical.Analog.Interfaces.PositivePinpin_p;//定义端口 pin_p
    Modelica.Electrical.Analog.Interfaces.NegativePinpin_n; //定义端口 pin_n
    Modelica.SIunits.Voltage u;//定义压降变量(端口 pin_p 和 pin_n 之间)
    Modelica.SIunits.Voltagei;//定义电流变量(从端口 pin_p 到 pin_n)
        Equation//方程段
            0=pin_p.i+pin_n.i;
            u=pin_p.v-pin_n.v;
            i=pin_p.i;
end OnePort;
```

在方程的声明区域内，第一个方程描述了两个端口的电流之和等于零；第二个方程定义了压降变量的数值等于两个端口之间的电压之差；第三个方程定义了电流变量的数值等于流入元件的电流。该模型被声明为 **partial**，意味着它是不完整的，不能直接用于建模。例如，下面的用法就是错误的：

```
OnePort onePort; //错误！这是由于 OnePort 被定义为 partial 类型
```

在 Modelica 中，可以通过 **extends** 来实现上述建模目的，例如：

```
model Inductor
    extends OnePort;  //此处将 OnePort 模型拓展至当前模型中
    parameter Modelica.SIunits.Inductance L;
    equation
```

```
        L * der(i)= u;
    end Inductor;
```

上述代码的含义是，前面定义的 **OnePort** 模型已经完全包含在当前定义的 Inductor 模型中，即该模型完全等效于下面的模型声明：

```
    model Inductor
        Modelica.Electrical.Analog.Interfaces.PositivePin pin_p;
        Modelica.Electrical.Analog.Interfaces.NegativePin pin_n;
        Modelica.SIunits.Voltageu;
        Modelica.SIunits.Voltage i;
        parameter Modelica.SIunits.Inductance L;
        equation
            0=pin_p.i+pin_n.i;
            u=pin_p.v-pin_n.v;
            i=pin_p.i;
            L * der(i)= u;
            end Inductor;
```

因此，使用前面声明的 **OnePort** 模型，就可以很容易地定义其他电子元件。下面给出两个应用实例。

（1）实例 1

```
    model Resistor//声明一种电阻元件的模型
        extends OnePort;//将模型 OnePort 拓展至当前模型
        parameter Modelica.SIunits.ResistanceR;
        equation
            u=R * i;
    end Resistor;
```

（2）实例 2

```
    model Capacitor//声明一种电容元件的模型
        extends OnePort;        //将模型 OnePort 拓展至当前模型
        parameter Modelica.SIunits.Capacitance C;
        equation
            C * der(u)= i;
    end Capacitor;
```

Modelica 中语句的声明没有特定的顺序要求，如果 **partial** 模型包含了对参数的声明，则必须首先决定这些参数是出现在模型参数声明的前面或后面，然后再把 **partial** 模型通过关键字 **extends** 放置在相应的位置。在一个模型的声明中，出现几个 **extends** 语句是可能的，即 Modelica 支持多重继承。

有两个不同模型具有相同声明的情况，例如下面声明的模型 A 和 B（图 1-14）：

两个模型在模型 C 中都被继承，例如：

```
model C
    extends A;
    extends B;
    ...
end C;
```

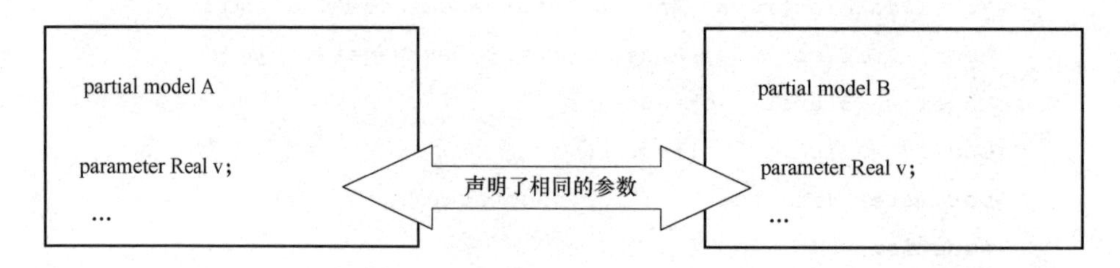

图 1-14　模型 A 和 B 具有相同的声明

实质上，上面声明的模型 C 中，仅继承了一个模型，等同于下面的模型声明：

```
model C
    parameter Real v;
    ...
end C;
```

Modelica 规定，两个相同模型中的声明必须在语法上是相同的，如果模型 B 定义了参数 v 的默认值，显然这会导致其与模型 A 是不同的，因此模型 C 就不再是一个有效的 Modelica 模型了，编译时软件就会报错。

1.2.6　条件方程的声明

Modelica 建模时，可以利用类似编程语言的控制结构，如 C 语言。不过，由于 Modelica 采用基于方程的建模方法，在具体定义时会有一些不同。下面介绍一下应用最广泛的描述条件等式的控制结构：if 表达式和 if 语句。

在 Modelica 模型方程的声明区域内，可以包含 if 表达式。例如，在一个表征限定数值范围的元件采用 if 表达式来定义方程，其声明如下：

```
equation
    y=if u>1 then 1 else if u <-1 then-1 else u;
```

上面语句的含义是，如果满足 u>1，则有 y=1。否则，再判断是否满足 u<-1，如果是，则有 y=-1；如果还不满足，则有 y=u。上述 if 表达式也可转化为下面形式的 if 语句：

```
if u>1 then
    y=1;
elseif u <-1 then //这里是 elseif 不是 else if !!!
    y=-1;
```

```
else
    y=u;
end if;
```

上面的 if 语句和 if 表达式具有相同的计算结果。每一个 if 子句必须有一个 else 子句与其匹配。在各种情况下，方程的数量必须是相同的。在 Modelica 中，每个结构最终都通过一定的转换算法映射为方程组，例如 SimulationX 中的符号转换算法。通常，Modelica 使用环境工具（如 SimulationX）把一个 if 语句转换为一组用 if 表达式的方程组。例如图 1-15 所示的 if 语句，每个子句中都有两个等式，它们是可以映射到具有 if 表达式的两个方程中的：

```
if condition then
    expr1a = expr1b;
    expr2a = expr2b;
else
    expr3a=expr3b;
```

```
0 = if condition then expr1a–expr1b else expr3a–expe3b;
0 = if condition then expr2a–expr2b else expr4a–expe4b;
```

图 1-15　if 语句转换为 if 表达式的方程组

映射后，两个方程可以彼此独立地排序，即在生成的代码中，两个方程不需要一个个地描述。

更普遍地，if 语句可以是：

```
parameter Integer levelOfDetail(min=1,max=3);//定义参数,表示级别(从 1 到 3
                                             //的整数)
equation
    if levelOfDetail==1 then
        0=u2-u1;
  else
      L*der(i)=u2-u1;
  end if;
```

上述声明的含义是，需要根据参数 levelOfDetail 的数值来选择不同的方程。Modelica 具有特殊语法，如果 if 子句的所有条件都取决于参数表达式（具有参数、常量或字符的表达式），则在编译期间必须选择 if 子句的分支。这种情况下，不可能为编译后的 if 条件设置新的参数值，这是因为，Modelica 模拟环境目前不能处理代数和微分方程之间的转换。但是，有些基于 Modelica 的商业仿真软件则对此进行了提升，例如 SimulationX 的符号预处理算法有所不同，在转换期间如果选择了 if 分支（例如当所有条件都是参数表达式）时，每个 if 子句必须具有 else 子句，此时不再受限于每个分支中的等式数量必须相同的规定，这是因为，只有被选择的分支才用于符号预处理。

如果基本模型具有不同的建模级别，则通常使用 if 条件来实现，其中条件是参数，例如前面例子中的参数 levelOfDetail。由于 SimulationX 在编译期间选择分支，然后对此分支执行符号预处理，所以生成的代码与每个建模级别的代码一样高效。如果不希望有上述特殊语法，则可以使用 if 表达式，SimulationX 会在编译期间不选择分支，例如将上面的例子写成：

```
0=if levelOfDetail==1 then u2-u1 else u2-u1-L*der(i);
```

这里，仿真过程中选择了分支，并且 levelOfDetail 可以是变量。在这个特例中，仿真计算将失败，这是因为，SimulationX 无法处理仿真过程中模型的剧烈变化（在代数方程和微分方程之间的切换）。

if 表达式和 if 语句中的条件可以由下列关系组成：>、>=、<、<=等，例如 x1>=x2 或者 u1<u2。也可由布尔运算符组成：**and**、**or**、**not**。因此，需要遵守优先级，即最高优先级后面跟着 **not**，然后跟着 **and**，最后跟着 **or**，例如：

```
if u>0 or not y<1 and u>1 then
...
end if;
//等价于"if(u>0)or((not(y<1))and(u>1))then"
```

运算符“==”可用于检查整数型、布尔型和字符串类型的变量是否相等，例如：

```
Integer gear;
    equation
        if gear==1 then
            ...
        end if;
```

对于实变量，运算符“==”仅在 Modelica 函数中是被允许的，但是也应该尽量避免使用，因为结果通常非常敏感。在函数外，例如在等式中，是禁止使用该运算符的。这是因为，在 Modelica 中，每个关系触发一个事件，以便在积分时保证模型是连续的，这是每个数值积分算法的先决条件。为了能够处理事件，将关系变换为变量的超过零以及滞后零的函数。结果是形式为 x==0 的关系被变换为超过零的函数 z=x-0，即每当 x 超过零时就触发事件。数值计算会导致在零附近的超过或者滞后现象，几乎在所有情况下，当事件被触发时，x 都会大于或小于零。因此，x 等于零的情况几乎不会发生。如果必须检查实变量是否相等，推荐采用设定极小值的方法，例如：

```
// 禁止下面使用!!!
    y1=if x==0 then 0 else 1;
```

```
// 建议:采用较小的范围(如果可能,尽量避免)
    eps=1000 * Modelica.Constants.eps;
        y2=if abs(x)<=eps then 0 else 1;
```

1.3 复杂物理系统的 Modelica 建模方法

图 1-4 展示的物理系统仿真模型，无论是结构构成还是原理图，看上去与物理系统的原理非常一致，模型简洁、清晰。但是，实际过程是按照基于最小元件的网络式建模方式进行建模的，采用多个最小元件搭建起来，可是在图 1-4 所示的模型中看不到这些最小元件，而是由标准库里并没有的零部件级别的元件组成的系统模型。那么问题来了：这些零部件级别的元件是如何得到的呢?

答案是：层级式建模方法！

为了说明具体过程，下面将以通过 Modelica. Electrical. Analog. Basic 库中的基本电子元件建立直流电机的电路模型为例，加以阐述。

1.3.1 层级式建模方法的基本原理

图 1-16 所示为一个直流电机模型的层级式建模举例，给定电压控制信号，即可输出机械功率。根据其原理分析，可以确定需要采用电压源、电阻、电感、理想电动势、刚性轴等多个最小元件来进行建模，其中电动势元件是一个机电耦合元件，存在两个电子领域端口和一个机械领域端口，因此，可以依靠该元件将电能转换为机械能，通过机械端口来驱动电机轴。

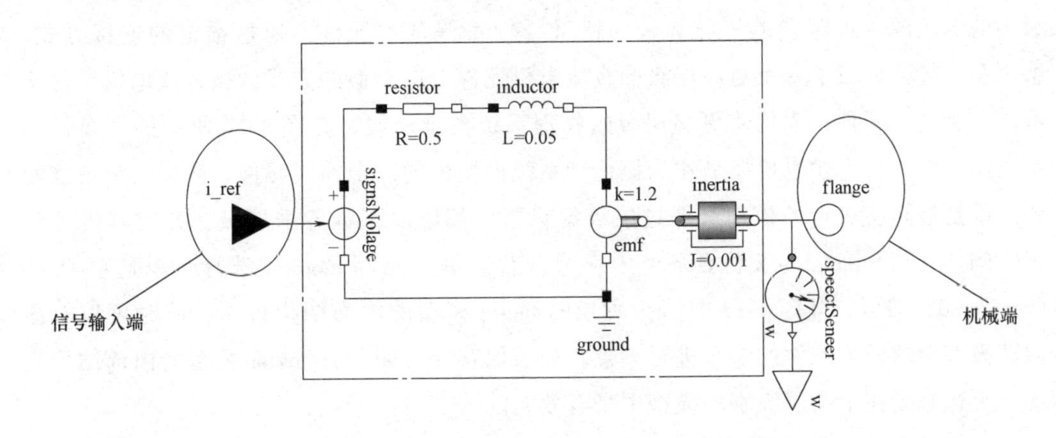

图 1-16 直流电机模型的层级式建模举例

上述黑色线框内的直流电机模型的 Modelica 代码可以编写如下：

```
model Motor
    Modelica.Blocks.Interfaces.RealInput ctrl;  //声明信号输入端口
```

```
        annotation(…);
        Modelica.Mechanics.Translational.Interfaces.Flange_b ctr2;
        //声明平移机械端口
        annotation(…);
        Modelica.Electrical.Analog.Basic.Resistor resistor1(R=R1);
        //声明电阻元件
        annotation(…);
        Modelica.Electrical.Analog.Basic.Inductor inductor1(L=L1);
        //声明电传导元件
        annotation(…);
        Modelica.Mechanics.Rotational.Components.Inertia inertia1(J=J1);
        //声明惯量元件
        annotation(…);
        ...
        equation
            connect connect(inductor1.p,resistor1.n);  //声明一个连线,连接两个
                                                        //端口
            annotation(…);
    end Motor;
```

在上述模型声明中，首先声明了图 1-17 中所示的两个端口；然后声明了构成直流电机的三个组件：电阻、电传导和转动惯量（轴），并直接定义了参数的数值；最后，在方程声明区域内，由 connect（..）语句声明了组件之间的连接关系。在上述模型中，最小的电压源、电阻、电传导和转动惯量（轴）等基本元件，通过给定的连接方式，组合在一起，形成了一个更高层级的直流电机元件。以类似的方式，该直流电机元件又可以作为基本元件，去构建更高层级的物理系统模型。假定在图 1-17 所示的一个传动系统模型中，将上述电机模型作为该传动系统模型中的一个构成元件。研发人员最终看到的都是最高层级别的模型，通过层级编辑器，都可以浏览各个层级，并对其进行修正。例如，在 SimulationX 仿真环境中，可以右键单击元件 motor，选择菜单选项 Open Compound，即可打开图 1-17 中箭头所指的 motor 模型的内部结构视图，此时可以对该内部模型中的任意元件的参数进行设置，最后保存并关闭元件 motor 模型的内部结构视图。上述修改在最高层级别的模型中是有效的。

对于重要的参数，更方便的方式是，直接将所有或重要参数从较低层传播到顶层来定义电机模型。因此，上面的直流电机模型可以更改如下：

```
    model Motor
        parameter Modelica.SIunits.Inertia
        J1(quantity="MomentOfInertia",unit="kg.m2");
        parameter Modelica.SIunits.Resistance R1(quantity="Resistance",
```

```
        unit="Ohm");
        parameter Modelica.SIunits.Inductance L1(quantity="Inductance",
        unit="H");

        Modelica.Blocks.Interfaces.RealInput ctrl;
        annotation(…);
        Modelica.Mechanics.Translational.Interfaces.Flange_b ctr2;
        annotation(…);
        Modelica.Electrical.Analog.Basic.Resistor resistor1(R=R1);
        annotation(…);
        Modelica.Electrical.Analog.Basic.Inductor inductor1(L=L1);
        annotation(…);
        Modelica.Mechanics.Rotational.Components.Inertia inertia1(J=J1);
        annotation(…);
        ...
        // 其余和前面模型一样
    end Motor;
```

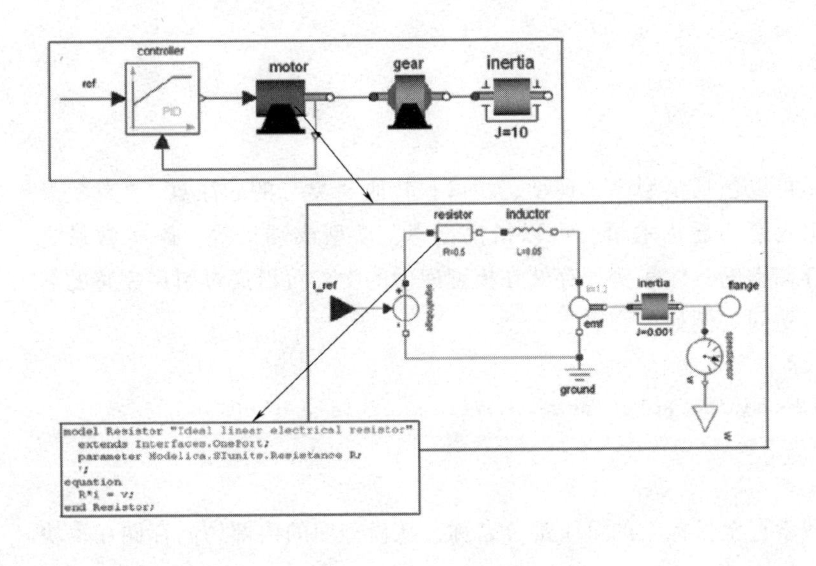

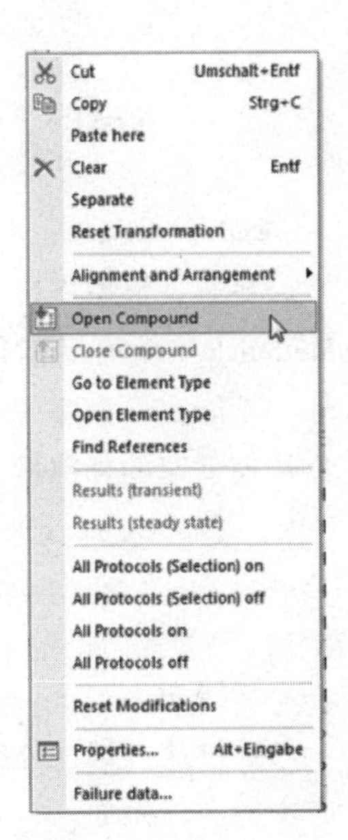

图 1-17　含有直流电机模型元件的一个传动系统模型举例

注意，inertial（J=J1）意味着元件 inertial 的内部参数 J 与外部参数 J1 相同。此时，如果采用上述直流电机元件进行基于元件的网络式建模，该元件将直观地显示它有三个参数，建模人员可以直接输入这些参数的数值，而不再需要打开该元件的内部结构图对相应的内部构成元件的参数进行设置了。

1.3.2 可重用模型库的创建

为了使模型具有可重用性，可以把搭建好的元件模型按照学科或应用方向的不同归置到不同的模型库中。在 Modelica 中，模型库声明的关键词是 package。在 Modelica 中，Modelica 模型库的定义格式如下：

```
package Modelica
    package Mechanics
        package Rotational
            model Inertia
            ...
            end Inertia;

            model Spring;
            ...
            end Spring;
            ...
        end
        Rotatio
        nal;
    end Mechanics;
    ...
end Modelica;
```

显然，模型库中是可以包括模型库、模型、端口和其他“类”的。注意，“类”是 Modelica 中所有结构化元素的通用术语，可以指模型库、模型或端口等。除了常量之外，不能在模型库中存储类的具体实例。存储在模型库中的类，可以通过引用完整的名称从模型库的外部进行访问，例如：

```
model Motor
    Modelica.Mechanics.Rotational.Inertia inertia(J=0.001);
        ...
end Motor;
```

通过从内部往外搜索直至目标类的第 1 部分名称，从模型库的内部访问存储在模块库中的类。例如：

```
package Modelica
    package Mechanics
        package Rotational
            package Interfaces
                connector Flange_a
                    ...
                end Flange_a;
```

```
            ...
          end Interfaces;

          model Inertia
          Interfaces.Flange_a flange_a;  //访问端口
          Modelica.Mechanics.Rotational.Interfaces.Flange_a flange_b;//
          访问端口
            ...
          end Inertia;
          model Spring
            ...
          end Spring;
          ...
        end Rotational;
      end Mechanics;
        ...
    end Modelica;
```

在上面的元件 Inertia 模型中，访问了来自另外库的两个端口。Interfaces. Flange_a 的端口是由通过在元件 Inertia 之外搜索它的名称的第 1 部分（此处为 Interfaces）来确定的，此时，名称已经存在于下一个级别层了。第二个是提供类的全名，类似于从外部访问，全名为 Modelica. Mechanics. Rotational. Interfaces. Flange_a，此处全名的第 1 部分 Modelica 仍然是通过从内部往外部搜索直至在最高级别层上找到它，然后再在它的模型库内继续查找全名的其余部分（Mechanics. Rotational. Interfaces. Flange_a）。根据此搜索规则，根级别 Modelica 的名称是不能作为子模型库的名称的。

在 SimulationX 中，可以使用其二次开发工具 TypeDesigner 来创建 Modelica 模型库，如图 1-18 所示，可以通过图形交互窗口，非常直观容易地定义新的模型库。

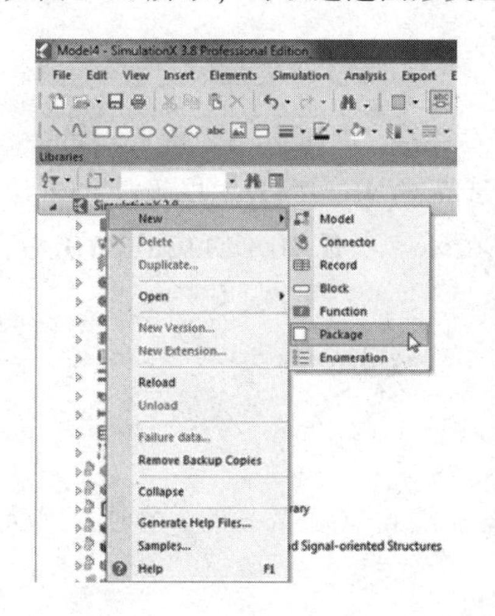

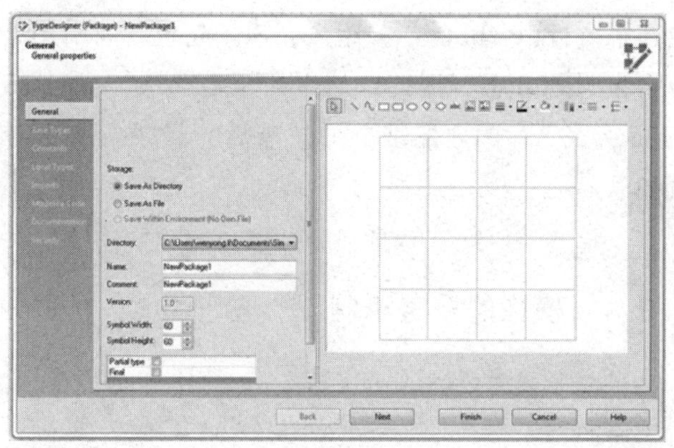

图 1-18　在 SimulationX 中创建新模型库的操作窗口

1.3.3 层级式模型的文件存储

在 Modelica 中，类是存储在文件系统中的。通过采用简单的映射规则，将 Modelica 名称映射到文件系统中的名称，以便编译器可以自动检测和加载模型中引用的库。模型库的内容可以直接存储在文件中，文件名称约定为模型库本身且文件的扩展名为 mo，例如，Modelica 模型库将存储在名为 Modelica. mo 的文件中。较为复杂时，模型库将存储在多个目录和文件中，每个模型库的层次结构都映射到相应的目录层次结构上，如图 1-19 所示，其中，Modelica 模型库存储在 Windows 文件系统中，这里的 Modelica、Mechanics 和 MultiBody 被存储为与其具有相同名称的目录中，库 Modelica. Mechanics. Rotational 被存储在 Modelica \ Mechanics 目录下的文件 Rotational. mo 中。

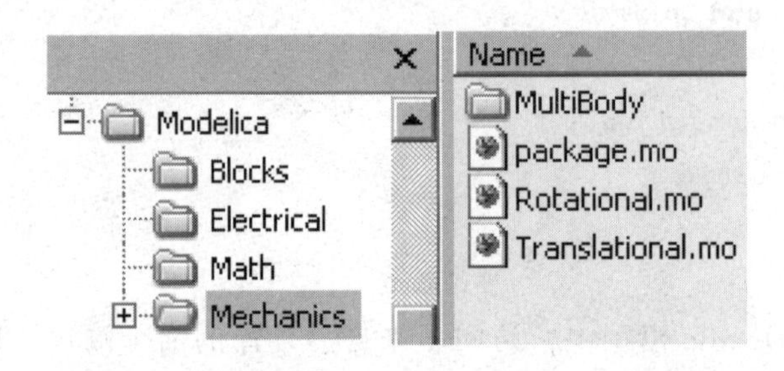

图 1-19　Modelica 库在文件系统中的层级式存储

每个目录必须存储在 package. mo 文件，例如目录 MultiBody 中的文件 package. mo，下面以此为例说明其定义：

```
// 文件：Modelica\Mechanics\MultiBody\package.mo
    within Modelica.Mechanics; //文件全称=Modelica.Mechanics.MultiBody
    package MultiBody
    annotation(Documentation(info="<html>// Overview of package Multi-
    Body</html>"));
    end MultiBody;
```

上述第一行由 **within** 子句组成，该子句包含所引用库的全名，例如 Modelica. Mechanics。库名为 MultiBody，因此，该库的全名为 Modelica. Mechanics. MultiBody。根级使用语法 within，表示库的内部是空的。最后，目录名称存储在环境变量 MODELICAPATH 中，例如

```
MODELICAPATH="C:\user\StandardLibraries;C:\user\project\vehicles;"
```

1.3.4 模型的搜索机制

当编译器需要类 A. B. C 的定义，并且尚未将该类加载到 Modelica 环境中时，则执行下面的搜索：

1）文件 A. mo 是否存在于当前目录中？

2）目录 A 和文件 A \ package. mo 是否存在于当前目录中？

3）件 A. mo 或文件 A \ package. mo 是否存在于环境变量 MODELICAPATH 中定义的目录之一？

当在上述位置之一中找到类 A 时，在 A 的位置下搜索其余部分，即 B. C。如果在文件系统中找到 A. B. C，它会自动加载到 Modelica 环境中，否则会出现无法找到 Modelica 类的错误。

每个 Modelica 环境中都有 Modelica 库。不同的工具中，其库的位置也有所不同，例如在 SimulationX 中，第 1 部分首先在目录 SimX \ Modelica 和 SimX \ Modelica \ Library 下搜索，只有未找到名称，才使用上面的搜索策略。

1.3.5　模型的平衡检测

在 Modelica 3.0 之前，搭建模型时，从库中选出元件并进行连接，所得到的物理系统仿真模型可能会有多余或缺少的方程，更糟糕的是，无法准确给出错误源。为了改善这种情况，在 Modelica 3.0 中首次引入"平衡模型"的概念，用来精准检测导致方程和未知数错配的元件，显著提高了模型的质量。Olsson 等人在 2008 年给出了该概念的详细描述，其基本原则是通过引入限制规则，使得每个模型都必须局部平衡，这意味着未知数和方程的数量必须在每个层次级别上匹配；然后，在本地仅检查每个模型一次就够了。使用这些模型（通过实例化、连接它们、重新声明可替换模型等方式）建模，总能得到一个满足未知数和方程总数相等的模型。除此之外，还可以精准地确定哪些子模型有多余或者缺少的方程等错误。

1. 端口的限制规则

规定：端口中"流"量变量的数量必须等于非"流"量变量的数量。根据此规则，下面端口的定义是正确的：

```
connector Pin // 正确的端口定义
    Real u;//定义了 1 个非'流'量变量
    flow Real i;//定义了 1 个'流'量变量
end Pin;
```

在 Modelica 3.0 及以后，不允许使用以下端口：

```
connector Flange // 错误的端口定义
    Real angle;
    Real speed;
    flow Real torque;
end Pin;
```

如果在特定应用场合下，流量变量和非流量变量的个数必须不同，则建模人员必须使用 input/output 前缀，例如下面的两个例子。

（1）例 1

```
connector FluidPortA //正确的端口定义
```

```
    Modelica.SIunits.Pressure p;
    flow  Modelica.SIunits.MassFlowRate    m_flow;
    input Modelica.SIunits.SpecificEnthalpy h_inflow;
    output Modelica.SIunits.SpecificEnthalpy h_outflow;
    end FluidPortA;
```

(2) 例2

```
connector FluidPortB // 正确的端口定义
    Modelica.SIunits.Pressure p;
    flow  Modelica.SIunits.MassFlowRate    m_flow;
    output Modelica.SIunits.SpecificEnthalpy h_inflow;
    input Modelica.SIunits.SpecificEnthalpy h_outflow;
end FluidPortB;
```

上面两个端口的定义都是正确的，因为它们都有一个“流”量变量（m_flow）和一个非“流”量变量（p），其余的变量有前缀 **input** 或者 **output**。每当端口具有带前缀 **input** 或者 **output** 的变量时，就会存在端口如何连接在一起的问题，因为连接的元件必须遵守语法。例如两个输入变量不能连接在一起等，这意味着，FluidPortA 的两个实例或者 FluidPortB 的两个实例不能连接在一起，但是 FluidPortA 的实例可以与 FluidPortB 的实例连接在一起，例如下面的建模：

```
FluidPortAA1,A2;
FluidPortBB1,B2;
equation
    connect(A1,A2); // 错误！两个输入不能连在一起！
    connect(B1,B2); //错误！两个输入不能连在一起！
    connect(A1,B1); // 正确！
```

基于该规则对端口进行限制，可以精确地定义元件必须具有多少个方程才能达到局部平衡。

2. 方程数量的限制规则

在模型（partial 除外）中，方程的数量=未知数-输入数-“流”量数。注意，带有前缀 constant 和 parameter 的变量视为已知变量。

下面声明了一个电容元件模型 Capacitor，来看一下如何对方程进行计数：

```
connector Pin
    Modelica.SIunits.Voltage v;
    flow Modelica.SIunits.Current i;
end Pin;
model Capacitor
    parameter Modelica.SIunits.Capacitance C;
        Modelica.SIunits.Voltage u;
        Pin p,n;
```

```
    equation
        0=p.i+n.i;
        u=p.v-n.v;
        C*der(u)=p.i;
end Capacitor;
```

上述模型有 5 个未知数：u、p.v、p.i、n.v、n.i，其中，有两个“流”量变量：p.i 和 n.i。因此，该模型需要有 5-2=3 个方程，显然满足该要求。

下面声明了一个电压源元件模型 VoltageSource：

```
model VoltageSource
    input Modelica.SIunits.Voltage u;
    Pin p,n;
equation
    u=p.v-n.v;
    0=p.i+n.i;
end VoltageSource;
```

上述模型有 5 个未知数：u、p.v、p.i、n.v、n.i，其中，有两个“流”量变量：p.i 和 n.i，以及 1 个输入变量：u。因此，该模型需要有 5-2-1=2 个方程，显然该模型满足该要求。

通过上述两个规则，可以进一步理解“平衡模型”的基本原理：对于模型中的每个未知变量，必须在类中提供一个方程。不过，以下情况除外：

1）如果变量有前缀 input，使用时必须提供该变量的方程，因此，在定义该变量的模型时不必提供等式。

2）如果端口有 N 个“流”量变量，则它也必须有 N 个非“流”量变量（不带前缀 flow）。因此，这种端口引入 2N 个未知数，必须在定义端口实例的元件类中提供 N 个方程，并且在使用时必须提供 N 个方程。

3. 对端口和调整的限制规则

注意，当将端口连接在一起时，自动满足如下要求：如果 M 个端口通过函数 connect（..）连接在一起，并且每个端口具有 N 个“流”量变量和 N 个非“流”量变量，则 Modelica 连接提供（M-1）N 个等式和 N 个方程，即 M 个端口缺省 MN 个方程。例如，如果连接了 3 个电容器元件，则建模如下：

```
Capacitor C1,C2,C3;
equation
connect(C1.p,C2.p);
connect(C1.p,C3.p);
```

则相当于生成了以下 3 个等式：

```
C1.p.v=C2.p.v;
C1.p.v=C3.p.v;
```

```
0=C1.p.i+C2.p.i+C3.p.i;
```

这些是端口 C1. p、C2. p、C3. p. 的 3 个缺省方程。

用工具可以很容易地检查这些规则，并且因此可以容易地精确定位哪个元件的声明不遵循这些规则，并因而导致不平衡的模型。因此，该规则的基本思想是，无论何时使用元件，都必须提供所有缺省的方程，可以通过适当的连接（用于端口），也可以通过提供适当的调整（对于在端口外部的带前缀 input 的变量），还可以通过提供适当的方程（对于没有被连接的端口且带前缀 input 的变量）得以实现。现在清楚的是，如果所有子元件遵循该规则，则模型被自动平衡，因为在实例化元件时必须提供元件的所有缺省方程。

第2章 非连续变结构系统的建模方法

数值积分运算要求积分函数必须是连续可微至一定阶次的。如果物理系统的建模足够详细，它的所有变量都将是连续的，必然满足该条件。但是，由于受各种因素的限制或者出于一定的目的，在建模时往往需要引入一些简化假设，例如为了节约仿真时间，可将变量的快速变化近似为非连续性的，这样积分求解器就不用跟随变量及其快速变化了；或者为了减少参数识别的工作量，可将变量的快速变化近似为非连续性的，这样，就不必通过测量获得描述该特征快速变化的参数了。那么，简化假设后的系统，就不再满足连续条件，而成为非连续变结构系统。因此，不禁提出疑问：Modelica 语言及其仿真环境中是否能够描述不满足连续要求的系统？

答案：可以描述非连续、可变结构系统！

在学习如何使用基本的 Modelica 语言元件描述期望行为之前，不妨先试着用 Modelica 标准学科库中已有的模型类型描述它们，这样会更容易些，见表 2-1。

表 2-1 带有非连续变结构系统的 Modelica 标准库

Modelica 学科库	包含的特征、部件等
Modelica. Blocks. Logical	逻辑门(与或非)、计时器等
Modelica_LinearSystems. Sampled	采样数据系统、独立控制器
Modelica. StateGraph	分层有限状态机
Modelica. Mechanics. Rotational	库仑摩擦、离合器、制动器
Modelica. Electrical. Analog. Ideal	理想电开关、理想二极管等
Modelica. Electrical. Digital	九值逻辑门等

2.1 非连续性方程

数值积分算法是通过 n 阶多项式连续、平滑地组合在一起来近似微分方程组的求解方法。由于多项式是连续的，该算法无法准确地描述非连续系统。为了采用多项式近似，必须在中断点附近，采取非常小的积分步长。因此，如果该非连续性对仿真结果影响较大，那么即使是具有变步长的优秀积分器，其计算速度也会在中断点附近变得非常慢。

通常，可以采用下面的步骤方法来高效、可靠地处理非连续性系统（Cellier 1979）：

1）检测非连续变化的时刻，例如，检测指示器信号瞬间通过 0 的时刻。

2）在此时刻保持积分不变。

3）执行非连续性变化。

4）重新运行积分。

采用上述步骤方法，数值积分过程中的信号就总是连续可微的，并且中断处的信号也是可精确处理的。在这里，工程师们习惯将积分终止时刻称为“事件”，在事件发生的时刻，变量可以是非连续性的，因此，仿真环境应该至少存储该时刻的两个信号值：积分终止时的值和积分重启动时的值。

Modelica 语言可以自动执行上述步骤方法，也就是说，在事件之间满足积分器在平滑方程运行的基本先决条件。需要注意的是，当前 Modelica 函数是例外，这是因为，函数结果可能非连续且是不可能在函数中触发的事件，这是当前该语言的缺陷，且尚未解决；外部函数也不受 Modelica 编译器的控制，因此，也会导致积分错误。除此之外，Modelica 语言还有其他限制以防止在连续积分阶段运行存储，这是因为，这样会严重违背积分器的先决条件，例如不可能从 Modelica 模型确定积分步长（带存储的外部函数除外），不过有些商业仿真环境，例如 SimulationX，对此进行了扩展，必要时是可以使用该属性的。

为此，Modelica 定义了很多与离散系统有关的重要属性，例如：

1）保持变量值不变，直至其被改变。无论在连续积分过程中，还是在事件时刻，都可以获取该变量值。

2）仅能获取当前时刻而非前一时刻变量的左极限或右极限，避免在连续积分阶段进行存储。在连续积分时，两个值是等同的；在事件时刻 t，变量名 v 定义为右极限 v（$t+\varepsilon$），而 pre（v）定义为 v 的左极限 v（$t-\varepsilon$），其中 ε 表示无穷小。

3）只能在事件时刻改变整数型、布尔型、字符串、离散实数型和枚举型的变量值。在连续积分过程中，只允许改变非离散实数型的变量值，其他值是无法改变的。值得注意的是，如果变量出现在方程的左侧或者 when 子句中，声明为实数型的变量会被处理为离散实数型的变量。

4）具有即时通信功能，即处理事件不占积分时间。针对需要考虑采样数据控制器的实际计算时间等情况（尽管不希望如此），可通过触发两个事件进行明确的定义。

5）没有定义两个或多个事件是否在同一时刻发生。如果事件需要在时间上同步，则需要明确地编程。例如，一个较慢的采样事件将发生在每第 5 次较快的采样事件的时刻，可以通过访问指示事件的布尔型变量或一个计数器来实现。

6）无法确定“上一个积分步”时刻。在一些特殊场合，这一点或许有用，但是总会存在出现严重错误的风险，通常会有更好的替代方案。

2.2　关系式触发事件

Modelica 语言中并没有明确触发事件的具体结构。通常以一个关系式，例如 v1>v2，改变其值来触发事件。关系式是 Modelica 语言间断性地改变一个变量值的唯一方法。例如，在一个条件子句中，在模型中的间断性变化都会触发一个事件并且暂停数值积分过程。

图 2-1 表示一个简单的两点开关模型，下面以此为例，详细地讲解这种基本机制。

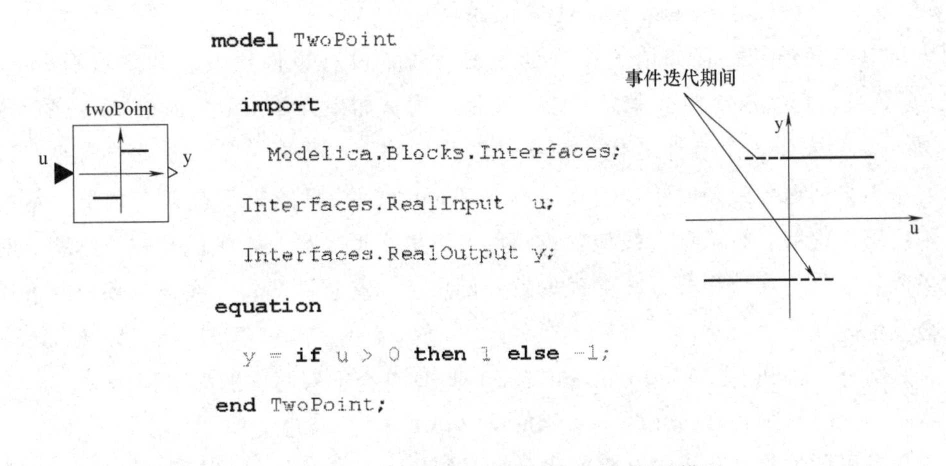

图 2-1　关系式触发事件的实例：两点开关模型

假定 u 是负的并逐渐变大直到变为正。初始时刻因为 u 是负的，所以 y = -1。当积分运行到 u 变为正时，在一个很小的时间间隔中开始迭代检测 u 穿越零点。在这个迭代过程中，y 保持不变，且 y = -1。一旦过零的瞬间被精确找到（通常与机器精确度接近)，就触发了事件，条件从句由 else 分支变到 then 分支，积分重启。这意味着，上述的 if 表达与其他编程语言（如 FORTRAN、C 或者 Java）的 if 表达不同。这种方法的优势在于，大多数情况下非连续性变化都可以可靠并有效地自动处理。

如果一个关系具有 time> = discrete-expression 或者 time<discrete-expression 这样的形式，那么就可以提前计算出事件的瞬间。在这种情况中，没有事件迭代发生，积分器也会调整它的步长恰好在事件时间点上，从而仿真会更加有效，例如：

```
y=if time<1 then 0 else 1;
```

这种情况称为时间事件。相对应地，一个事件迭代必须发生的，称为状态事件。

在一些情况中，没有必要一个关系触发一个事件，因为相关的表示式很平滑。可以用 Modelica 自带的运算符 smooth（order，expr）来表达它，例如：

```
y=smooth(1,if u>0 then u^2 else u^3);
```

上面语句中的运算符 smooth（..）的第一个输入参数描述可微性，如果 order = 0，表示连续；如果 order=1，表示连续且一阶导数也连续；如果 order=2，表示连续且一阶导数和二阶导数也连续，等等。因为在 u=0 时，有 u^2=u^3=0 且 der（u^2）=2*u=der(u^3)=3*u^2=0，因此，在此处满足连续且一阶导数也连续，有 order=1。

Modelica 仿真环境的实际行为并不由 smooth（..）运算定义。通常采用该运算符的目的是，如果 order≥0，那么便不生成事件。如果一个包含 smooth（..）运算符的描述式在符号预处理中进行微分，那么 order 值在每次微分时都会衰减。如果 order=-1，表达式非连续并且必须生成一个事件，它不能被再微分，通常会显示编译错误。在一些特殊的情境中，有必要强制 Modelica 仿真环境不产生事件，这一点可通过 noEvent（..）运算符得以实现，使用方法例如：

```
y=noEvent(if u>eps then 1/u else 1/eps);
```

上面语句中的 if 语句，正如语言中字面上的意思，没有事件触发。如果没有 noEvent（..）运算符，那么这个例子就会出错。这是因为，如果开始 u 比 eps 要大，之后小于 eps，那么就会发生一个事件迭代，在事件迭代期间，u 可能变成 0 或者非常小，以至于 1/u 溢出，从而导致超时错误。运算符 noEvent（..）只能用于包含实数型变量的方程，不适用于整型、布尔型、线型、枚举以及离散实型变量，否则就会在连续积分时模型发生激烈变化，导致积分方法处理失效，例如，如有条件从句，在连续积分时方程的数量会发生改变。

有时结合 smooth（..）和 noEvent（..）运算符会很有用，例如下面语句：

```
y=smooth(100,noEvent(if u>eps then 1/u else 1/eps))
```

上述方程是可微的并且防止被 0 除的语句，必须用 noEvent（..）以保证没有事件产生。当使用 noEvent（..）时，应该在运行时间检查被微分的方程是否连续；否则，仿真结果会出错，因为微分一个非连续表达式会导致狄拉克脉冲。为了让上述表达式够光滑，需要提供一个从 1/u 到 1/eps 的光滑过渡并且在 smooth（..）运算下的正确微分规则。

2.3　离散方程和运算符 pre（..）

方程组是以方程所定义的变量类型为特点的。因此，除了一般实数型方程，Modelica 还拥有布尔型、整型、文本型以及枚举型方程。

如果一个方程定义的是实数变量之间的非离散关系，那它叫作连续方程。通常，一个连续方程具有 expr1=expr2 的格式，其中 expr1 和 expr2 都是实数型量的计算表达式。

如果一个方程定义的是一个离散的变量 v，比如布尔型、整型、线型、离散实型变量或枚举变量，那它叫作**离散方程**。一个离散方程具有 v=expr 的格式。需要计算的离散变量 v 写在左侧。

下面实例表示的是描述“滞后特性”的模型（图 2-2），包括实数变量方程与布尔变量方程的组合。

```
model Hysteresis
```

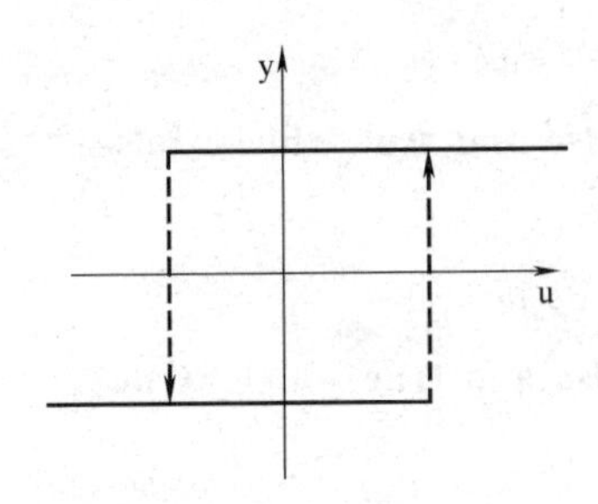

图 2-2 “滞后特性”模型

```
    import IF=Modelica.Blocks.Interfaces;
    IF.RealInput  u;
    IF.RealOutput  y;
    Boolean  high(start=true,fixed=true);  //初始值为真,而且该初始值不可更改
    equation
        high=notpre(high)and u>=1 or pre(high)and u>-1;
        y=if high then 1 else-1;
end Hysteresis
```

在上面的模型中，布尔变量 high 定义了输出 y 的值为上部高点（high=true）还是下部底点（high=false）。由于 high 是一个布尔变量，其值只能在事件瞬间改变（因为关系只在事件瞬间发生）。high 的布尔方程包含 pre（high），high 值恰好在真实事件瞬间之前，这便是从之前的事件瞬间得到的 high 的值。当关系式如 u>=1 或 u>-1 改变其值时事件就发生。

是否生成没必要的事件是关系到使用 Modelica 仿真环境编程实现的水平问题。例如，无论 u>=1 还是 u>-1，改变了其值，都会触发一个事件。然而，假定 u>1 然后 u 逐渐变得小于 1，于是关系式 u>=1 便改变了其值，但是这不会影响结果（因为 y 一直在上半部分），因此应该没有事件产生。原则上可以检测到这种情况，例如定义 **notpre**（high） **and** u>=1，这意味着只要 pre（high）是 true，就和关系式 u>=1 的值无关，因此，表达结果是 false。在 Modelica 仿真环境中，这种类型的无必要的事件是要避免的。如描述 high 的方程使用如下方程定义：

```
high=u>=1 or pre(high)and u>-1;
```

这个方程描述有点瑕疵，当 u>=1 改变其值时，总会触发一个事件。当一些事件对结果不会造成影响时，Modelica 仿真环境在编译时无法进行检测，此时就相当于出现了一个不必要的事件。布尔变量 high 的方程并不显而易见。为了检查关于 high 的方程是否正确，需要分析不同的可能性：

1）**pre**（high）= **falseand** u<-1：

high = **true and false or false and false** → high = **false**， y 保持在下方

2) **pre** (high) = **falseand** $-1<u<1$:

high = **true and false or false and true**→high = **false**,

y 保持在下方

3) **pre** (high) = **falseand** u>1:

high = **true and true or false and true**→high = **true**,

y 从下方移至上方

4) **pre** (high) = **trueand** u>1:

high = **false and true or true and true**→high = **true**

y 保持在上方

5) **pre** (high) = **trueand** $-1<u<1$

high = **false and false or true and true**→high = **true**

y 保持在上方

6) **pre** (high) = **true and** $u<-1$:

high = **false and false or true and false**→high = **false**,

y 从上方移至下方

一旦 high 被计算出来，那用实数型方程 y = **if** high **then** 1 **else**-1 来计算输出 y 就简单了。high 的声明定义了属性 start = true 和 fixed = true。现在讨论一下这个声明的意思：对于实数型（非离散）变量，假定 fixed = true，start 属性在初始化之后定义了一个变量的值。这意味着需要执行初始化操作，这样在初始化之后变量便会拥有要求的“初始”值。这通常需要解决一个非线性代数方程。而对于布尔变量、整型变量、线型变量、离散实数型以及列举变量 v 这是不同的：start 属性在初始化之前定义 **pre**（v）的值。**pre**（v）= v 在初始化开始之前运行。另一种可能性是在初始化之后满足 v = v. start，这导致包括未知的 **pre**（v）很棘手的初始方程系统。例如，如果 high = = **trueand** u = -2 定义初始值的问题，通常一旦 v 已知，**pre**（v）将很难去计算，此时磁滞模块的方程是无解的。

离散非连续性方程计算离散和连续方程的顺序问题产生了：Modelica 的基本原则是把所有语言元素映射为方程，并且要求未知变量都可以确定，因此所有的方程都是完全并行计算的：每一个事件瞬时和每一个时间瞬时有 n 个未知数的 n 个方程都要求解。第一步通常是将方程分类，然后得到方程组的一个清晰求解顺序。

在连续性积分中离散变量无法改变其值，因为关系不能发生改变。因此，只有连续性方程需要使用之前的事件瞬时的离散变量来解决。在一个事件时刻，包括初始化被看作“初始事件”，连续和离散方程必须在变量 v 的“**pre**（v）”值（来自之前的事件）给定的条件下同时被解。

如果至少一个离散变量 vi 满足 **pre**（vi）≠vi，那么在方程组求解之后，**pre**（vi）= vi，方程组将再一次被求解。一旦所有的离散变量 vi 均满足 **pre**（vi）= vi，这个事件的迭代便结束了。如果迭代数超过给定的最大值，求解器通常会以错误告终。如何在编译期间检查这种事件迭代不会收敛或者修改 Modelica 的编程语言使得这样的情况不会发生，是 Modelica 语言尚未解决的问题。例如，以上文磁滞模块的初始化来分析：

1）u>-1：

因为 **pre**（high）= true，在初始化时求解下面方程组：

```
high=falseand u>=1 or true and u>-1;
y=if high then 1 else-1;
```

有 high=**trueand** y=1。因为 high=**pre**（high），所以初始化完成。

2）u<-1：

因为 **pre**（high）= **true**，在初始化时求解下面方程组：

```
high=falseand u>=1 ortrueand u>-1;
y=if high then 1 else-1;
```

有 high=**falseand** y=-1。因为 high ≠**pre**（high），再次初始化。使用 **pre**（high）：= high：=**false**，求解下面方程组：

```
high=trueand u>=1 or false and u>-1;
y=if high then 1 else-1;
```

有 high=**falseand** y=-1。因为 high=**pre**（high），所以初始化完成。

因为在现阶段磁滞模块的方程并不明显，有人可能会想不用布尔方程来描述这个模块：

```
//错误的模型
y=if u>=1 or(pre(y)>0.5 and u>-1)then 1 else-1;
```

可是，这在 Modelica 语言中是不被允许的，因为在 when 子句以外，pre（..）只能在离散变量上使用，并且 y 是一个（非离散）实型变量。设置这种限制的一个原因可以由下面的方程定义来解释：

```
//错误的模型
y=noEvent(if u>=1 then u else pre(y)/2);
```

然后不清楚如何计算 pre（y），由于 noEvent（..）运算符的机制，当 u>=1 改变其值时，没有事件产生。问题在于，在这个瞬时时间 y 不连续地改变了其值，并且在这个改变之前的 y 的值没有被定义，因为开关瞬时时间不确定。

2.4 瞬态方程

2.4.1 瞬态方程和 when 语句

当事件发生时，使用 when 语句可以激活附加的方程组。

下面通过“脉冲发生器”模型（图 2-3）的实例进行说明：

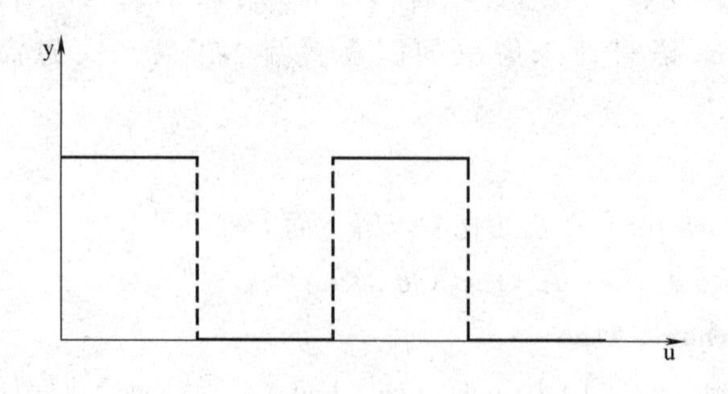

图 2-3 “脉冲发生器”模型

```
model Pulse
    import IF=Modelica.Blocks.Interfaces;
    import SI=Modelica.SIunits;
    IF.RealOutput y;
    parameter SI.Time T;
    discrete SI.Time tNext(start=T,fixed=true);
    equation
        when time>=pre(tNext)then
            tNext=time+T;
        end when;
        y=if time <=tNext-T/2 then 1 else 0;
end Pulse;
```

参数“T”是脉冲周期。离散实变量“tNext”定义为脉冲的下一个上升沿时刻。根据变量的初始属性，仿真开始前有：**pre**（tNext）= T。变量 time 为预定义变量，适用于所有模型，定义为实际的仿真时间。当 **when** 语句中的条件 time>=**pre**（tNext）变为真时，或者更确切地说，在此条件从假变为真的那一刻，**when** 语句的主体变为可执行的。由于 **when** 语句中的方程只在特定的时刻是可执行的，所以这类方程称作**瞬态方程**。在上述 **when** 语句中，一旦 **when** 条件变为真，将计算脉冲的下一个上升沿时刻。在 **when** 语句外，基于下一个上升沿时刻 tNext 和脉冲信号形状，可以容易地计算出输出变量 y。

准确地区分出何时用 **pre**（tNext）和 tNext 是十分关键的：**pre**（..）值必须用在条件句中，这是因为，当条件变为真的事件发生的时候，需要使用上一事件的 tNext 值，而且要在 **when** 语句中计算下一事件的 tNext 值。

无论是被声明为 Real 型还是 discrete Real 型，**when** 语句中等号左边的 Real 型变量都被定义为 discrete Real 型变量。因此，声明中的前缀 discrete 只是一个安全保障，清晰地表明，建模人员期望在 **When** 语句中计算该变量，进而在事件发生时改变它的值。如果事实并非如此（例如，由打字错误引起的），那么就会出现一个翻译错误。

为了处理离散方程，Modelica 中提供了一些内置运算符。表 2-2 列出了一些重要的运算符及其简单说明。

表 2-2　离散方程的内置运算符举例

运算符	说　明
initial( )	初始化阶段返回真(**true**),否则返回假(**false**)
terminal( )	成功分析后返回真(**true**)
sample(start,period)	返回真(**true**),并在指定时间点 start+i * period(i=0,1,...)触发时间事件。在连续积分过程中,总是返回假(**false**)。形参 start 和 period 必须为参数表达式
pre(v)	返回当前事件之前的变量 v 的值。如果 **pre**(v)用在 **when** 语句外,则 v 必须是离散变量。该定义意味着,若没有迭代事件发生,pre(v)即为变量 v 在时刻 t 的左极限值 v(t-ε)(ε→0)
edge(b)	当布尔变量 b 由假变成真时,返回真,即 edge(b)= b **and not pre**(b)
change(v)	当变量 v 值改变时,返回真,即 **change**(v)= v <>**pre**(v),且 v 不属于基类 Real

sample（..）运算符是按规律性方式来触发时间事件的。因此，可以用它来简化上面的“脉冲发生器”模型，代码如下：

```
model Pulse
    import IF=Modelica.Blocks.Interfaces;
    import SI=Modelica.SIunits;
        IF.RealOutput y;
    parameter SI.Time T;
    discrete SI.Time T0(start=0,fixed=true);
    equation
        when sample(0,T)then
            T0=time;
        end when;
        y=if time <=T0+T/2 then 1 else 0;
end Pulse;
```

when 语句中的方程是离散方程，只在某个事件发生时才进行求解，而不是在连续积分区间。因此，**when** 语句主体中的方程的表达形式限制为 v=expr，这里，等号左边必须为变量。与连续方程不同，离散方程计算出的变量必须要明确地指出来。当 **when** 语句没有激活时，**when** 主体中的所有离散变量（等号左边所有的变量）都是不变的，且保持为上一事件时刻的值。需要注意的一点是，离散方程仍然是方程而不是赋值语句，也就是说，它们是与其他方程一起被分类的。上述特性将通过一些实例来说明。尽管 **when** 语句的方程受限于 v=expr 的形式，但 **when** 语句仍可以用来定义隐式代数方程[Hans Olsson]：

```
// when 语句中的隐式代数方程
    parameter Real A[:,:]=[1,2;3,4]
```

```
    parameter Real b[:]  ={-3,-4};
    Real x[2];
equation
    when sample(0,1)then
        // 求解方程 "0=A*x-b*time" 得到 x
        x=x+A*x-b*time;
    end when;
```

技巧在于，在隐式方程 0=f（x）的两边加入未知量 x，既不改变隐式方程，且又声明了该未知量为离散变量。

在离散方程和连续方程之间建立一个代数环也是可能的。再次提醒，将离散部分等式化时要务必仔细，例如下面的错误定义：

```
// 错误的 Modelica 代码
2*x+3*y=time;
when sample(0,1)then
    0=x-4*y;
end when;
```

上述代码段在 Modelica 中是不被允许的，这是因为，在 **when** 语句中，等号左边没有引用某一变量，因此，无法知道哪个变量（x 或 y）是离散变量，它在事件期间应保持值不变。上述 Modelica 代码可以修改如下：

```
// 正确的 Modelica 代码
2*x+3*y=time;
when sample(0,1)then
    x=4*y;
end when;
```

这可解释为，在连续积分中，x 是已知的（为前一事件时刻的值），而且 y 是通过连续方程计算出来的：

```
y:=(time-2*x)/3;  // 连续积分过程中求解
```

事件发生时，离散方程是可执行的，因此，可得到 x 和 y 的线性方程组：

```
2*x+3*y=time; // 只有在 when 语句是可执行时才有效 x-4*y=0;
```

基于一些例子，**when** 子句的语义已经被说明。此语义已在 Modelica 规范中被准确定义，是通过定义 **when** 子句如何映射到一组方程的映射规则来定义的。这是一个概念上的映射规则，因为无论 Modelica 环境是否准确地执行这个映射规则或它使用一个不同的实现方法，都会导致相同的语义，如图 2-4 所示的实例。

这就意味着，在 **when** 子句的每个方程映射为一个使用 **if** 表达式的标准方程，因此，只有当 condition 由假变为真时，**when** 方程才是被激活的，而在所有其他情况下都使用之前事件所得的离散变量的值。此外，能够看出，**when** 方程在初始化过程中是不被激活，但当仿真开始时可能会被激活。映射之后，方程的处理方法与处理连续方程一

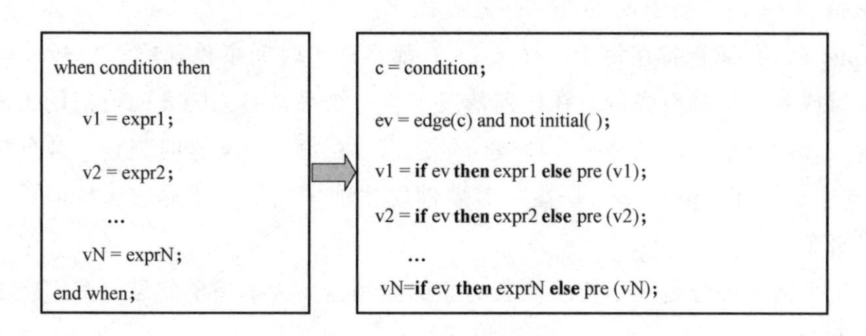

图 2-4　语义相同

样，唯一的新问题是，解所有方程是以所有的 **pre**（..）变量（除连续状态之外）都是已知的这一假设为前提。依照惯例，求解过程的第一步是将方程进行分类。为了将这种特殊类型的 **when** 映射方程与连续方程加以区分，将它们称作瞬态方程，因为 **then** 只在一个事件时是被激活的。

此处需注意，上述映射也可以在一个针对布尔变量、整数变量、字符串变量和枚举变量的 Modelica 模型中手动编写。这意味着，对这些变量类型来说，**when** 子句不是必须的，但如果使用一个 **when** 子句，模型将变得易读易懂。但是，上述映射在一个针对实变量的 Modelica 模型中是不能手动编写的，究其原因是 **pre**（..）运算符仅可应用于被分配在一个 **when** 子句中的实变量。这个约束是为了避免出现下面形式的结构：

```
// 错误的 Modelica 模型
v = noEvent(if u>=1 then u else pre(v)/2);
```

如果 v 的值不连续地变化，也没有事件发生，**pre**（v）的值未定义。

2.4.2　采样数据系统及其初始化

采样数据系统的实现与目前讨论的 Modelica 语言元素基本上是直接相关的。以简单的一阶离散系统为例：

$$y(t_i) = a * y(t_i - T) + b * u(t_i), t_i = 0, T, 2 * T, ...$$

上述离散系统可以按下面方式被执行：

```
block DiscreteFirstOrderBlockVersion1
    Modelica.Blocks.Interfaces.RealInput u;
    Modelica.Blocks.Interfaces.RealOutput y;
    parameter Modelica.SIunits.Time T; //定义采样周期
    parameter Real a,b;
equation
    when sample(0,T)then
        y=a*pre(y)+b*u;
    end when;
```

```
end DiscreteFirstOrderBlockVersion1;
```

sample（..）运算符在每个采样点 i * T 都会产生时间事件。输入信号 u 可以是一个连续变量或是一个离散变量。在任何情况下，一个采样时刻的 u 的值都用于离散系统的离散输入。输出信号 y 也是一个离散信号，因为在每一个采样时刻它均被分配在一个 **when** 子句中。因此，**pre**（y）是在当前事件发生前 y 的值，于是在 **when** 子句中采样的实现是直观的。

假设这个离散部分是一个连续控制对象的控制器。为了简单起见，我们将方程都集中一个模型中：

```
// 连续控制对象的方程
    der(xc)=f(xc,uc);
    yc=g(xc);
// 离散控制器的方程
    when sample(0,T)then
        yd=a*pre(yd)+b*ud;
    end when;
// 连续控制对象和控制器的关联方程
    uc=yd;
    ud=yc_ref-yc;
```

Modelica 仿真环境会将 **when** 子句映射为瞬态方程，且会对方程分类，这就导致：

```
// 根据输入(yc_ref,xc,pre(yd))对方程进行分类
    yc:=g(xc);
    ud:=yc_ref-yc;
    c:=sample(0,T);
    yd:=if edge(c)then a*pre(yd)+b*ud else pre(yd);
    uc:=yd;
der(xc):=f(xc,uc);
```

在连续积分时，方程是用 yd=**pre**（yd）进行计算的，也就是说，yd 的值来自最后的事件时刻。在一个采样时刻，基于控制对象的输出值 yc 离散控制器的方程计算控制对象的输入。

实际上，至此为止，上述定义的模型 DiscreteFirstOrderBlockVersion1 并未让人满意。其中的一个问题是，初始化未被准确定义。例如，假设开始时输入的 u 为 1 且在 1s 后此值跃升至 2，也就是说：

```
u=if time<1 then 1 else 2;
```

图 2-5 表示在 a=0.8、b=0.2 和 T=0.1 情况下由 DiscreteFirstOrderBlock1 模型得到的计算结果。可以观察到，控制器的输出 y 有不希望出现的初始振动，此现象是由于存在默认初始化。另一个问题是控制器是在相当理想化的形式中建模的，没有考虑控制算法的计算时间，因此，控制器的输出 y 立刻响应对控制器给定的测量输入 u 起作用，在

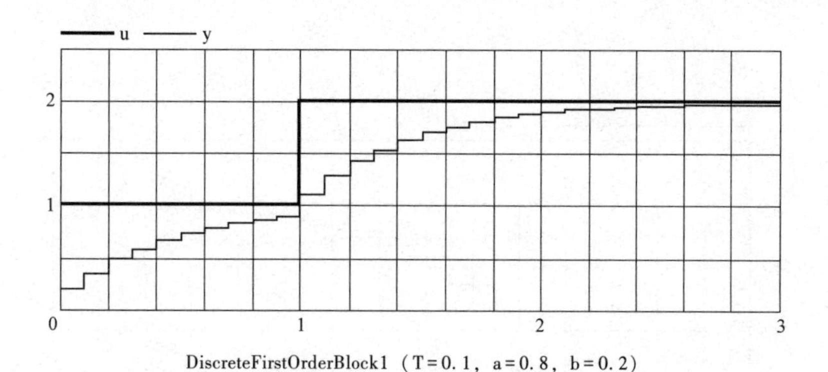

DiscreteFirstOrderBlock1 （T=0.1，a=0.8，b=0.2）

图 2-5 阶跃输入 DiscreteFirstOrderBlockVersion1 模型的仿真结果

实际中这是不可能发生的。

由于一个控制器可能由一系列的离散模块连接构成，将计算延时包括在一个离散块中是没有作用的，而是要实现一个单独的延迟块，连接在控制系统和控制对象的执行器输入量之间。上述思想导出下面的实现过程，为简单起见，仅考虑一个采样间隔的计算延时且其在一阶块内实现而非在一个单独的块内，见下面模型 DiscreteFirstOrderBlock-Version2：

```
block DiscreteFirstOrderBlockVersion2
    Modelica.Blocks.Interfaces.RealInput u;
    Modelica.Blocks.Interfaces.RealOutput y;
    Modelica.Blocks.Interfaces.RealOutput y_delayed;
    parameter Modelica.SIunits.Time T; //采样周期
    parameter Real a,b;
equation
    when {initial(),sample(0,T)} then
        y=a*pre(y)+b*u;
        y_delayed=pre(y);
    end when;
initial
    equation
    pre(y)=y;
end DiscreteFirstOrderBlockVersion2;
```

模型 DiscreteFirstOrderBlock1 和 DiscreteFirstOrderBlockVersion2 的仿真结果对比如图 2-6 所示。可以看出，输出 y 的初始振动不再出现，且变量 y_delayed 清楚地显示了一个采样周期的计算延时。

一个 **when** 子句可以被多个矢量条件触发，这些矢量条件被定义为下面的形式：

```
when {condition1,condition2,...,conditionN} then
 :
end when;
```

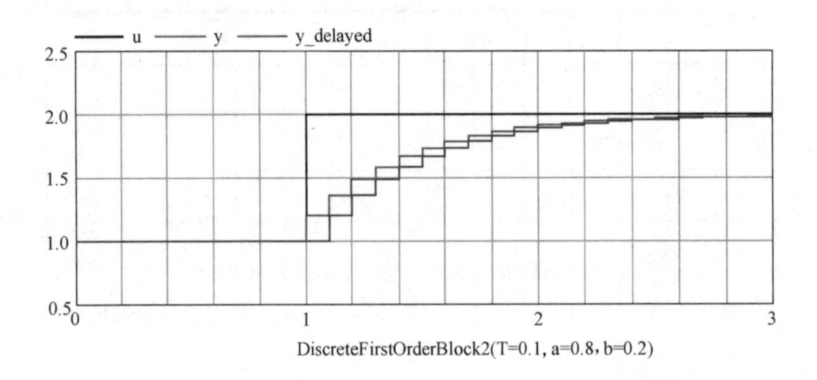

图 2-6　阶跃输入 DiscreteFirstOrderBlockVersion2 模型的仿真结果（彩图见后插页）

这段语句的语义是，无论何时，只要各条件中的一个由假变为真，**when** 子句就被激活。在离散的一阶框图中的定义为下面形式：

```
when {initial(),sample(0,T)} then
  ⋮;
end when;
```

上述定义表明，在 **when** 子句中的方程，在采样点和初始化阶段都是激活的。加上初始化方程 **pre**（y）= y，在初始化过程中，就可用线性方程组来计算未知量 y 和 **pre**（y）：

```
y=a*pre(y)+b*u;
pre(y)=y;
```

则方程组的解为

```
y:=b*u/(1-a);
pre(y):=y;
```

这意味着，只要输入的 u 不变，则输出的 y 也是保持不变的。由于 **pre**（y）的这种初始化方式，通过 y=a * **pre**（y）+b * u 的每次求解，都能得到 **pre**（y）。

2.4.3　事件的优先级

在利用条件激活事件时，由于条件较多，经常会遇到一种错误。为便于理解，先看下面的语句：

```
// 错误的 Modelica 模型
when h1>level1 then
    openValve=true;
end when;
...
```

```
when h2<level2 then
    openValve=false;
end when;
```

可以猜测出建模者的目的在于，当满足条件 h1>level1 时，打开一个阀（此处是布尔型变量 openValve）；而当满足条件 h2<level2 时，则关闭这个阀。但是，上面这样的定义是有问题的，这是因为，当两个条件在同一时刻都为真即两个条件都满足时，变量 openValve 的值将是不定的。将上述 when 子句映射到瞬态方程可导致：

```
c1=h1>level1;
c2=h2<level2;
openValve=if edge(c1)then true else pre(openValve);
openValve=if edge(c2)then false else pre(openValve);
```

显然这就存在一个未知量 openValve 的两个方程，且这个方程组没有解。因此 Modelica 编译器就会报错。由于 Modelica 的基本特性，即所有的语言元素都被映射到方程，且每个模型要求是求解含有 n 个未知量的 n 个方程组，Modelica 编译器可以轻易地察觉出这种类型的不确定性，并要求建模者通过定义一个明确的事件优先级来解决这个问题。

为了解决上面问题，可将方程改写为

```
c1=h1>level1;
c2=h2<level2;
when {c1,c2} then
    openValve=if edge(c1)then true else false;// 或者 openValve=edge(c1);
end when;
```

然而，这种方法并非易懂。此时，使用 **elsewhen** 子句是一种更好的方法：

```
equation
    when h1>evel1 then
    openValve=true;
    elsewhen h2 <level2 then
    openValve=false;
    end when;
```

when/elsewhen 结构与 **if then/clseif** 结构的作用类似。例如，如果第一个条件 h1>level1 变成真，那么第一个分支 penValve=**true** 被激活且其他分支被忽略；如果第二个条件 h2<level2 变为真，则第二个分支 openValve=**false** 被激活。也许还会存在其他的 **elsewhen** 分支。在上述程序的执行中，声明了优先级，所以 h1>level1 关系比 h2<level2 关系有着更高的优先级。同样地，类似于在 **if then/elseif** 子句中，一个 **when/elsewhen** 子句的每个分支中的方程数量必须是相同的。另外，在所有的分支中符号=左边的引用变量必须相同。如果每个分支有 n 个方程，则这样的一个 **when** 子句从概念上来说被映射到 n 个方程，因此方程组变成了确定的，因此，上述 **when** 子句被映射为如下方程：

```
b1=h1>level1;
```

```
b2=h2<level2;
openValve=if edge(b1)then true else if edge(b2)then false else pre(open-
Valve);
```

然而，在基于 Modelica 的二次开发商业软件 Simulation X 中，**elsewhen** 在算法中也是支持的，例如下面算法定义代码实例：

```
algorithm
    when h1>evel1 then
    openValve:=true;
    elsewhen h2 <level2 then
    openValve:=false;
    end when;
```

此代码段再次从概念上来说被映射到在上的有关 openValve 方程，因此方程组变成了确定的。下面来详细讨论算法部分到方程的映射过程，首先定义下面一段算法实例：

```
    Integer v1;
    Real v2;
    Real v3;
algorithm
    v1:=expr1;
    v2:=expr2;
    when condition then
        v3:=expr3;
    end when;
```

这个 algorithm 算法部分首先从概念上来说被映射为

```
    Integer v1;
    Real v2;
    Real  v3;
    Boolean c;
algorithm
    //算法代码段的初始化
    v1:=pre(v1);  //可以随时优化
    v2:=v2.start; //可以随时优化
    v3:=pre(v3);  //可以随时优化
    //转换语句
    v1:=expr1;
    v2:=expr2;
    c:=condition;
    if edge(c)then
        v3:=expr3;
end if;
```

由 **when** 语句向 **if** 语句的转换，与在 equation 方程部分的 **when** 语句的转换相似。唯一不同的是，在进入算法部分时，执行了 **pre**（..）赋值的任务（这是为了处理当对应的 when 子句尚未激活时所有可能的 if 子句）。此处需注意，非离散的实变量 v2 也被初始化了（通过使用其初始值），这样建模者就不能引入一个隐藏的内存，例如下面的代码段中：

```
        Real Tlast,stepSize;
    algorithm
        if noEvent(time>Tlast)then
            stepSize:=time-Tlast;
            Tlast:=time;
        end if;
```

如果进入算法部分时变量 Tlast 不能被明确地初始化，那么这段代码是允许计算实际的积分器步长的。但为了给建模人员更好的诊断性，最好禁用上述模型。然而编译时，是很难找到所有这样的模糊模型的，因此，上述简单方法在 Modelica 中还是可以使用的。这是由于，在进入算法部分时 Tlast 被初始化为它的起始值 0，故 stepSize 只是实际时间与初始时间之间的差，也就是说，是无法计算步长的。

从概念上来说，在第二映射阶段经过第一映射阶段之后算法部分已转换为一个函数调用。例如，上述的算法部分转换为一个函数调用中：

```
    (v1,v2,v3)=algFunction(v_expr,pre(v1),v2.start,pre(v3));
```

其中，输出变量是由等号左边的所有变量构成，且其他用到的变量是函数的输入参数，v_expr 是所有的变量引用，它们用于 expr1、expr2、expr3 和 condition。建模者不能手动编辑这样的映射，这是因为 Modelica 函数是纯函数，例如，在 Modelica 函数中使用任何离散运算符都是不被允许的，如 **pre**（..）、**initial**（..）等。最后，这种函数调用被当作与模型中的其他方程一起求解的一系列方程。

到此为止，我们已经讨论完 Modelica 中建立离散系统模型所使用的所有语言元素。接下来的章节将会演示如何使用这些语言元素来建立不同的重要情形下的模型。

2.4.4 时间同步机制

Modelica 没有同步“事件”的语言元素，其同步性是被数据流分析自动执行的，也就是所有激活的方程都被当作一个必须被同时求解的方程组，且在第一步中方程已被分类。因此，如果一个触发事件的信息必须传送到模型的其他部分或不同的模型中，可简单地通过传送布尔或整数变量来执行，例如下面的建模方法：

```
    Boolean limitReached,activateController;
    equation
        limitReached=x>xLimit;  // 触发事件
        ⋮
        activateController=edge(limitReached); // 传递事件信息
```

2.4.5 多速率控制器

在 Modelica 中，触发一个事件的两个关系式或运算符是无法保证在同一时刻对其进行触发的。例如，设计一个“多速率控制器”，希望给控制器的快速部分一个基本的采样率，而对于控制器的慢速部分，是此基本采样率的几倍，因此，建模人员可能会定义如下：

```
fastSampling=sample(0,basicSamplingPeriod);
slowSampling=sample(0,5*basicSamplingPeriod);
```

多数情况下，上述定义会起作用并达到预期效果。然而，如果在 Modelica 仿真的一个事件时刻，带有舍入误差，尤其是极小/滞后策略，那么此时就不能保证 fastSampling 和 slowSampling 在基本采样周期的每个第 5 时刻都为真。为此，必须使用一个计数器来明确地编程实现同步化，见下面代码：

```
parameter Modelica.SIunits.Time basicSamplingPeriod;
parameter Integer sampleFactor=5;
    Boolean fastSampling,slowSampling;
    Integer ticks;
initial equation
    pre(ticks)=sampleFactor-1;
equation
    fastSampling=sample(0,basicSamplingPeriod);
    when fastSampling then
        ticks=if pre(ticks)<sampleFactor then pre(ticks)+1 else 1;
    end when;
        slowSampling=fastSampling and ticks>=sampleFactor;
    when {initial(),fastSampling} then
        //此处空白可编写快速采样控制器的方程组
    end when;

    when {initial(),slowSampling} then
        //此处空白可编写慢速采样控制器的方程组
    end when;
```

在上面的模型中，整数变量 ticks 用来记录 fastSampling 事件发生的次数，在每一个事件时刻，这个计数器增加 1，直到达到预期的 sampleFactor，继而 slowSampling 在这个时刻被设置为真，计数器在下一个 fastSampling 事件中重置到 1。

2.4.6 惯性延时

另一种经常出现的情况是惯性延时的建模，尤其是对于数字电路而言。设计的目的是，用一个给定的延时时间来延迟输入，但前提是，输入至少要在延时阶段保持其值不变。为了实现该目的，可按照下面方式来定义：

```
block InertialDelay
   Modelica.Blocks.Interfaces.IntegerInputu;
   Modelica.Blocks.Interfaces.IntegerOutput y;
parameter Modelica.SIunits.Time delayTime;
parameter Integer y_start=0;//定义 y 的初始值
protected
   Integer u_delayed(start=y_start,fixed=true);
   Integer u_old(start=y_start,fixed=true);
   discrete Modelica.SIunits.Time tNext(start=delayTime,fixed=true);
algorithm
   when change(u)then
      u_old:=u;
      tNext:=time+delayTime;
   elsewhen time>=tNext then
      u_delayed:=u;
   end when;
equation
   assert(delayTime>0,"Positive delayTime required");
   y=u_delayed;
end InertialDelay;
```

上述代码设计的目的是，无论何时输入 u 发生变化，u 的值都会被记录下来，且在(time+delayTime) 时刻之后计划执行一个时间事件。当输入 u 在 delayTime 期间不变化时，计划执行的时间事件被触发且输入 u 的值被记录在 u_ delayed 中，这个值即为输出的 y。当输入 u 发生变化时，之前计划执行的时间事件被一个新的时间事件代替。

假设延时为 1s，可按照上述方法设计一个惯性延时模型，其计算结果如图 2-7 所示，该图反映了延时 1s 后输入 u 的取值情况。

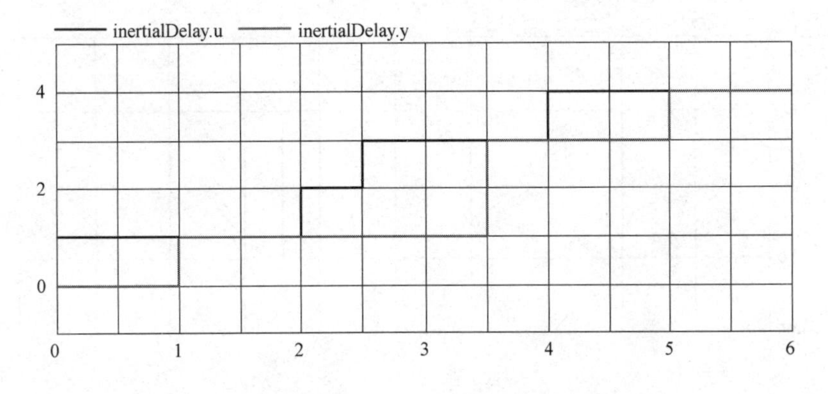

图 2-7　惯性延时块的仿真结果（彩图见后插页）

2.4.7 接通延时和断开延时

如果对实数信号、整数信号和布尔信号的时滞进行建模，需要用到运算符 delay(..)。除了惯性延时外，其他延时也需要进行建模，例如，在布尔输入的上升沿给出延时输出，在输入的下降沿即刻输出，这种延时现象可以按照下面方式进行定义：

```
block OnDelay
    Modelica.Blocks.Interfaces.BooleanInputu;
    Modelica.Blocks.Interfaces.BooleanOutput y;
  parameter Modelica.SIunits.Time delayTime;
  protected
    Boolean delaySignal(start=false,fixed=true);
    discrete Modelica.SIunits.Time tNext(start=0,fixed=true);
  algorithm
    when u then
      delaySignal:=true;
      tNext:=time+delayTime;
    elsewhen not u then
      delaySignal:=false;
      tNext:=time-1;
    end when;
  equation
    y=delaySignal and time>=tNext;
end OnDelay;
```

它的实现与惯性延时相似但略有不同。图 2-8 所示为上述定义的 OnDelay 计算模块的仿真结果，其中延时设定为 0.1s。结果显示，在 0.2s 时输入 u 有个上升沿且保持在延时周期内不变，因此延时 0.1s，使得输出 y 在 0.3s 时上升；在 0.4s 输入 u 有个下降沿，因此输出 y 立刻输出该下降沿；在 0.6s 输入有个上升沿，但是在延时周期内的 0.65s

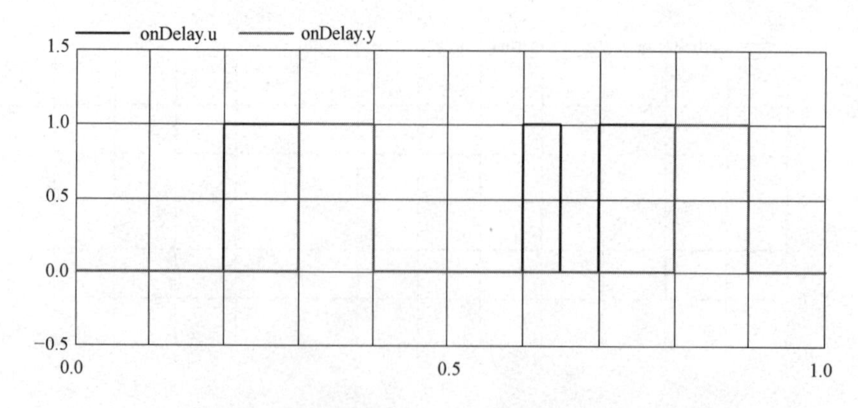

图 2-8 延时为 0.1s 的 OnDelay 计算模块的仿真结果（彩图见后插页）

时又有一个下降沿，因此，在 0.8s 以前输出 y 一直保持为 0；在 0.7s 输入 u 有一个上升沿且保持在延时周期内不变，因此，输出 y 在 0.8s 时上升，然后在 0.9s 时下降。

2.4.8　有限范围采样

因为在每一个采样时刻后积分器必须被重新初始化，所以采样数据系统常常会大幅度地降低仿真速度，尤其是对于较短采样周期的而言。

实际上，在一些工程应用中，采样数据系统可能会在大多数时间内是不执行任何操作的，例如汽车的防抱死制动系统，它仅在制动踏板被踩下且汽车开始滑行时才会做出反应。尽管如此，在 Modelica 模型中，在每个采样时刻，积分器都会被保持。对此，德国多特蒙德大学的学者 Manuel Remelhe 曾提出在此情况下大幅加快仿真速度的方案。此方案就是当控制器需要做出反应时就触发一个状态事件。这个状态事件仅仅是在下一个采样时间为触发时间事件而设置的标志，只有到那个时刻，采样才真正地发生。因此，连续采样从代码中被移除，取而代之的是仅在精确状态事件触发之后才进行采样，这种情况简单描述为下面的形式：

```
sampleTrigger=condition and sample(..)
```

例如具体实例：

```
sampleTrigger=v>=500 and sample(0,0.001);
```

上面的代码意味着，运算符 **sample**（..）的时间事件仅在 v>=500 时被触发。为了实现仿真速度的提升，此情况必须执行为

```
if condition then
   sampleTrigger=sample(0,T);
else
   sampleTrigger=false;
end if;
```

在此，没有产生不必要的时间事件。在所有需要的地方都编写上述这些声明是非常不方便的，因此，可将其封装入一个 block 类的模块内，将此模块称作一个函数，详见下一小节。

2.4.9　函数调用

如前面例子所示，Modelica 适用于对多种时间同步机制进行建模。这里所说的 block 类的模块可在方框图中方便地使用。但是许多情况下，建模者还是希望能将这些非常基础的定义作为函数调用来进行应用。例如下面的情形：

```
// 错误的代码
slowSampling=Counter(fastSampling,samplingFactor);
y=InertialDelay(u,delayTime);
pressButtons=B1 and B2 and not OnDelay(B1 or B2,0.5);
```

上述代码定义是不可能的，这是因为，调用功能是 block 类的形式实现的，因此它需要首先实例化该 block 类，并定义输入和输出信号。上述代码修改为

```
// 正确的代码
    Counter counter(samplingFactor=samplingFactor);
    InertialDelay inertialDelay(delayTime=delayTime);
    OnDelay onDelay(delayTime=0.5);//实例化
equation
    counter.u=fastSampling;
    counter.y=slowSampling;
    inertialDelay.u=u;
    inertialDelay.y=y;
    onDelay.u=u;
    pressButtons=B1 and B2 and not onDelay.y;
```

通过引入新的语法将 block 类的模块作为函数调用的办法来解决上述问题。此情况，或许在未来的 Modelica 版本中会被改善。

2.4.10 连续方程和瞬态方程之间的代数环

输出中的一部分反馈到输入，或者说输入直接决定于输出，这是反馈回路的共同特点。在数字计算机仿真中，当输入信号直接取决于输出信号，同时输出信号也直接取决于输入信号时，由于数字计算的时序性而出现的由于没有输入无法计算输出、没有输出也无法得到输入的“死锁环”，称之为代数环。代数环是一种特殊的反馈回路，它的特殊之处就在于除了输入直接决定于输出外，输出还直接决定于输入，在这里，“直接”二字很重要，它体现了代数环的实质，仿真计算中的“死锁”就是由此产生的。Modelica 语言允许在连续方程和瞬态方程之间出现代数环。然而，这个特性并不被一些二次开发商业软件所支持，例如 ITI 的 SimulationX。通常，这并不是一个重要的问题，因为模型可被重写，一个代数环就会消除或用事件迭代取而代之。许多情况下，这是个好的模式，应该被执行，即便有工具能解代数环。

下面借助一些例子来说明上述基本思想。此处，我们重新考虑一下用于连续控制对象的简单数字控制器。唯一的不同是，控制对象的输出方程现明确为它的输入信号 uc 的一个函数，见下面的代码：

```
// 连续对象的方程
    der(xc)= f(xc,uc);
        yc=g(xc,uc);


// 离散控制器的方程
    when sample(0,T)then
```

```
        yd=a*pre(yd)+b*ud;
    end when;

// 关联控制对象和控制器的方程
    uc=yd;
    ud=yc_ref-yc;
```

在此，将此组方程按照一个明确的正向序列分类是不可能的。为了更清楚地说明这一点，下面展示在一个采样时刻的激活方程，且代码段尾的两个简单的关联方程被替换：

```
// 在事件时刻的方程,其中方程的输入为: yc_ref,xc,pre(uc);
der(xc):=f(xc,uc);
yc:=g(xc,uc);
uc:=a*pre(uc)+b*(yc_ref-yc);
```

最后的两个方程是一个通过 xc、**pre**（uc）和 yc_ref 来计算 yc 和 uc 的非线性方程组。

这个代数环是数字控制器过度理想化的产物。即使控制器的计算时间未被考虑在内，模拟一个理想化的控制器，上述模型也不能表明我们的想法，这是因为，测量一个信号同时计算执行器信号并应用该信号，都是不可能的。从数值计算的角度来看，控制对象及控制器方程的多次计算对于解非线性方程组来说是必需的，例如牛顿法。然而，在实际的控制器中，方程只在采样时刻被计算一次而并非多次。因此，上述非线性方程组的解可能不是我们问题的解。所以，上述控制器方程可以改进为下面的形式更接近实际情况：

```
// 改进的离散控制的方程
    when sample(0,T)then
        yd=a*pre(yd)+
            b*ud;
    end when;
    uc=pre(yd);
```

通过这个结构，一个无穷小的时间延迟被引入，它移除了代数环。它的基本思想就是，控制器的方程在采样时刻被计算一次，且计算出的执行器信号 yd 在之后被用于控制对象。事件迭代重新启动了连续积分，但是在此迭代中，控制器的方程将不再被计算。下面我们检查一下排序后的方程组，来更详细地分析上述情况：

```
// 排序后的方程,其中方程的输入为:yc_ref,xc,pre(yd);
uc:=pre(yd);
der(xc):=f(xc,uc);
yc:=g(xc,uc);
c:=sample(0,T);
yd:=if edge(c)then a*pre(yd)+b*(yc_ref-yc)elsepre(yd);
```

一个时间事件被运算符 sample(..) 触发。上述排序后的方程组在事件时刻被计算：前一个采样时刻的输出 pre（yd）作为执行器的输入 uc，求解出控制对象的连续方程，特别是测量信号 yc=g(xc,pre(yd))。由于 sample(..) 触发了一个时间事件，所以有 c=true 及 edge(c)=true。因此，通过测量信号 yc 作为输入，求解出控制器方程。由于在计算的结尾处有 yd≠pre(yd)，排序后的方程在设置了 pre(yd):=yd 之后再一次被计算，这意味着控制对象的连续方程再一次被计算了，不同的是，这一次是用刚计算出的控制器输出作为执行器输入。由于运算符 sample（..）在时刻 c=false 及 edge(c)=false 时只能被激活一次，所以控制器输出保持它的值，也就是说，yd:=pre(yd)。由于在模型求解过程之后有 yd=pre(yd)，此事件迭代结束，且连续积分重新开始。

如前所述，一些控制器，尤其是汽车中的控制器在多数时间内是不活动的。一个典型的例子是防抱死制动系统，其算法仅在制动踏板被踩下且汽车开始滑行时才会做出反应。实际上，控制器是由一个采样数据系统来实现的。由于积分器在每个采样时刻后必须被重新启动，如果是这样，控制器的建模与采样数据系统一样，仿真效率将会变得很低（使用 2.4.8 节中有限范围采样的方法除外）。通常，以这样的方式对其进行建模只是一个很好的近似方法，这是因为，它只在由状态事件定义的特定情况下做出反应从而忽略了采样时间。防抱死制动系统算法可被描述成“当这些事发生→执行这些；当那些事发生→执行另外那些”的过程，可以简单地使用一个带有 **when/else when** 子句的算法来给控制器建模。

首先浏览下面的一个非常简化但却是错误的模型 ReactiveController1 [Michael Tiller]：

```
//错误的模型
model ReactiveController1
    Real w,a,tau;
  initial equation
    tau=10;
  equation
    a=tau -w;
    der(w)=a;
  algorithm
    when a <=4 then
        tau:=0;
    end when;
  end ReactiveController1;
```

上面这个模型是错误的，因为离散变量 tau 在 **when** 子句中被设置为零，而之后被应用于连续方程 a=tau-w 中。将这个 **when** 子句映射到一个瞬态方程的结果是：

```
c=a<=4;
tau=if edge(c) then 0 else pre(tau);
```

```
a=tau-w;
der(w)=a;
```

但是，无法将这些方程进行正向顺序的排序，这是因为，计算 tau 时需要 a，而计算 a，时需要 tau，也就是说出现了一个代数环。与之前的例子相似，这种现象表明出现了建模错误。原因还是在实际中计算 tau 时需要一个微小的时间延迟。对一个理想化的控制器来说，这个时间延迟可用一个无穷小的延时近似，但它不能被完全地避免。因此，修正上面的模型 ReactiveController1，消除掉代数环，得到修正模型 ReactiveController2，其代码如下：

```
//正确的模型
model ReactiveController2
  Real w,a,tau,tau_controller;
initial equation
  tau_controller=10;
equation
    tau=pre(tau_controller);
    a=tau-w;
    der(w)=a;
algorithm
  when a <=4 then
  tau_controller:=0;
  end when;
end ReactiveController2;
```

在上述模型中，在 a 满足小于 4 的事件时刻，连续方程用恰在事件发生之前出现的 tau_controller 的值来计算，然后 tau_controller 被新设为零。在模型计算最后，由于有 **pre**(tau_controller)≠tau_controller，在设置 **pre**(tau_controller):=tau_controller 后这个模型会被重新计算。在第二个求解阶段中，连续方程在 tau=0 条件下被求解出。在 **when** 子句中，方程不是激活的，这是因为，在之前的求解过程中 a<=4 为真，且在这个新的求解过程中也为真，因此有 edge(c)= **false**（条件 c 不是由假到真变化）。因此，**pre**(tau_controller)= tau_controller，且事件迭代结束，也就是说，积分再次启动。

第3章　仿真计算方法

创建好 Modelica 模型后，它的计算流程如图 3-1 所示。编译的目的是将复杂物理系统的模型进行平坦化，铲平模型的层级式结构，将模型转化为一组平坦的方程、常量、参数和变量。分析和优化阶段主要是检查方程是否相容，如果不相容，则找出问题产生的根源，以便于校正模型；如果模型相容，则进行模型简化处理，减少方程的个数，为后续的仿真计算做好准备。仿真求解时，需要根据方程的参数依赖关系，结合数值求解器提供的函数，形成模型的求解流程和控制策略，并生成 C 代码求解器，通过编译运行 C 程序实现模型求解。方法的选择直接影响模型计算速度和计算结果的精度，其中模型的编译是整个仿真计算的难点。

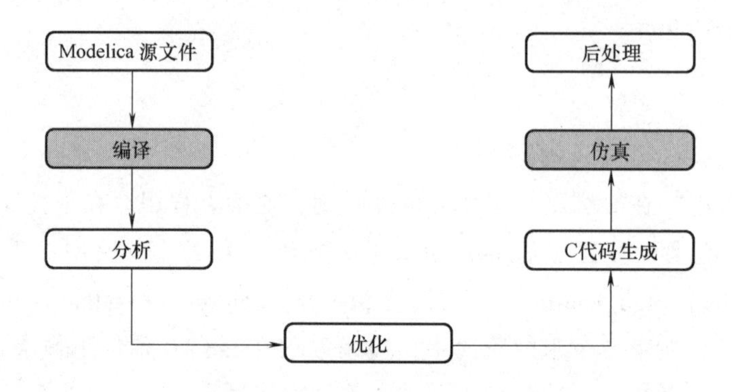

图 3-1　Modelica 模型的计算流程

本章将介绍如何将模型中的方程通过符号运算进行转换，使其更适合数值算法的应用，从而有效地完成求解；在仿真模型非常复杂时，经常会遇到计算失败的情况，有没有应对的方法？通过本章对仿真计算方法的介绍，可以很好地理解 Modelica 编译器与仿真器是如何工作的，并更好地理解错误信息，从而解决在 Modelica 编译器上出现的问题以及仿真失败等情况。

3.1　符号转换算法

Modelica 语言规定了模型如何映射为微分代数方程和带有实数、整数和布尔型数学未知变量的离散方程的混合系统的数学描述。这类问题没有通用的求解器。可以用微分代数方程组（DAE）的数值求解器来求解其中的连续部分。但是，如果用微分代数方程求解器直接求解模型的初始方程，仿真计算过程通常会非常缓慢，而且奇异系统无法进行初始化。

比较好的一种方法是，首先对 Modelica 模型进行符号转换，将其变为一种更适合数值求解器的形式，然后进行数值求解。这种符号转换技术首先于 1978 年由 Elmqvist 提出，在 Omsim 平台中的 Omola 语言中得到了发展（分别由 Pantelides 在 1988 年提出，Mattsson 等在 1993 年提出），后来在商业 Modelica 仿真环境 Dymola 和 SimulationX 得到进一步的发展（分别由 Dymola 在 2008 年提出，Mattsson 等在 2000 年提出）。

符号转换算法的基本思想（Dymola）是：将微分代数方程组符号性地转化为状态空间形式的常微分方程，解决了导数问题；通过高效图论算法决定每个方程用哪个变量来解，并且找到能解决的最小的系统方程，这些方程有可能符号性地解出来或者为有效的数值解决方案生成代码。

不同 Modelica 仿真环境，运行方式可能有差异，但是在数值求解算法上，基本上都使用了 BLT（下三角块）和 PANTELIDES 等基本数值算法。

3.1.1　状态空间形式的转换

Modelica 模型是会被映射为一组微分代数和离散方程组的混合描述。我们以一个简单的电路模型为例，如图 3-2 所示（数值的单位默认为国标单位），来展示这种数学描述过程，并且展示如何进一步处理这些基本方程组。

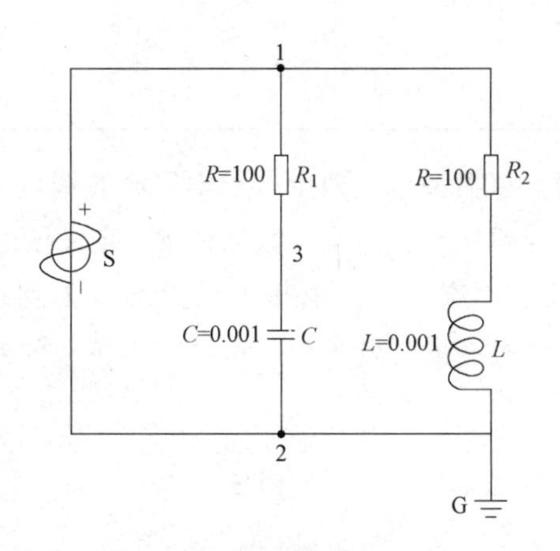

图 3-2　电路原理

按照第 1 章的建模方法，完成所必需的部分基本电气元件类型的建模，将其归类在电子学元件库里面，为搭建电路模型做好准备。表 3-1 列出了所建立的各个基本元件类型的名称、图标及基本特性方程等信息，在命名和绘制图标时，务必保持和电子学理论中所学知识点的一致性，有助直观理解。

表 3-1　电路模型所需要的基本元件类型

模型名称	物理含义	图标	基本特性方程
Resistor	电阻	i_1 u i_2 v_1 R v_2	$0=i_1+i_2$ $u=v_1-v_2$ $u=Ri_1$
Capacitor	电容	i_1 u i_2 v_1 C v_2	$0=i_1+i_2$ $u=v_1-v_2$ $i_1=C\dfrac{\mathrm{d}u}{\mathrm{d}t}$
Inductor	电传导	i_1 u i_2 v_1 v_2 L	$0=i_1+i_2$ $u=v_1-v_2$ $u=L\dfrac{\mathrm{d}i_1}{\mathrm{d}t}$
Voltage source	电势	u i_1 i_2 v_1 ~ v_2	$0=i_1+i_2$ $u=v_1-v_2$ $u=A\sin(\omega t)$
Ground	接地	i v	$v=0$

以电阻元件类型为例，该模型包含两个电子学领域的端口 1 和 2，每个电子学领域端口都具有电流、电压等变量属性；一个参数属性 R，定义该电阻的特性值；此处，电流属于“势”量，电压属于“流”量，电压方向由端口 1 到端口 2。根据所有“流”量的总和等于零以及元件所具有的特性方程，可计算出所有的变量。例如电阻元件类型的方程组为

$$0=i_1+i_2$$

$$u=v_1-v_2$$

$$u=Ri_1 \tag{3-1}$$

第一个方程表示，输入该电阻元件的所有电流之和等于零，即左边端口 1 流入的电流与右边端口 2 流入的电流之和等于零（此处规定，电流 i_1 和 i_2 流入元件的方向为正）。注意，此处为了理解的方便，对方程中的变量进行名称简化，i_1 其实表示端口变量 port_p. i（port_p 表示端口名称，在 Modelica 的电子学领域应用中，端口如果带有实

心方形，则以 p 命名；带有非实心方形的节点则以 n 命名），后续类似；第二个方程表示，端口 1 和端口 2 之间的电压的差值就是经过该电阻元件的电压降；第三个方程表示，电阻元件的电压降和电流之间呈线性关系。联合上面三个方程，即可计算出电压和电流。

同样地，电容元件类型的方程组定义为

$$0=i_1+i_2$$

$$u=v_1-v_2$$

$$i_1=C\frac{\mathrm{d}u}{\mathrm{d}t} \tag{3-2}$$

第一个方程表示，电容的左边端口 1 流入元件的电流与右边端口 2 流入元件的电流之和等于零；第二个方程计算左边端口和右边端口的电压 v_1 和 v_2 的差值，即电压降；第三个方程表示，电压降的一阶时间导数与从左边端口流入电容元件的电流 i_1 成正比。

其他元件类型的名称和图标定义也采用类似的建模方法，不再一一赘述。这些元件类型可以统一归类在电子学库里。后续创建电路模型时，可以直接从中选择已有的元件类型。

采用基于最小元件的网络式建模方法，建立图 3-2 所示的电路模型。基本方法是：根据表 3-1 创建的基本元件类型，创建两个电阻元件模型，分别命名为 R1 和 R2，且都为其参数赋值为 100；创建 1 个电容元件模型，命名为 C，且为参数赋值为 0.001；创建 1 个电传导元件模型，命名为 L，参数赋值为 0.01；创建 1 个电势元件模型，命名为 S，电压和频率参数分别赋值为 220 和 50；创建 1 个具体的接地元件；最后，按照图 3-2 所示元件之间的连接方式，将上述所有的元件模型连接在一起，形成 4 个连线，分别标记为 1、2、3 和 4，最终得到与原理图一样的电路仿真模型。此处，借助于 SimulationX 的二次开发平台 TypeDesigner（可在文本窗口自动显示代码），写出以上面方式创建的该电路模型的 Modelica 代码：

```
model SimpleCircuit
Modelica.Electrical.Analog.Sources.SineVoltage S(V=220,freqHz=50);
Modelica.Electrical.Analog.Basic.Resistor R1(R=100);
Modelica.Electrical.Analog.Basic.Resistor R2(R=100);
Modelica.Electrical.Analog.Basic.Capacitor C(C=0.001);
Modelica.Electrical.Analog.Basic.Inductor L(L=0.001);
Modelica.Electrical.Analog.Basic.Ground G;
equation
  connect(S.p,R1.p);        //连线 1
  connect(S.p,R2.p);        //连线 1
  connect(L.n,G.p);         //连线 4
  connect(G.p,C.n);         //连线 2
```

```
        connect(G.p,S.n);        //连线 2
        connect(R1.n,C.p);       //连线 3
        connect(R2.n,L.p);       //连线 4
end SimpleCircuit;
```

模型创建完毕后，可在 SimulationX 运行该模型，该电路模型会被翻译为 C 代码，接着将 C 代码编译成目标代码，然后再将目标代码加载到仿真环境中，最后进行电路仿真。仿真结果可以在 SimulationX 的绘图环境中可以浏览到。

那么，问题来了，如何翻译该电路模型呢？

首先，按照下面方法将上面提到的 Modelica 模型映射为一系列的方程：

1）用来自库的元件类型的方程替电路模型中的元件声明。

2）用相应的方程代替所有的连线声明，即 connect（..）。

那么可以得到表 3-2 所示的数学描述。可见，数学描述的结果即是用独特的形式描述上述电路模型的 27 个方程组（不管电路后续进行哪种仿真分析）。

表 3-2　电路模型中各个元件模型的数学描述

模型或者连线	方程(组)	模型或者连线	方程(组)
R_1	$0=R_1.i_1+R_1.i_2$ $R_1.u=R_1.v_1-R_1.v_2$ $R_1.u=R_1.R*R_1.i_1$	R_2	$0=R_2.i_1+R_2.i_2$ $R_2.u=R_2.v_1-R_2.v_2$ $R_2.u=R_2.R*R_2.i_1$
C	$0=C.i_1+C.i_2$ $C.u=C.v_1-C.v_2$ $C.i_1=C.C*\frac{\mathrm{d}C.u}{\mathrm{d}t}$	L	$0=L.i_1+L.i_2$ $L.u=L.v_1-L.v_2$ $L.u=L.L*\frac{\mathrm{d}L.i_1}{\mathrm{d}t}$
A	$0=S.i_1+S.i_2$ $S.u=S.v_1-S.v_2$ $S.u=S.i_1+R_1.i_1+R_2.i_1$	G	$0=G.v$
1	$S.v_1=R_1.v_1$ $S.v_2=R_2.v_1$ $0=S.i_1+R_1.i_1+R_2.i_1$	2	$G.v=G.v_2$ $G.v=L.v_2$ $G.v=S.v_2$ $0=S.i_2+C.i_2+L.i_2+G.i$
3	$R_1.v_2=C.v_1$ $0=R_1.i_2+C.i_1$	4	$R_2.v_1=L.v_1$ $0=R_2.i_2+L.i_1$

将 Modelica 翻译的目标是，将这些方程组转换为普通状态空间的常微分方程形式（ODE），或者简称状态空间的形式，表达式如下：

$$\dot{x}(t)=f(x(t),t),x(t=t_0)=x_0,t\in IR,x\in IR^{nx} \quad (3\text{-}3)$$

式中，变量 x 是（连续）系统的状态变量。大多数实时仿真的算法都需要 ODE（或状态空间）形式。执行这样转换的做法还有另外一个原因，就是可将 Modelica 模型导入其他建模与仿真环境（例如 MathWorks 的 Simulink，提供了导入模型状态空间的界面）。

目前，已有大量且高效可靠的数值积分算法来解决这种初值问题。状态空间的数值积分算法需要在 t_i 时刻计算模型的状态导数 $x'(t_i)$，图 3-3 展示了该类算法的基本结构。

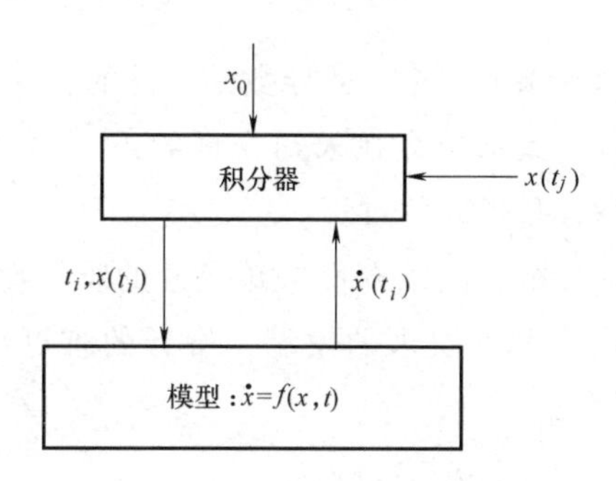

图 3-3　数值积分算法的基本结构

从积分的角度来看，初始状态变量 $\boldsymbol{x}_0$ 为输入，积分算法在预期时刻 t_j 计算状态方程 $\boldsymbol{x}(t_j)$，状态变量 $\boldsymbol{x}$ 是已知变量且可从积分器（Integrator）中计算得出。从模型的状态空间方程的角度来看，时刻 t_i 和状态变量 $\boldsymbol{x}(t_j)$ 在该时刻为输入，也就是状态变量 $\boldsymbol{x}$ 是未知变量，模型函数在该时刻计算状态导数 $\dot{\boldsymbol{x}}(t_i)$。总之，状态变量是已知还是未知变量，取决于研究出发点。再次回到本章的目标上来，我们来看看 Modelica 模型是如何自动生成模型功能的。因此，后续小节将关注状态变量 $\boldsymbol{x}$（在积分器中得到的）是已知变量的情形。

上述简单的电路方程组由微分代数方程组（DAE）进行数学描述：

$$0=f(\dot{x}(t),x(t),y(t),u(t),p,t),t\in IR,x\in IR^{nx},y\in IR^{ny},u\in IR^{nu};p\in IR^{np},f\in IR^{nx+ny} \tag{3-4}$$

式中，t 是时间；p 是已知常数或参数；$u(t)$ 是已知输入信号；$x(t)$ 是在模型方程中出现的可微变量，例如 der（..）的应用；$y(t)$ 是其他未知变量。

变量 x 叫潜在状态变量，这是因为，状态空间中的状态变量不是上述微分代数方程的全矢量，而是它的子集。变量 y 也叫作代数变量，因为在该模型方程中没有这些变量的导数，这些变量的方程也是纯代数方程。为了简化标记，模型方程的常量、参数和输入信号的关系通常在微分代数方程组中不用显式表达，这是因为，它们是不会引起任何问题的已知变量。其他变量都被看作与时间 t 相关，通用的微分代数方程描述如下：

$$0=f(\dot{x}(t),x(t),y(t),t),t\in IR,x\in IR^{nx},y\in IR^{ny},f\in IR^{nx+ny} \tag{3-5}$$

因此，将微分代数方程形式转化为状态方程形式，例如由潜在状态变量 x 和实时时间 t

计算出 x 和 y，描述如下：

$$\begin{pmatrix} \dot{x}(t) \\ y(t) \end{pmatrix} = f_2(x(t), t) \tag{3-6}$$

对于状态空间积分算法，完全可以将 $\dot{x}$ 传给积分器，将代数变量隐藏起来。因此，微分代数方程转化为状态空间方程，只需要解决一个带有未知变量的非线性系统方程：

$$0 = f(\dot{x}, y) \tag{3-7}$$

这看起来并不难，因为物理平衡方程中 x 的导数是线性的，并且所有连线的方程都是简单的线性方程，也就意味着，大部分存在未知变量的 $f(..)$ 通常都是线性的，且线性化将极大地简化转换为状态方程形式的过程。

如果非线性方程存在唯一解，则该方程未知变量的雅可比（Jacobian）矩阵必是非奇异的（暂时只处理满足这个基本要求的模型，奇异的雅可比矩阵的模型处理可以参见 3.5 节）：

$$J = \left(\frac{\partial f}{\partial \dot{x}} \vdots \frac{\partial f}{\partial y} \right) \text{全部满足非奇异} \tag{3-8}$$

在这种情形下，所有微分代数方程组的潜在状态变量 x 都是状态空间的状态变量的形式。

状态变量就是 Modelica 模型应用运算符 **der**(..) 中的所有变量，因为这些变量在转换中将被当作已知的，所以在转换为状态空间形式之前，必须从模型的多变量组中识别出状态空间的状态变量。在上述简单的电路模型中，使用运算符 **der**(..) 的变量有 $C.u$ 和 $L.i_1$，所以假设这些变量都是已知的，其他所有的常量和参数，例如 $R_1.R$、$R_2.R$，也都是已知变量；未知变量一共有 28 个：$R_1.i_1$、$R_1.i_2$、$R_1.v_1$、$R_1.v_2$、$R_1.u$、$R_2.i_1$、$R_2.i_2$、$R_2.v_1$、$R_2.v_2$、$R_2.u$、$C.i_1$、$C.i_2$、$C.v_1$、$C.v_2$、$\frac{dC.u}{dt}$、$\frac{dL.i_1}{dt}$、$L.i_2$、$L.v_1$、$L.v_2$、$L.u$、S.、i_1、S. i_2、S. v_1、S. v_2、S. u、G. i、G. v。

由于有 27 个未知变量和 27 个方程，所以能够解出所有带未知变量的方程。在后续小节中，对算法进行简化以实现以下结果：

```
input variables:x={C.u,L.i1},t,所有参数(R1.R ,...),
                    onlyStates(=true:仅返回状态,
                              =false:返回所有变量);
output variables:dx/dt={dC.u/dt,dL.i1/dt},
                    y={所有其他未知变量} if not onlyStates;
algorithm
    R2.u:=R2.R·L.i1;
    R1.v1:=S.A·sin(S.ω·t);
    L.u:=R1.v1-R2.u;
    R1.u:=R1.v1-C.u;
```

```
C.i1:=R1.u/R1.R;
(dL.i1)/dt:=L.u/L.L;
(dC.u)/dt:=C.i1/C.C;
if not onlyStates then // 计算所有其他 20 个变量
  S.i2:=-C.i1-L.i1;
  G.i:=S.i2+C.i1;
  end if;
```

在这 27 个方程中，其中有 7 个方程完全可以按照递归求解顺序计算出状态导数 $\dot{x}$。无论何时调用该模型函数，这 7 个方程是必须被求解的。但是，积分算法不需要其他 20 个方程。因此，当变量要存储在数据交换文件时，才会求解这 20 个方程。Dymola 就是将此类方程进行分块，从而提高了效率。也许有人会提出疑问，为什么不能将这 7 个方程彼此代入进而简化得到两个状态导数的方程呢？这是因为，表达式被替换会导致运算数量急剧增加，从而模型的计算效率大幅降低。这种现象可以在上述简单的例子中得以发现：计算变量 $R_1.v_1$ 时，需要两个乘法和 1 个正弦运算。这个变量出现在两个地方。可以通过删除赋值语句来计算 $R_1.v_1$，在这个变量每次出现时替换为它的定义方程。因此，将必须进行 4 次乘法和两次正弦运算，这意味着运算数量的增加。

后面讨论的符号转换算法适用于大型方程组：例如，在 Dymola 中，几秒内有可能会在单台计算机上处理超过十万个以上的方程。其中一个原因就是，符号转换的工作量通常随方程数量呈线性增长。在 Dymola 中，数值求解符号处理后的方程组是 ODE 形式的，其数值求解的默认积分器是 DASSL。DASSL 是为求解 DAE 微分代数方程组而设计的一款积分器。只要将 ODE 重写为 DAE 形式，就很容易做到这一点：

$$0=\dot{x}(t)-f(x(t),t) \tag{3-9}$$

通常地，由于符号预处理，用 DASSL 数值求解式（3-9）是可靠且高效的。在符号预处理之前，如果直接求解初始的方程组，DASSL 对很多 Modelica 模型将不再适用。下一小节中将对此给出解释。

3.1.2　排序

下三角块转换算法是 Modelica 模型最基本的算法，简称为 BLT。应用该算法之前，首先替换别名变量来做简化，例如 $a=b$ 或者 $a=-b$，此替换操作意味着将删除 $a=b$、$a=-b$、$a+b=0$ 等方程形式，并且将出现的所有变量 a 用 b 或 $-b$ 取代。Modelica 模型包含很多这样的别名变量，因为每个连线 **connect**(..) 的定义都会导致这样的方程出现。这种替换可以使方程的数量大量减少。但是需要注意的是，这种变量替换的方式并不会增加操作步数。

为了简化标记，我们将未知变量统一存放在矢量 z 中：

$$z=\begin{pmatrix}\dot{x}\\ y\end{pmatrix} \tag{3-10}$$

仿真计算的目的是解非线性方程组，得到矢量 $\boldsymbol{z}$。假设时间 t 和状态变量 $\boldsymbol{x}$ 是已知的，并且未知变量的广义雅可比行列式是非奇异的，即有：

$$0=f(z),\frac{\partial f}{\partial z}\text{正则},z\in IR^{nx+ny},f\in IR^{nx+ny} \tag{3-11}$$

下面通过一个简单案例来构架这个基本思想，其中，含有 5 个未知变量 z_i 的 5 个方程 f_i，分别如图 3-4 所示。

$$\begin{aligned}&0=f_1(z_3,z_4)\\&0=f_2(z_2)\\&0=f_3(z_2,z_3,z_5)\\&0=f_4(z_1,z_2)\\&0=f_5(z_1,z_3,z_5)\end{aligned}\qquad S=\begin{matrix}z_1&z_2&z_3&z_4&z_5\\\end{matrix}\begin{pmatrix}0&0&1&1&0\\0&1&0&0&0\\0&1&1&0&1\\1&1&0&0&0\\1&0&1&0&1\end{pmatrix}$$

关联矩阵 $\boldsymbol{S}$：

$S_{ij}=1 if$ 变量 z_j 出现在第 i 个方程中

图 3-4　含有 5 个未知变量 z_i 的 5 个方程 f_i

左侧部分是 5 个方程，定义了什么变量出现在哪个方程中；中间部分是该系统方程的关联矩阵 S，这个矩阵的元素 S_{ij} 由变量 z_j 是否在第 i 个方程中出现来决定，出现为 1，否则为 0。此处的关联矩阵仅仅是个概念，用来便于说明要进行的操作。当执行 BLT 算法时，实际上是从来都不构建关联矩阵的，这是因为，对于大型系统而言，这将会占用大量的存储空间，例如，数量为 10^5 的系统方程，其关联方程将有 $10^5\times10^5=10^{10}$ 个元素，如果要存储它，需要占用 10G 的空间。

BLT 算法将方程分类排序，这样未知变量可用递归方式来计算，可以说是通过置换关联矩阵的行列，把它转换为下三角块。上述简单案例可以很容易地实现方程的分类排序，推导出其解决方案如图 3-5 所示。

$$\begin{aligned}&0=f_2(\underline{z_2})\\&0=f_4(\underline{z_1},z_2)\\&0=f_3(z_2,\underline{z_3},\underline{z_5})\\&0=f_5(z_1,\underline{z_3},\underline{z_5})\\&0=f_1(z_3,\underline{z_4})\end{aligned}\qquad S_2=\begin{matrix}z_2&z_1&z_3&z_5&z_4\\\end{matrix}\begin{pmatrix}\underline{\mathbf{1}}&0&0&0&0\\1&\underline{\mathbf{1}}&0&0&0\\1&0&\underline{\mathbf{1}}&\underline{\mathbf{1}}&0\\0&1&\underline{\mathbf{1}}&\underline{\mathbf{1}}&0\\0&0&1&0&\underline{\mathbf{1}}\end{pmatrix}$$

可以直接推导出解：

①求解方程 f_2，得到 z_2：

②求解方程 f_4，得到 z_1：

③求解方程 f_3 和 f_5，得到 z_3 和 z_5；

④求解方程 f_1，得到 z_4.

图 3-5　方程分类排序后推导出解决方案

通过合适的顺序，可以直接从 BLT 推导出解，每次可以计算一个变量。左侧通过相关函数计算出来的变量，都用黑体下划线标注了，例如，z_1 可以从 f_4 中计算出来，因为此时 z_2 已经在前一步通过 f_2 计算出来了。在一些情况中，例如上述 f_3 和 f_5，能够同时计算出两个或更多变量，在这种情况下，会存在一个代数环。因此，上述例子的 5 个方程被转换为 3 个方程，每一个方程可解一个变量，两个方程的代数环解两个变量。显然，这种转换简化了问题解决的复杂性。

Modelica 编译器知道每个方程的细节，而且可以进行符号预处理。很多情况下，未知变量的相应函数是线性关系的，例如，在矢量 z_1 中 f_4 是线性的，可以数学描述如下：

$$0=f_{4a}(z_2)z_1+f_{4b}(z_2) \tag{3-12}$$

在模型的转换过程中，很容易得到解析解 z_1：

$$z_1=\frac{-f_{4b}(z_2)}{f_{4a}(z_2)} \tag{3-13}$$

当然，这里必须假定 $f_{4a}(z_2)\neq 0$，避免发生除零的情况。分类排序只是将方程按不同的顺序重新排列，并不会改变代数方程组的秩。因为仅存在一个有意义的顺序，即关联矩阵的对角块形式，所以如果 f_{4a}（z_2）为零，原始方程组将会缺秩。如果 f_{4a}（z_2）在仿真过程中变为零，那么原始的系统方程将不再有唯一解，因此这个模型也是错误的。

如果一个函数中将要求解的变量是非线性的，那么存在一个标量非线性代数方程，并且这个方程在仿真时未知变量必须进行数值求解。为说明该方法，仍以简单电路图为实例，如图 3-6 所示。

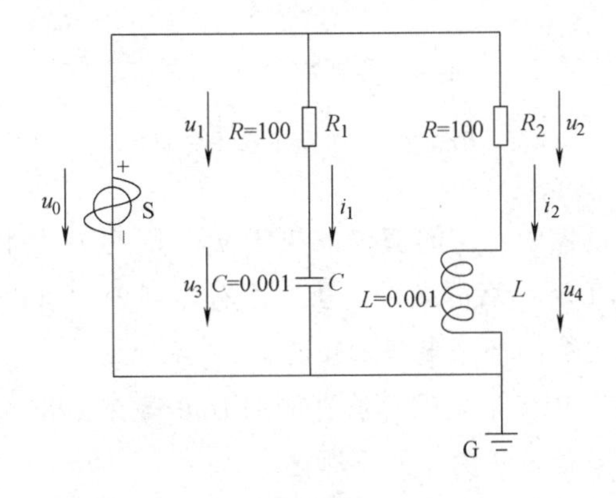

图 3-6　电路简图演示 BLT 转换过程

为了更好地遵循转换过程，系统方程不由 Modelica 模型得出（因为 Modelica 模型将会得出 27 个未知方程组），而是手动应用基尔霍夫电压和电流定律，得出下面 7 个方程组：

$$
\begin{aligned}
&0=u_1-R_1 i_1 && (=f_1)\\
&0=u_2-R_2 i_2 && (=f_2)\\
&0=C\frac{\mathrm{d}u_3}{\mathrm{d}t}-i_1 && (=f_3)\\
&0=L\frac{\mathrm{d}i_2}{\mathrm{d}t}-u_4 && (=f_4)\\
&0=u_2+u_4-u_0 && (=f_5)\\
&0=u_1+u_3-u_2-u_4 && (=f_6)
\end{aligned}
\tag{3-14}
$$

变量可以分为状态变量 $\boldsymbol{x}$、状态导数 $\mathrm{d}\boldsymbol{x}/\mathrm{d}t$ 和代数变量 $\boldsymbol{y}$：

$$\boldsymbol{x}=\begin{pmatrix}u_3\\ i_2\end{pmatrix},\dot{\boldsymbol{x}}=\begin{pmatrix}\dfrac{\mathrm{d}u_3}{\mathrm{d}t}\\ \dfrac{\mathrm{d}i_2}{\mathrm{d}t}\end{pmatrix},\boldsymbol{y}=\begin{pmatrix}u_1\\ u_2\\ u_4\\ i_1\end{pmatrix} \tag{3-15}$$

假设：变量 $\boldsymbol{x}$ 为已知；$\mathrm{d}\boldsymbol{x}/\mathrm{d}t$ 和 $\boldsymbol{y}$ 为未知。未知量的函数相关性在图 3-7 左侧给出。

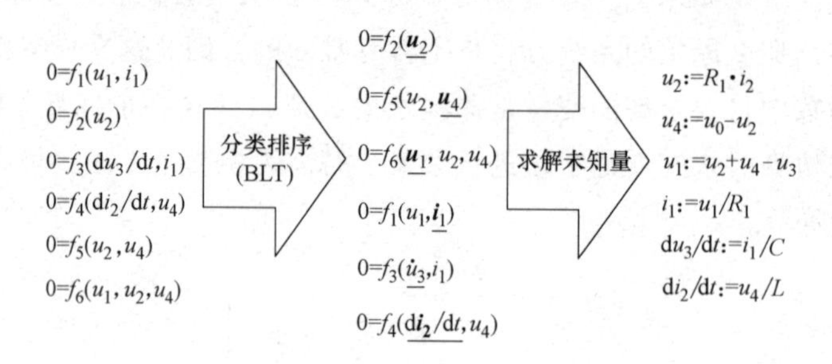

图 3-7　BLT 后求解未知量

注意：在分类排序过程中，f_2 的值仅取决于 u_2，因为 i_2 是状态变量并且假定为已知的。中间的列表为 BLT 转换后的结果。从上面右侧列表中可以看出，使用实际方程，可以用正向序列而不是代数循环来求解未知变量。

目前已有多种转换为 BLT 形式的算法，例如 Duff 等在 1986 年提出的。最常用的方法是将问题分成两个子问题来解决，如下所述。

1. 步骤 1：输出集分配

第一部分称为输出集分配，回答每个方程用于求解哪个变量的问题。这个算法也是解决奇异系统的基础，将详细讨论。

首先，借助于一些简单例子，来构建其基本思想，如图 3-8 所示。

初始	第 1 步	第 2 步	第 5 步
$0=f_1(z_3,z_4)$	$0=f_1(\underline{z_3},z_4)\Leftarrow$	$0=f_1(\underline{z_3},z_4)$	$0=f_1(\underline{z_3},z_4)$
$0=f_2(z_1,z_6,z_7)$	$0=f_2(z_1,z_6,z_7)$	$0=f_2(\underline{z_1},z_6,z_7)\Leftarrow$	$0=f_2(\underline{z_1},z_6,z_7)$
$0=f_3(z_3,z_5)$	$0=f_3(z_3,z_5)$	$0=f_3(z_3,z_5)$	$0=f_3(z_3,\underline{z_5})$
$0=f_4(z_1,z_2)$	$0=f_4(z_1,z_2)$	$0=f_4(z_1,z_2)$	$0=f_4(z_1,\underline{z_2})$
$0=f_5(z_2,z_3,z_6)$	$0=f_5(z_2,z_3,z_6)$	$0=f_5(z_2,z_3,z_6)$	$0=f_5(z_2,z_3,\underline{z_6})\Leftarrow$
$0=f_6(z_2)$	$0=f_6(z_2)$	$0=f_6(z_2)$	$0=f_6(z_2)$
$0=f_7(z_3,z_7)$	$0=f_7(z_3,z_7)$	$0=f_7(z_3,z_7)$	$0=f_7(z_3,z_7)$

图 3-8　输出集分配举例

图 3-8 中最左侧为初始列，有 7 个方程 f_i 和 7 个未知量 z_i。建立左侧方程的目的是将一个未知量唯一地分配给一个方程，进而将分配的变量从相应的方程中计算出来。重要的一点是，变量不能被分配两次，这是因为，一个变量只能一次地从一个方程中计算出来。在第 1 步中，从第一个方程开始，随意给这个方程分配一个未知量，这里假设先

分配 z_3。在第 2 步中，继续从第二个方程开始，将之前没有分配的变量分配给这个方程，这是随意选择 z_1。算法以这种方式继续进行下去，直到进行到第 5 步，此时先前已被分配的两个未知量 z_2 和 z_3 不能再被分配了，所以唯一的选择就是分配未知量 z_6。接下来，在第六个方程 f_6 中，就不可能如此简单地进行分配了，因为这个方程仅有一个未知量 z_2，且这个未知量已经分配过了。那么，解决办法就是，将之前所有的未知量进行系统重分配，直到将 z_2 分配给 f_6。这个过程通过下面的方程简单地进行描述：

$$
\begin{aligned}
0&=f_6(\underline{z_2})\\
0&=f_4(\underline{z_1},z_2)\\
0&=f_2(z_1,z_6,\underline{z_7})
\end{aligned}
\tag{3-16}
$$

在第 4 步，未知量 z_2 已经被分配给方程 f_4 了，该方程有两个未知量 z_1 和 z_2，于是改为将 z_1 分配给方程 f_4。可是，z_1 已经被分配给方程 f_2 了，该方程有三个未知量 z_1、z_6 和 z_7，而且 z_6 已经被分配给方程 f_5 了，于是改为 z_7 分配给方程 f_2。图 3-9 给出了结果和最后第 7 步。

	第 6 步			第 7 步	
	$0=f_1(\underline{z_3},z_4)$			$0=f_1(z_3,\underline{z_4})$	$\Leftarrow$
	$0=f_2(z_1,z_6,\underline{z_7})$	$\Leftarrow$		$0=f_2(z_1,z_6,\underline{z_7})$	
	$0=f_3(z_3,\underline{z_5})$			$0=f_3(z_3,\underline{z_5})$	
… ➡	$0=f_4(\underline{z_1},z_2)$	$\Leftarrow$	➡	$0=f_4(\underline{z_1},z_2)$	
	$0=f_5(z_2,z_3,\underline{z_6})$			$0=f_5(z_2,z_3,\underline{z_6})$	
	$0=f_6(\underline{z_2})$	$\Leftarrow$		$0=f_6(\underline{z_2})$	
	$0=f_7(z_3,z_7)$			$0=f_7(\underline{z_3},z_7)$	$\Leftarrow$

图 3-9 结果和最后第 7 步

在第 7 步中，未知量 z_3 和 z_7 已经被分配过了，因此需要为方程 f_1 重新分配未知变量 z_4，最后得到每个未知量都能确切地分配一次给一个方程的方案。如果无法成功地得到上述方案，在此情况下，初始方程系统是结构奇异的，这意味着，方程系统不再有唯一解。换一种说法就是，为了保证唯一解（唯一性的必要条件），系统方程必须不是结构奇异的，例如下面的带有 3 个未知变量的 3 个方程：

$$
\begin{aligned}
0&=f_1(z_1,z_3)\\
0&=f_2(z_2)\\
0&=f_3(z_2)
\end{aligned}
\tag{3-17}
$$

可以将未知量 z_1 或者 z_3 分配给方程 f_1，将未知量 z_2 分配给方程 f_2。但是，因为 z_2 已经分配了，也就无法给方程 f_3 分配未知量，并且重新分配也不可能。如果 f_2 与 f_3 是相同的，那将有无穷组解，这是因为，无论是 z_1 还是 z_2 都可以随机地挑选，并且 z_2 可以任意从 f_2 或者 f_3 中计算出来。如果两个函数不相同，那么将会出现矛盾，并且没有两个

z_2 同时满足两个方程，也就是说根本无解。

如果系统方程是结构奇异的，通过修改所有可微变量均为状态变量的假设，微分代数方程仍然有可能存在唯一解，详细可见 3.5 小节。

上述输出集分配法可以用递归函数以非常紧凑的方式编码，由 Pantelides 在 1988 年提出。这是一种 Modelica 伪代码形式的算法编码，也能够很容易地应用于其他编程语言：

```
output set assignment
  Integer Assigned[n];
  Boolean Visited [n];
  Boolean success;
algorithm
  Assigned:=zeros(n);
  for i in 1:n loop
    Visited:=fill(false,n);
    success:=assign(i);
    if not success then
    error("singular");
    end if;
  end for;
function assign
input Integer i;
output Boolean success;
algorithm
  if 'a variable j of equation i exists,such that Assigned[j]=0' then
    success:=true;
    Assigned[j]:=i;
  else
    success:=false;
    for'every variable j of equation i with Visited[j]=false' loop
    Visited[j]:=true;
    success:=assign(Assigned[j]);
    if success then
      Assigned[j]=i;
      return;
    end if;
  end for;
end if;
```

上面两个定义中,有两个保持当前状态的全局数组,并且在两个函数中都可用:

i=Assigned[j]:变量 j 由方程 i 求出

如果 i=0,还没有未变量 j 进行分配

Visited[i]:如果 **false**,变量 i 还没有被访问,否则它已经被访问。

主函数每次只分析一个方程。在开始分析方程 i 之前，数组 Visited 初始化为 **false**。然后调用中心函数 **assign**（..）为方程 i 分配变量。首先执行“简单分配”，即尝试方程中是否有未知量可以直接分配，因为至少其中有一个还没有被分配。如果这样可行，函数将成功返回；否则，将进行系统性的尝试，对未知变量进行重新分配。在这个过程中，数组 Visited 用于标记哪些变量已经尝试过重新分配，避免重复相同的计算。然后，递归调用 **assign**（..）函数，执行重新分配。如果在尝试了所有可能的重分配组合之后仍然无法分配，这个系统方程组就是结构奇异的。

算法复杂度为 $O(n\mathrm{m})$ 是最坏的情况，其中 n 是方程的个数，m 是方程中出现的所有变量的总数。在上述例子中，$n=7$，$m=15$。这意味着完成分配计算的操作的数量最多有 $k \cdot n \cdot m$ 步，其中 k 为一合适的常量。最坏的情况通常只发生在特殊结构的例子中。在 Modelica 模型的多数实际案例中，复杂度约为 $O(n)$，即随着方程数量的增加，运算次数线性地增长。

2. 步骤 2：有向图的环（Tarjan 算法）

根据上述步骤的结果，可以构建一个有向图，包括带分配变量的函数以及与其他未知变量的相关性，前者作为有向图的“结点”，后者描述为适当的“分支”。例如，上例的输出集分配的结果是：

$$
\begin{aligned}
0&=f_1(z_3,\underline{z_4})\\
0&=f_2(z_1,z_6,\underline{z_7})\\
0&=f_3(z_3,\underline{z_5})\\
0&=f_4(\underline{z_1},z_2)\\
0&=f_5(z_2,z_3,\underline{z_6})\\
0&=f_6(\underline{z_2})\\
0&=f_7(\underline{z_3},z_7)
\end{aligned}
\tag{3-18}
$$

可以转换成图 3-10 所示的结点集，其中，每一个方程 f_i 与它的分配变量是一个结点。各自变量方程的相关性由合适的分支来定义。例如，一个分支从节点 $f_7:z_3$ 到节点 $f_1:z_4$，表示需要变量 z_3 来计算变量 z_4。这个例子的完整有向图如图 3-11 所示。

算法的主要任务就是确定有向图中的“环”，Tarjan 在 1972 年提出一种高效的图解算法，用来确定 $O(n)$ 数量级操作中所有的“环”，其中 n 是结点的数量，即方程的数量。图 3-6 中仅画出了一个环，用粗线表示其对应的分支。这个环中的所有变量只能同时进行计算，通过排序这些方程找到最小代数环。其他变量可以按递归顺序进行计算。

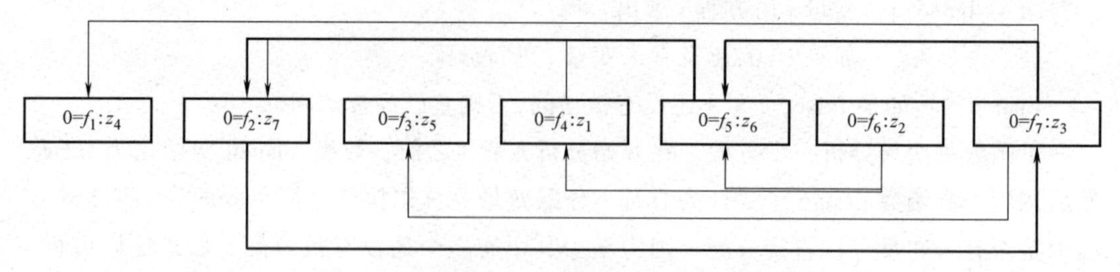

图 3-10　输出集分配可视化为有向图（不完整）

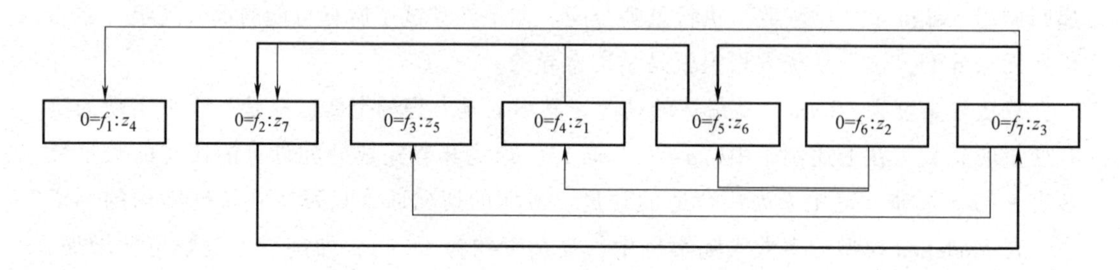

图 3-11　输出集分配可视化为有向图（完整）

注：z_3 赋值给 f_1，z_4 从方程 f_1 中计算出来。

例如，z_2 从 f_6 中计算出来，那么通过已经计算出来的 z_2，可以从 f_4 中计算出 z_1，等等。该分析的最后结果显示如下，也就是该实例的 BLT 形式：

$$
\begin{aligned}
&0=f_6(\underline{z_2})\\
&0=f_4(\underline{z_1},z_2)\\
&\boxed{\begin{aligned}&0=f_2(z_1,\underline{z_6},\underline{z_7})\\&0=f_5(z_2,\underline{z_3},\underline{z_6})\\&0=f_7(\underline{z_3},\underline{z_7})\end{aligned}}\\
&0=f_1(z_3,\underline{z_4})\\
&0=f_3(z_3,\underline{z_5})
\end{aligned}
\tag{3-19}
$$

3.1.3　分裂法求解代数方程

前面讨论了模型方程组是如何排序的，并且确定了最小尺寸的代数环。大多数情况下，由于不会出现代数环，所以将 BLT 转换算法应用于框图可得到最优解。但是，如果将 BLT 转换算法应用于物理系统，例如电路、机械系统或者流体系统，几乎总是导致有代数环。奇怪的是，物理系统的 BLT 形式的最小尺寸代数环仍然是很大的，并且没有有效的直接解决方案。幸运的是，通过一种特殊的变量替换技术可以减少求解代数环的工作量，该技术称为分裂法。下面通过一个简单例子来对该技术的基本思路进行说明，其方程系统假设如下：

$$
\begin{aligned}
z_1 &= f_1(z_5) \\
z_2 &= f_2(z_1) \\
z_3 &= f_3(z_1, z_2) \\
z_4 &= f_4(z_2, z_3) \\
z_5 &= f_5(z_4, z_1)
\end{aligned}
\tag{3-20}
$$

这是一个含有 5 个未知变量 z_i 的 5 个代数方程。这里，通过排序是不能减少代数环的尺寸的。该非线性系统方程组的数值求解，可通过为 5 个未知量预估值进而计算每个方程残差的方法来实现。数值求解器可对未知量进行修改，使残差变得非常小。因此，约定提交给数值求解器的方程系统必须具有表 3-3 所示的函数形式，其中未知量 z_1、z_2、z_3、z_4、z_5 就是迭代变量。

由于方程结构的特殊，一些未知量可从其他未知量中计算出来，这样可以减少迭代变量的个数，从最初的 5 个减少到 1 个，见表 3-4，z_5 就是分裂变量。假设有 n 个迭代变量，则非线性数值求解器的运算复杂度至少为 $O(n^3)$，如果能够像该例子一样，减少迭代变量的数量，可大幅度降低运算的复杂度。

表 3-3　函数形式（一）

输入	z_1, z_2, z_3, z_4, z_5（迭代变量）
输出	r, r_2, r_3, r_4, r_5（残差）
算法	$r_1 := z_1 - f_1(z_5)$ $r_2 := z_2 - f_2(z_1)$ $r_3 := z_3 - f_3(z_1, z_2)$ $r_4 := z_4 - f_4(z_2, z_3)$ $r_5 := z_5 - f_5(z_4, z_1)$

表 3-4　函数形式（二）

输入	z_5（迭代变量）
输出	r_5（残差）
算法	$z_1 := f_1(z_5)$ $z_2 := f_2(z_1)$ $z_3 := f_3(z_1, z_2)$ $z_4 := f_4(z_2, z_3)$ $r_5 := z_5 - f_5(z_4, z_1)$

求解的主要困难是，如何在翻译过程中符号地确定谁是分裂变量，例如前面例子中的 z_5 及其对应的残差方程 r_5，从而使迭代变量的数量尽可能少。1997 年 Carpanzano 和 Girelli 提出，通常这需要试出所有可能的组合，但运算量会随着系统大小（=NP 完全问题）呈指数地增长。因此，是不可能存在类似于 BLT 形式如此好的最优算法的，而可用的只有启发式算法。另外一个较大的困难是，系统的秩不能被分裂转换所改变。例如，假设一个含有 3 个未知量的 3 个方程的系统，描述如下：

$$
\begin{aligned}
z_1 &= \sin(\omega t) \\
z_1 z_2 &= \sin(z_3) \\
0 &= z_2^2 - z_3
\end{aligned}
\tag{3-21}
$$

通过 BLT 转换确定了，z_1 由第一个方程计算出，z_2 和 z_3 必须同时由后两个方程计算出。如果采用分裂法，可以由第二个方程计算出 z_2，然后求解含有 z_3 的非线性方程，见表 3-5。

表 3-5 函数形式（三）

已知	z_1
输入	z_3(迭代变量)
输出	r_3(残差)
算法	$z_2:=\sin(z_3)/z_1$ $r_3:=z_2^2-z_3$

可是，仿真过程中 z_1 会变成零，使得分裂转换得到的方程会发生除数变为零的情况。当同时求解初始的第 2 个和第 3 个方程时，这种问题不会出现，且方程会有唯一解。换言之，应用这种分裂转换是错误的。由于这种问题的存在，为了保证系统的秩在分裂转换过程中保持不变，几乎所有知名的分裂算法都引入了某种旋转。然而，这也使得在转换过程中不再可能一次性符号地完成分裂转换。与之相反地，仿真过程中，必须观测这些旋转支点的数值，当分裂变量的分裂变换不再适用时（在上例中，当 z_1 趋近于零时），必须动态地确定新的分裂变量和残余方程，详细可参考文献。在这种情况下，分裂法不再适用，而其他稀疏矩阵法可能会更有效。

幸运的是，对于 Modelica 模型而言，还有更多有用的信息，例如，关于变量是否存在于方程的信息。为了选择分裂变量和残余方程，可以构建考虑方程细节的分裂算法，确保不改变系统的秩。因此，在 Modelica 模型的翻译过程中，这些转换只执行一次。在 Dymola 环境中，就采用了一种非常有效的此类算法，在许多实际应用案例中，都可以得到"最小"或者"接近最小"数量的迭代变量。例如上述例子，Dymola 将选择 z_2 作为迭代变量，其分裂转换见表 3-6。这样函数中不再发生除以零的情况了，并且残余项也可很好地定义，从而分裂转换后的系统方程组和初始方程组有相同的秩，并且有相同的解。

表 3-6 函数形式（四）

已知	z_1
输入	z_2(迭代变量)
输出	r_2(残差)
算法	$z_3:=z_2^2$ $r_2:=z_1z_2-\sin(z_3)$

基于上述对任意符号分裂算法的基本要求，一位建模资深专家可通过模型方程的定义方式来影响分裂转换，注意，这是相对于 BLT 形式而言的，BLT 形式与原始方程的

排序或者其定义方式是无关的。

以一个介质模型为例，其包含着理想气体定律：

$$p=\rho RT \tag{3-22}$$

式中，p 是绝对压力；ρ 是密度；R 是气体常数；T 是热力学温度。分裂算法能够使用该方程的唯一方式是，在其他位置代替压力 p，也就是，潜在地使用 ρ 或者 T 或者两者作为迭代变量，或者在上一步中由其他方程计算出这两个变量。p 是不可能作为迭代变量的，例如，ρ 可按照下式来计算：

$$\rho=p/(RT) \tag{3-23}$$

因此，有发生除以零的可能。但是，实际上是不可能发生的，因为一个合适的介质模型永远不可能在 $T=0\text{K}$ 下计算。然而，通过模型方程组是不可能推导出该属性的，因此每种可靠的符号分裂算法必须假设 T 有可能变为零，因此 p 不能选为迭代变量。但是，如果气体定律直接写成式（3-23）的形式，求解器会有更多的合适选择。这是因为，模型除以 T 就会导致模型必须保证该变量永不为零。对于气体定律，就是这个道理。至此，当求解其余未知量时，由于两种情况下方程的雅可比矩阵的秩不会减少，所以就可以选用 p 或 ρ 作为迭代变量。如果使用 p 和 T 作为状态变量（对气体而言，这是正常选择），那么由于 ρ 可以直接由方程计算出来，这就是一个很好的选择。为了计算 ρ，求解器必须除以状态变量 T，因此选择式（3-22）并不好。如果有其他选择，可靠的求解器肯定不会选它。因此，由于不可能简单地消除掉 ρ，所以方程所在的代数环越大，迭代变量的数量极有可能越大。

需要注意一点，上面所讨论的特性不仅仅局限于 Dymola 环境的分裂算法，而是适合于所有的符号分裂算法，因此，它是一个与工具无关的属性。

一旦确定了分裂变量和残余方程，Dymola 环境将分析一个代数环的方程组是否仅仅与迭代变量线性相关。如果是这样，Dymola 将分裂后的非线性系统方程符号转换为线性系统方程。这个过程按照下面方式来执行。

首先，假设该代数环的方程组被分为分裂变量 z_2 和其他变量 z_1：

$$\begin{pmatrix} L & J_{12} \\ J_{21} & J_{22} \end{pmatrix}\begin{pmatrix} z_1 \\ z_2 \end{pmatrix}=\begin{pmatrix} b_1 \\ b_2 \end{pmatrix} \tag{3-24}$$

由于 z_2 是分裂变量，其余变量 z_1 可以按前向顺序计算出来，这只有在矩阵 L 是下三角矩阵的情况下才存在可能。由于采用了一种保持秩的符号分裂转换方法，矩阵 L 的对角元素必须保证为非零元素，所以 L 是标准的下三角矩阵。就因为这个特性，矩阵 L 是可逆的，因此可以求解矩阵 L 表示的线性系统方程组，求解的复杂度为 $O(n_L^2)$，其中 n_L 是矩阵 L 的行列数；如果没有这个特性，运算复杂度将达到 $O(n_L^3)$。

然后，可以将上述系统转换如下：

$$\begin{pmatrix} J_{22}-J_{21}L^{-1}J_{12} & 0 \\ -J_{12} & L \end{pmatrix}\cdot\begin{pmatrix} z_2 \\ z_1 \end{pmatrix}=\begin{pmatrix} b_2-L^{-1}b_1 \\ b_1 \end{pmatrix} \tag{3-25}$$

该结果是 BLT 形式，左上角通常为小得多的一个对角矩阵；右下角为矩阵 L，仅有微不足道的非零对角元素。这样的话，在翻译过程中，由 $\dim(z_1)+\dim(z_2)$ 个方程构成的原始代数环，就被符号转换为了由 $\dim(z_2)$ 个方程构成的代数环了。通常地，分裂变量（也称为迭代变量）z_2 的数量很少，因此，代数环的尺寸也得到了减少，使得未知变量的计算更加高效。

3.1.4 奇异系统及其解决方法

前面讨论的微分代数方程组（DAEs）的形式为

$$0=f(\dot{x}(t),x(t),y(t),t),t\in IR,x\in IR^{nx},y\in IR^{ny},f\in IR^{nx+ny} \tag{3-26}$$

模型方程中，x 是可微变量，y 是代数变量。可将微分代数方程转换为状态方程，形式如下：

$$\begin{pmatrix}\dot{x}(t)\\ y(t)\end{pmatrix}=f_2(x(t),t) \tag{3-27}$$

当且仅当未知变量的雅克比行列式始终非奇异时，上述转换才能实现。

如果雅可比行列式是奇异的呢？按照前面讨论，由于不满足雅可比行列式始终非奇异的基本要求，肯定无法转换成状态方程形式。通常，将不满足这条件的称为奇异系统，即：

$$J=\left(\frac{\partial f}{\partial \dot{x}}\ \vdots\ \frac{\partial f}{\partial y}\right) \tag{3-28}$$

式（3-28）奇异。

定义半显式微分代数方程，形式如下：

$$\begin{aligned}\dot{x}&=f(t,x,z)\\ 0&=g(t,x,z)\end{aligned} \tag{3-29}$$

式中，变量 z 的导数不会出现在微分代数方程中，此时变量 z 称为代数变量，而 x 称为微分变量。方程 $0=g(t,x,z)$ 为代数方程或约束条件。

任何全隐式微分代数方程都可以转换为半显式微分代数方程。将代数方程 $0=g(t,x,z)$ 对时间 t 重复求导，就可以将半显式微分代数方程转换成普通微分方程，其中，最小的求导次数定义为微分代数方程的指数。指数大于 1 的微分代数方程通常被称为高指数的微分代数方程。指数越高，微分代数方程就越难解决。必须将较高指数微分代数方程转换为较低指数微分代数方程，通常称这种方法为降指，它简化了计算的复杂性。求解微分代数方程时，需要考虑两个严重问题：第一个问题是降指后微分代数方程的解可能不是原始微分代数方程的解，即为漂移效应；第二个问题是找到既满足微分部分又满足代数部分的初始条件，即为一致性初始条件。

目前，求解微分代数方程的常用方法主要有两种：向后微分公式（Backward Differentiation Formula，BDF）和配置（Collocation）积分法。商业软件 SimulationX 用的是

BDF 方法。

定义带初始值的半显式微分代数方程，形式如下：

$$\dot{x}=f(t,x,z),x(t_0)=x_0$$
$$0=g(t,x,z) \tag{3-30}$$

选择时间步长为 h，有 $t_{i+1}=t_i+h$，$i=0$，1，2…。给定 $x_i=x(t_i)$ 和 $z_i=z(t_i)$，通过外插 x_i，x_{i-1}，…，x_{i-m+1} 的值，即 x 的当前时刻和更早时刻的值，可确定 $x_{i+1}=x(t_{i+1})$ 的值，同时可计算出 $z_{i+1}=z(t_{i+1})$。假设采用 m 阶多项式 P 来插值下面 $m+1$ 个点：

$$(t_{i+1},x_{i+1}),(t_i,x_i),(t_{i-1},x_{i-1}),\cdots,(t_{i+1-m},x_{i+1-m})$$

这个插值多项式 P 可以写成：

$$P(t)=\sum_{j=0}^{m}x_{i+1-j}L_j(t) \tag{3-31}$$

其中，L 为拉格朗日多项式：

$$L_j(t)=\prod_{\substack{l=0\\l\neq j}}^{m}\left[\frac{t-t_{i+1-l}}{t_{i+1-j}-t_{i+1-l}}\right],j=0,1,\cdots,m \tag{3-32}$$

注意，$P(t_{i+1-j})=x_{i+1-1}$，$j=0$，1，…，m。当 $P(t_{i+1})=x_{i+1}$ 时，对 $P(t_{i+1})$ 和 x_{i+1} 求导得：

$$\dot{P}(t_{i+1})=f(t_{i+1},x_{i+1}) \tag{3-33}$$

由于$\dot{P}(t_{i+1})=\sum_{j=0}^{m}x_{i+1-j}\dot{L}_j(t_{i+1})=x_{i+1}\dot{L}_0(t_{i+1})+\sum_{j=1}^{m}x_{i+1-j}\dot{L}_j(t)$，将其代入整理得：

$$x_{i+1}=-\sum_{j=1}^{m}x_{i+1-j}\frac{\dot{L}_j(t_{i+1})}{\dot{L}_0(t_{i+1})}+\frac{1}{\dot{L}_0(t_{i+1})}f(t_{i+1},x_{i+1}) \tag{3-34}$$

定义式（3-34）中的系数为

$$a_j=\frac{\dot{L}_j(t_{i+1})}{\dot{L}_0(t_{i+1})},b_m=\frac{1}{h\dot{L}_0(t_{i+1})} \tag{3-35}$$

式中系数 a_j（$j=1$，…，m）和 b_m 可以通过查表得到。则求解微分代数方程的 BDF 算法的第 m 步为

Given $a_1,\cdots,a_m,b_m$

$$x_{i+1}=-\sum_{j=1}^{m}a_jx_{i+1-j}+b_mhf(t_{i+1},x_{i+1},z_{i+1})$$
$$0=g(t_{i+1},x_{i+1},z_{i+1}) \tag{3-36}$$

在 BDF 算法中，每次迭代都需要用牛顿算法来求解非线性方程组。因此，雅可比行列式$\frac{\partial g}{\partial w}$不能是病态的，其中 $w=(t,\ x,\ z)$。在 BDF 算法中，给定初始值 $x_0=x(t_0)$，需要求解 $g(t_0,\ x_0,\ z_0)=0$ 来得到一致的初始条件。在一致的初始条件下，第 m 步的

收敛条件是：

$$x_i - x(t_i) \leqslant O(h^m), z_i - z(t_i) \leqslant O(h^m) \tag{3-37}$$

BDF 算法通常用于求解指数 1 或 2 的微分代数方程，如果指数高于 2 就必须使用降指数的算法。下面以单摆为例来说明高指数的降指数处理过程，如图 3-12 所示的单摆系统，单摆的质量为 m，摆线长度为 l，建立如图 3-12 所示的物理坐标系 oxy，假设逆时针摆线角度为 θ，单摆承受的拉力为 T。根据牛顿定律，可以很容易地写出该单摆系统的动力学方程：

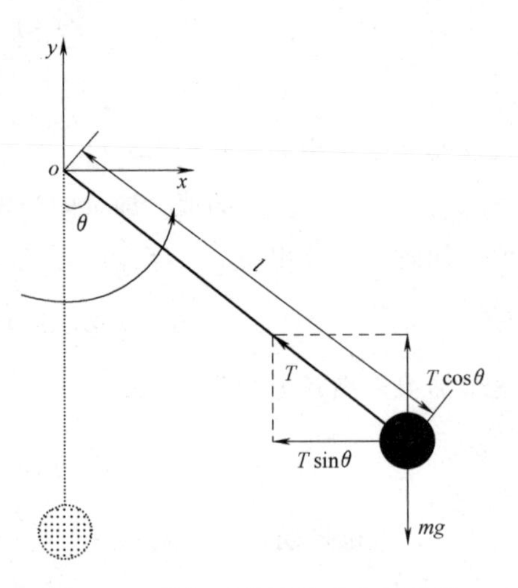

图 3-12　单摆系统及其动力学方程

$$\begin{aligned} m\ddot{x} &= -T\frac{x}{l} \\ m\ddot{y} &= -T\frac{y}{l} - mg \\ l^2 &= x^2 + y^2 \end{aligned} \tag{3-38}$$

为方便，对表达式进行简化，做一般性假设：

$$\begin{aligned} \lambda &= -T/l \\ m &= 1 \\ L &= l^2 \end{aligned} \tag{3-39}$$

这样就可得到简洁形式的单摆模型的系统动力学方程组，如图 3-13 左侧所示；然后，转化为普通微分代数方程，得到其关联矩阵，如图 3-13 右侧所示。

$$\begin{aligned} \ddot{x} &= \lambda \cdot x \\ \ddot{y} &= \lambda \cdot y - g \\ x^2 + y^2 &= L \end{aligned}$$

$$\begin{aligned} \dot{x} &= u \\ \dot{y} &= v \\ \dot{u} &= \lambda \cdot x \\ \dot{v} &= \lambda \cdot y - g \\ x^2 + y^2 &= L \end{aligned}$$

$$\begin{aligned} & f_1(\dot{x}, u) = 0 \\ & f_2(\dot{y}, v) = 0 \\ & f_3(\dot{u}, \lambda, x) = 0 \\ & f_4(\dot{v}, \lambda, y) = 0 \\ & f_5(x, y) = 0 \end{aligned}$$

$$\begin{array}{c|ccccc} & \dot{x} & \dot{y} & \dot{u} & \dot{v} & \lambda \\ \hline f_1 & 1 & 0 & 0 & 0 & 0 \\ f_2 & 0 & 1 & 0 & 0 & 0 \\ f_3 & 0 & 0 & 1 & 0 & 1 \\ f_4 & 0 & 0 & 0 & 1 & 1 \\ f_5 & 0 & 0 & 0 & 0 & 0 \end{array}$$

图 3-13　单摆模型的系统动力学方程组及其关联矩阵

这时会发现：方程 f_5 无法分配，也就是说该系统是奇异的！

观察上述方程组发现，存在两个独立的点集，因此可以构建一个二分图 G，如图 3-14 所示，该二分图的数学描述为

$$G=(F,V,E)$$

$$F=\{f_1,f_2,f_3,f_4,f_5\}$$

$$V=\{x,y,u,v,\dot{x},\dot{y},\dot{u},\dot{v},\lambda\}$$

$$E=\{(f_1,\dot{x}),(f_1,u),(f_2,\dot{y}),(f_2,v),(f_3,\dot{u}),(f_3,\lambda),(f_3,x),(f_4,\dot{v}),(f_4,\lambda),(f_4,y),(f_5,x),(f_5,y)\}$$

(3-40)

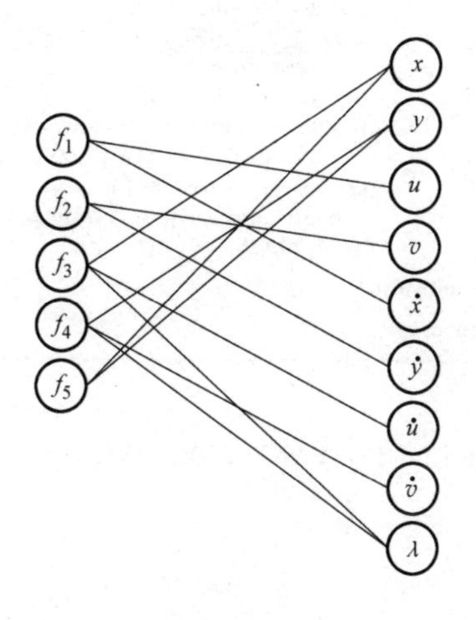

图 3-14 二分图 G

其中，点集 F 表示所有的方程；点集 V 表示所有的物理变量；边集 E 表示两个点集之间的关联。

在调用 PANTELIDES 算法之前，首先将变量映射到相应的微分变量得到集合 *vmap*，将方程映射到相应的微分方程得到集合 *eqmap*。然后，调用 PANTELIDES 算法，将变量分配给方程得到集合 *assign*，逻辑关系描述如下：

$$vmap[v]=\begin{cases} v' \text{如果有} \dfrac{\mathrm{d}v}{\mathrm{d}t}=v' \\ \text{NIL} \qquad \text{否则} \end{cases} \tag{3-41}$$

$$eqmap[f]=\begin{cases} f' \text{如果有} \dfrac{\mathrm{d}f}{\mathrm{d}t}=f' \\ \text{NIL} \qquad \text{否则} \end{cases} \tag{3-42}$$

$$assign[v]=\begin{cases} f \text{ 如果 } f \text{ 与 } v \text{ 匹配} \\ \text{NIL} \qquad \text{否则} \end{cases} \tag{3-43}$$

PANTELIDES 算法的描述如图 3-15 所示。

```
PANTELIDES(G, vmaxp, eqmap)
1  assign←Φ
2  for each e∈G.F
3    do f←e
4      repeat
5 C←Φ
6match ← MATCH-EQUATION(G, f, C, assign, vmap)
7          if not match
8then for each v∈C wherev∈G.V
9do                    设置 v' 为顶点,例如 v'∉ G.V
10                     vmap[v] ← v'
11                     G.V ← G.V ∪ {v'}
12                 for each f ∈C wheref ∈G.F
13                    do 设置 f' 为顶点, 例如 f'∉ G.F
14                     eqmap[f] ← f'
15                     G.F ← G.F ∪ {f'}
16                     for each v∈G.V where(f,v) ∈G.E
17                        do G.E ← G.E ∪ {(f,v), (f',vmap[v])}
18                 for each v∈C wherev∈G.V
19                    doassign[vmap[v]] ← eqmap[assign[v]]
20                 f← eqmap[f]
21          until match
22      return assign
```

图 3-15　PANTELIDES 算法描述

前 5 句完成初始化：

$$vmap=\{x\mapsto\dot{x},y\mapsto\dot{y},u\mapsto\dot{u},v\mapsto\dot{v}\}$$

$$eqmap=\{\}$$

$$assign=\{\}$$

$$C=\{\}$$

第 6 句尝试找到等式 f_1 的匹配，调用匹配子程序 MATCH-EQUATION，描述如图 3-16 所示。

```
MATCH-EQUATION (G, f, C, assign, vmaxp)
1C← C ∪{f}
2      ifthere exits a v∈G.V such that (f, v)∈G.E and assign[v]=NIL and vmap[v]=NIL
3thenassign[v]← f
4return TRUE
5else for each v where (f, v)∈G.Eand v∉ Cand vmap[v]=NIL
7         do C← C ∪{v}
8if MATCH-EQUATION (G, assign[v], C, assign, vmaxp)
9              then assign[v]← f
10                 return TRUE
11      return FALSE
```

图 3-16　调用 MATCH-EQUATION 子程序描述

请注意，$vmap$ 只有一个有效的变量对应 f_1，只是匹配它的最高阶微分 $\ddot{x}$，不能匹配则 $vmap$=NIL。到 PANTELIDES 算法的第 7 句 $\dot{x}$ 已匹配给 f_1，完成后的状态为

$$vmap = \{x \mapsto \dot{x}, y \mapsto \dot{y}, u \mapsto \dot{u}, v \mapsto \dot{v}\}$$

$$eqmap = \{\}$$

$$assign = \{\dot{x} \mapsto f_1\}$$

$$C = \{f_1\}$$

函数 Match-Equation 返回 TRUE。因此，跳出，重复，直到继续匹配下一个等式。到第 4 个方程时，结果状态为

$$vmap = \{x \mapsto \dot{x}, y \mapsto \dot{y}, u \mapsto \dot{u}, v \mapsto \dot{v}\}$$

$$eqmap = \{\}$$

$$assign = \{\dot{x} \mapsto f_1, \dot{y} \mapsto f_2, \dot{u} \mapsto f_3, \dot{v} \mapsto f_4\}$$

$$C = \{f_4\}$$

对于方程 f_5，在 *vmap* 中没有找到关联变量，不能匹配，标记在 C 里：

$$vmap = \{x \mapsto \dot{x}, y \mapsto \dot{y}, u \mapsto \dot{u}, v \mapsto \dot{v}\}$$

$$eqmap = \{\}$$

$$assign = \{\dot{x} \mapsto f_1, \dot{y} \mapsto f_2, \dot{u} \mapsto f_3, \dot{v} \mapsto f_4\}$$

$$C = \{f_5\}$$

然后跳回 PANTELIDES 算法里，判断 C 里存储的是不匹配变量还是有不匹配的方程，发现后就将其对时间求导，并添为二部图顶点。发现方程 f_5 后，对时间求导，得到方程 f_6，并生成新的边添加到集合 E。循环下去，尝试找到等式 f_6，如图 3-17 所示，匹配如下：

$$vmap = \{x \mapsto \dot{x}, y \mapsto \dot{y}, u \mapsto \dot{u}, v \mapsto \dot{v}\}$$

$$eqmap = \{f_5 \mapsto f_6\}$$

$$assign = \{\dot{x} \mapsto f_1, \dot{y} \mapsto f_2, \dot{u} \mapsto f_3, \dot{v} \mapsto f_4\}$$

$$C = \{f_5\}$$

在匹配 f_6 的过程中，把生成的新的变量 $\ddot{x}$、$\ddot{y}$ 添加到集合 V，把新的方程 f_7、f_8、f_9 添加到集合 F，边添加到集合 E，如图 3-18 所示。新的变量 $\ddot{x}$、$\ddot{y}$ 也会用于匹配，继续匹配 f_7，最后匹配成功，完整的匹配如下：

$$assign = \{ \dot{x} \mapsto f_1, \dot{y} \mapsto f_2, \dot{u} \mapsto f_8, \dot{v} \mapsto f_4, \lambda \mapsto f_3, \ddot{x} \mapsto f_7, \ddot{y} \mapsto f_9 \}$$

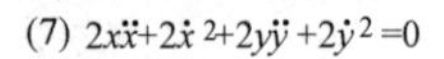

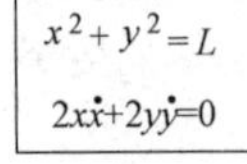

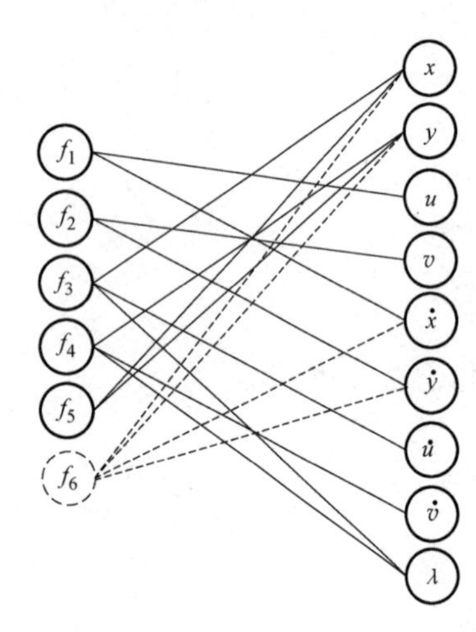

图 3-17　匹配方程 f_6

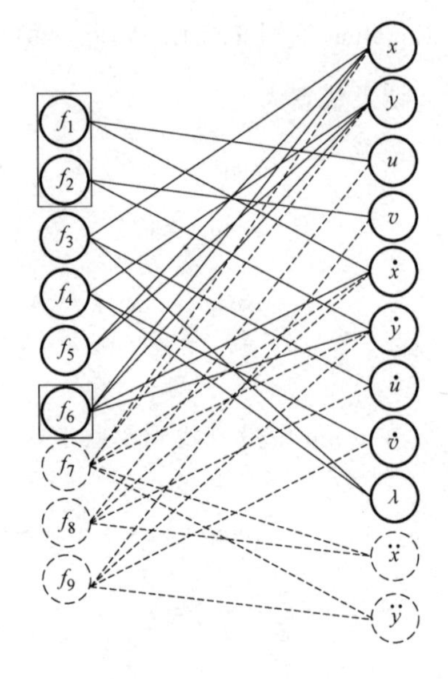

图 3-18　匹配方程 $f_7 \sim f_9$

(1) $\dot{x} = u$　　　　$f_1(\dot{x}, u) = 0$

(2) $\dot{y} = v$　　　　$f_2(\dot{y}, v) = 0$

(3) $\dot{u} = \lambda \cdot x$　　　　$f_3(\dot{u}, \lambda, x) = 0$

(4) $\dot{v} = \lambda \cdot y - g$　　　　$f_4(\dot{v}, \lambda, y) = 0$

(5) $x^2 + y^2 = L$　　　　$f_5(x, y) = 0$

(6) $2x\dot{x} + 2y\dot{y} = 0$　　　　$f_6(x, \dot{x}, y, \dot{y}) = 0$

(7) $2x\ddot{x} + 2\dot{x}^2 + 2y\ddot{y} + 2\dot{y}^2 = 0$　　　　$f_7(x, \dot{x}, \ddot{x}, y, \dot{y}, \ddot{y}) = 0$

(8) $\ddot{x} = \dot{u}$　　　　$f_8(\ddot{x}, \dot{u}) = 0$

(9) $\ddot{y} = \dot{v}$　　　　$f_9(\ddot{y}, \dot{v}) = 0$

通过迭代得到方程组：

$$\begin{aligned} &\ddot{x} = \lambda x \\ &\ddot{y} = \lambda y - g \\ &2x\ddot{x} + 2\dot{x}^2 + 2y\ddot{y} + 2\dot{y}^2 = 0 \end{aligned} \tag{3-44}$$

其雅可比行列式为

$$J=\begin{pmatrix}2x & 2y & 0\\ 1 & 0 & x\\ 0 & 1 & y\end{pmatrix}$$

雅可比行列式是非奇异的，上述方程组指数为 1。然后转化普通微分代数方程，得到其关联矩阵：

$$\begin{aligned}&\dot{x}=u && f_1(\dot{x},u)=0\\ &\dot{y}=v && f_2(\dot{y},v)=0\\ &\dot{u}=\lambda x && f_3(\dot{u},\lambda,x)=0\\ &\dot{v}=\lambda y-g && f_4(\dot{v},\lambda,y)=0\\ &2x\ddot{x}+2\dot{x}^2+2y\ddot{y}+2\dot{y}^2=0 && f_5(x,\dot{x},\ddot{x},y,\dot{y},\ddot{y})=0\end{aligned}
\qquad
\begin{array}{c} \\ f_2\\ f_1\\ f_5\\ f_3\\ f_4\end{array}
\begin{array}{c}\begin{array}{ccccc}\dot{y} & \dot{x} & \dot{u} & \lambda & \dot{v}\end{array}\\ \begin{pmatrix}1&0&0&0&0\\0&1&0&0&0\\1&1&1&0&1\\0&0&1&1&0\\0&0&0&1&1\end{pmatrix}\end{array}$$

该微分代数方程可解。但单摆长度会变，因此扩展的方程组在数学上是正确的，但缺了限制条件。所以还要添加相应方程并引入伪导数变量，用 y''、y'代替 $\ddot{y}$ 、$\dot{y}$，并看作纯代数变量，这样就是 5 个未知变量对 5 个方程，从而消除漂移效应，具体如下：

$$\begin{aligned}&\ddot{x}=\lambda x\\ &y''=\lambda y-g\\ &x^2+y^2=L\\ &2x\dot{x}+2yy'=0\\ &2x\ddot{x}+2\dot{x}^2+2yy''+2y'^2=0\end{aligned}\tag{3-45}$$

需要注意的是，选 x 或 y 也是选主元问题。

3.2 混合微分代数方程组

很多文献介绍了如何通过数值解法求解微分代数方程组，然而在多数工程应用中，纯微分代数方程组基本上不存在，通常都包含不连续性或者受事件影响，这种系统被称为混合微分代数方程组。

此处将讨论没有符号预处理时，数值积分方法应用到混合微分代数方程组的局限性。典型案例是奇异微分代数方程组，即微分代数方程组不能转换为状态方程形式。尽管某些奇异微分代数方程组可以用数值方法进行积分，但是将会出现变量不连续的问题。图 3-19 为一个简单的传动系统实例，下面来说明没有符号预处理很难通过数值方法进行处理的驱动转矩非连续变化的情况。在该简单的传动系统中，转动惯量 1 通过一个理想的齿轮机构连接到转动惯量 2；驱动转矩线性增长，但在 1s 时发生不连续改变，如图 3-20a 所示，需要注意的一点是，驱动力或者驱动转矩在采样系统中自然也会发生不连续改变。用 Modelica 仿真上述模型是没有任何问题的，图 3-20b 和 c 是基于 Dymola

的仿真结果。由结果可以看出，在 1s 时，两个转动惯量元件的加速度是不连续的，这是由驱动转矩不连续改变而引起的。

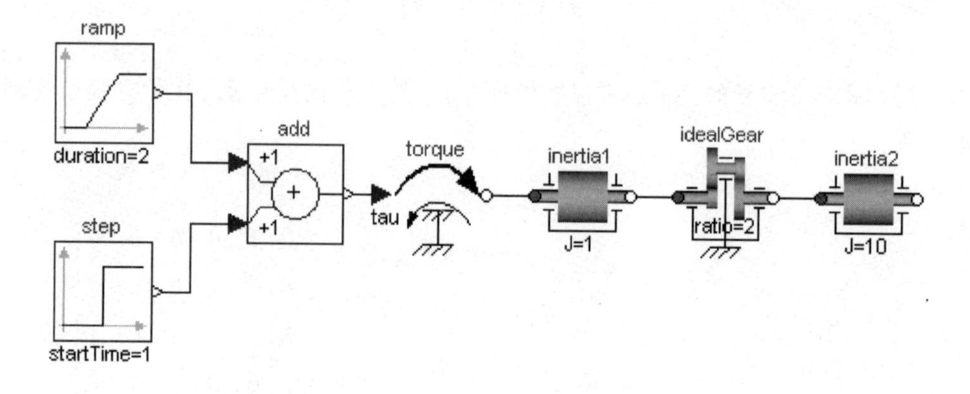

图 3-19　一个简单传动系统的模型

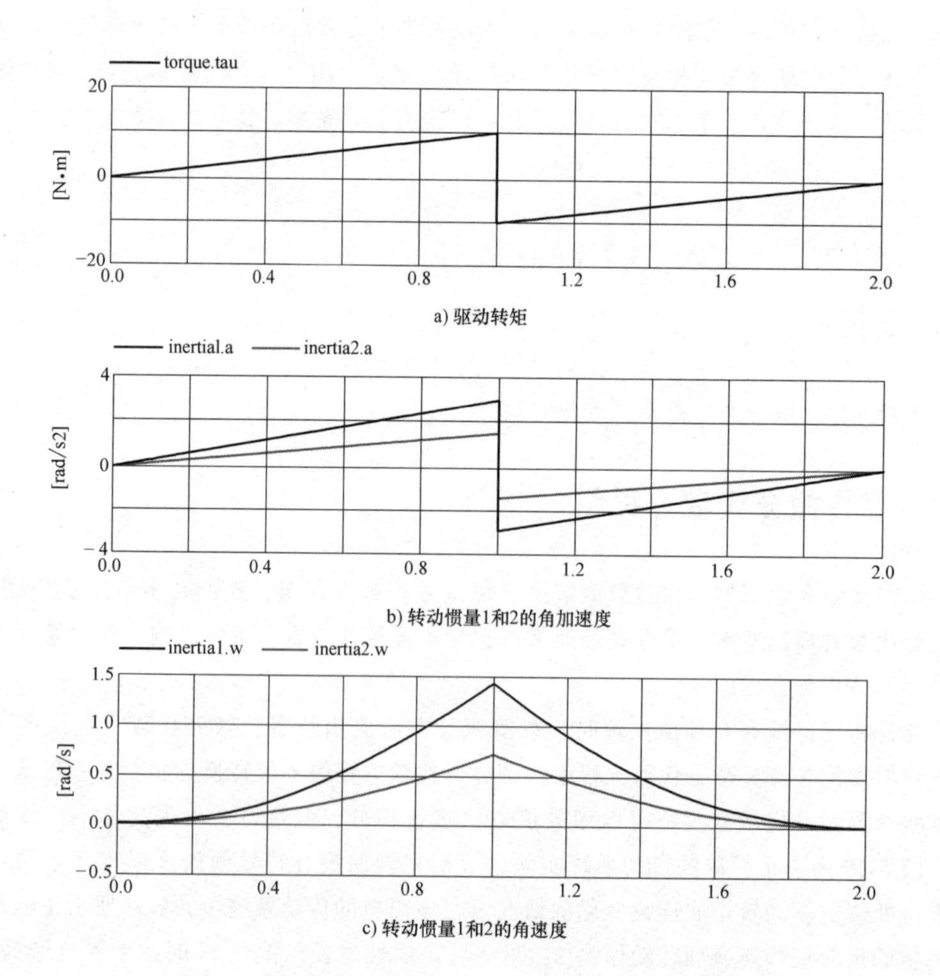

a) 驱动转矩

b) 转动惯量1和2的角加速度

c) 转动惯量1和2的角速度

图 3-20　简单传动系统的 Dymola 仿真结果（彩图见后插页）

下面假设没有符号预处理的情况。根据动力学知识，上述简单的传动系统可以通过下面的动力学方程进行描述（此处为了简化，忽略了角度的计算方程）：

$$
\begin{aligned}
&J_1\dot{\omega}_1=\tau_{\text{drive}}-\tau_1\\
&\omega_1=i\omega_2\\
&\tau_2=i\tau_1\\
&J_2\dot{\omega}_2=\tau_2
\end{aligned}
\tag{3-46}
$$

式中，ω_1、ω_2 分别表示转动惯量 1 和转动惯量 2 的角速度；τ_{drive} 是在预定义的 1s 时不连续改变的驱动转矩；i 是传动比；τ_1、τ_2 是齿轮两轴（图 3-13 中元件 ideal Gear 为齿轮，它的左右两侧表示两轴）的约束力矩。可以通过隐式积分算法将方程从代数形式转换为状态形式，因为没有符号预处理过程，所以方程仅需要被微分一次就可转换为状态方程形式（如果需要多次微分，那么数值积分算法将不再可靠）。

假设微分变量已知，为 ω_1、ω_2。4 个方程中含有 4 个未知变量（$\dot{\omega}_1$，$\dot{\omega}_2$，τ_1，τ_2）。在 1s 时，事件发生引起了驱动转矩 τ_{drive} 发生了不连续的改变。转矩的改变时刻就是事件发生的时刻。事件发生之前，所有变量的值都是已知的。重要的问题是，为了初始化微分代数方程，通常假设：在一个时间周期内，微分变量保持连续。在事件发生的时刻，4 个方程中有 4 个未知变量 $\dot{\omega}_1$、$\dot{\omega}_2$、τ_1，τ_2。一个奇异微分代数方程有无数解法，在方程（3-45）中，可以随意选取转动惯量 2 的角加速度，其他变量有唯一解，例如下面的值就满足上述微分代数方程：

$$
\begin{aligned}
&\dot{\omega}_1:=\tau_{\text{drive}}/J_1\\
&\dot{\omega}_2:=0\\
&\tau_1:=0\\
&\tau_2:=0
\end{aligned}
\tag{3-47}
$$

尽管这些值满足微分代数方程（3-45），但是它们是不正确的，因为需要满足：

$$\dot{\omega}_1=i\dot{\omega}_2 \tag{3-48}$$

显然，这个方程并未得到满足。问题是，这个方程没有直接定义在微分代数方程中，而是通过式（3-45）中的第 2 个方程来间接进行了定义。

总而言之，事件发生时，奇异的微分代数方程有无数解，如果不考虑通过 PANTELIDES 算法或者其他算法推导出来隐藏的约束方程，任何数值求解方法都不能推导出正确的数学解。因此，在事件发生时，变量发生了不连续的改变，如仿真系统不考虑隐藏的奇异微分代数方程组的约束方程，求解就会失败或者产生错误解。当构建模型的元件来自 Modelica 标准库时，生成的微分代数方程经常是奇异的，这是因为，在设计这些元件时，采用的是最大灵活度的设计标准，特别是下面的标准库：

- 多体动力学标准库（Modelica. Mechanics. MultiBody）
- 旋转机械标准库（Modelica. Mechanics. Rotational）
- 和平移机械标准库（Modelica. Mechanics. Translational）

- 介质库（Modelica. Media）
- 流体库（Modelica. Fluid）

解决这一问题的根本办法是，通过 PANTELIDES 算法与虚拟求导方法，将奇异的微分代数方程组转换为非奇异形式，所以每个 Modelica 仿真环境都应该可以仿真由 Modelica 标准库构建的模型，并且必须支持这两种算法或者它们的一种变化形式。值得一提的是，采用信号框图式建模方式的仿真软件支持常规微分代数方程组的求解，例如 Simulink。模块使用特定领域的算法将奇异微分代数方程组转换为状态空间形式。于是，也能可靠地求解某些类的变量不连续变化的奇异微分代数方程组。但是，当出现带有逆系统的微分代数方程组时，仍然是无法求解的。在电子领域，模型经常采用硬件描述语言（HDL），HDL 模拟器经常不需要符号处理或者特定领域的方法变换，而是用数值积分的方法将奇异微分代数方程转换为常规微分代数方程，但是能否处理变量不连续变化的奇异微分代数方程组仍然是不确定的，不过，这一点在电子学领域通常是不重要的。

第4章　基于TypeDesigner的物理系统建模方法

4.1　Modelica 建模的主要优势

通过前面第 1 章和第 2 章的介绍，我们会发现 Modelica 建模具有以下显著优势。

1. 优势 1：面向对象的非因果建模

Modelica 是面向对象的一种工程语言，采用方程来描述物理系统的行为；而传统语言则采用具有固化的输入输出因果关系的赋值语句来定义行为。因此，Modelica 建模是非因果建模。该优势可以使得 Modelica 学科库中的类型比传统的类更加具有可重用性。

2. 优势 2：多学科建模

物理系统往往涉及多个学科领域，其系统动力学特性是由各个学科领域的子系统的动力学特性耦合作用决定的。基于最小元件的网络式建模方法和基于方程的非因果关系建模，解决了各个学科领域系统动力学的建模问题，也解决了各个学科领域之间的耦合问题，从而使得对涉及多个学科领域的复杂物理系统的建模得以实现，例如，图 4-1 所示的机电一体化物理系统的多学科系统动力学模型，其中包含了对电控子系统、机械子系统的建模以及各个子系统之间的耦合建模。

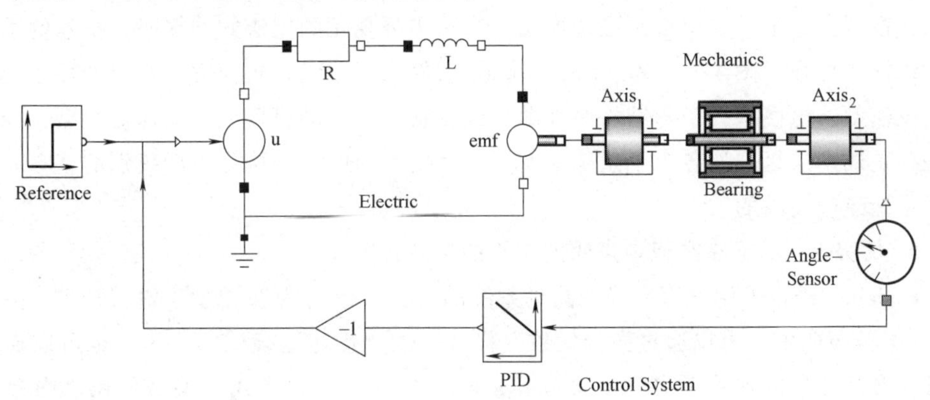

图 4-1　多学科建模示例

3. 优势 3：可视化建模

在 Modelica 中，可以对各个模型类型进行可视化的图标定义，各个模型类型之间的连接也可视化为实际的机-机连接、电-电连接、液-液连接等，再辅以层级式建模方式，可以使得所建立的物理系统模型与真实物理系统的结构原理图保持较高的一致性，易于对模型进行检查、升级等操作。假设一个双质量弹簧系统受到推力的作用，为模拟该物理系统的动力学特性，采用 Modelica 可搭建图 4-2a 所示的模型，可视化效果很好。但是如果采用 Simulink 的基于信号框的因果建模方式，其模型如图 4-2b 所示，仅从视图上是难以判断出该模型描述的是此物理系统。

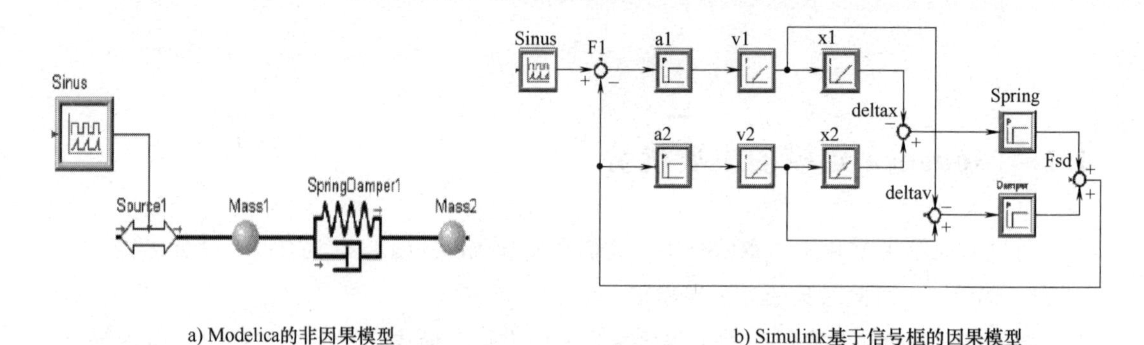

a) Modelica的非因果模型　　b) Simulink基于信号框的因果模型

图 4-2　可视化建模

4. 优势 4：层级式建模

在认识一个物理系统时，根据其原理对它进行拆解时，需要进行逐级分解，也就是从最高层级别系统，先分解至各个高层级别子系统，然后再对每个高层级别子系统进一步分解低层级别的子系统，根据需要，还可能将低层次级别的子系统进一步拆解为更低层级别的子系统，直至分解为最小元件。在采用 Modelica 建模时，为了方便管理并便于跟踪模型的构成，则需要按照拆解的逆过程进行建模，也就是先完成最低级别的所有元件建模，然后将元件组合成各个最低层级别子系统模型，然后再组合创建更高层级别的子系统模型，直至最高层级别系统模型。当采用可视化的层级式建模时，搭建的系统模型可读性非常强。图 4-3 为基于 SimulationX 软件采用层级式建模方式搭建的整车动力传动系统模型，该模型视图与结构原理图一致，其中，发动机模型、变速器模型、控制器模型都是最高层级别的各个子系统模型，这些模型的内部结构是由低级别的基本元件或者子系统建模而成的。

5. 优势 5：基于在类型中声明的方程的文本语言

Modelica 语言采用方程来描述物理系统的行为，该行为在类型中进行声明。在 Modelica 类型声明中，可以通过微分代数方程（DAE）描述连续域的行为，也可以通过事件触发器描述离散域内的行为。Modelica 采用文本语言的形式来编写代码，简单易操作，可以在多个工具上实现。

6. 优势 6：连续和离散混合建模

大多数物理系统在实际工程应用场合中都会同时存在时间域上的连续和离散问题，而且两者之间存在耦合问题，如图 4-4 所示，因此，要求能够同时对两种特性进行建

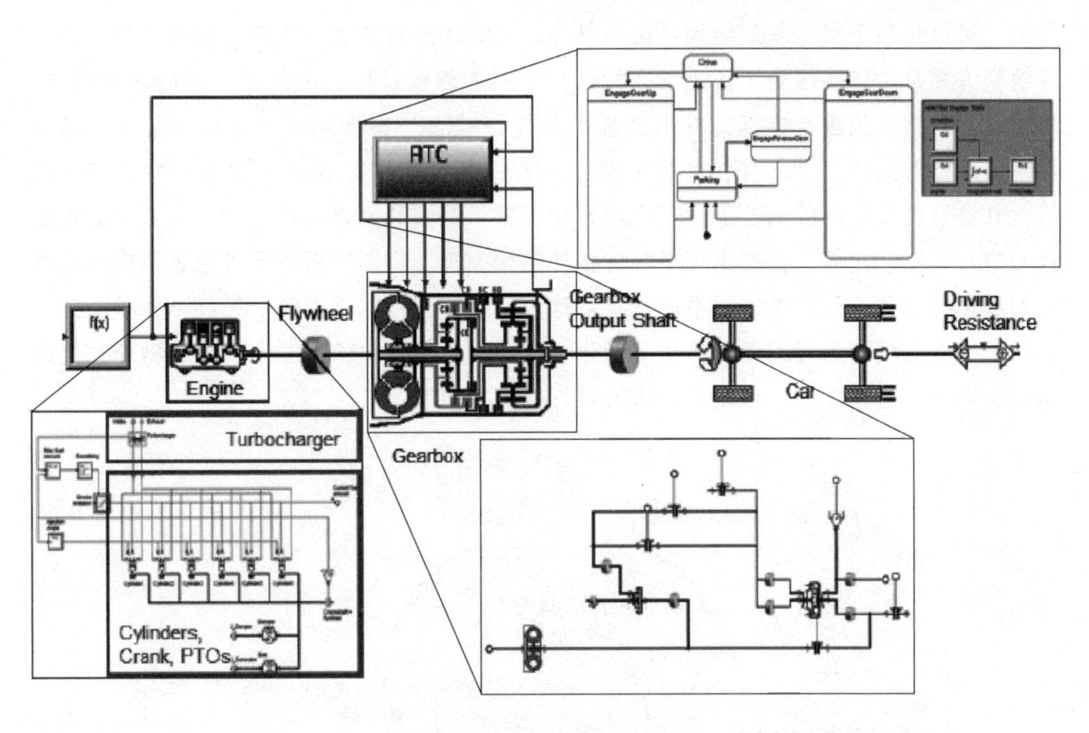

图 4-3　采用层级式建模方式搭建的整车动力传动系统模型

模。从数学角度而言，Modelica 可分析模型中连续状态变量以及离散变量的瞬态和稳态特性，可以计算初始值，可以计算显式、隐式微分方程，因此，Modelica 拥有连续和离散混合建模的功能。

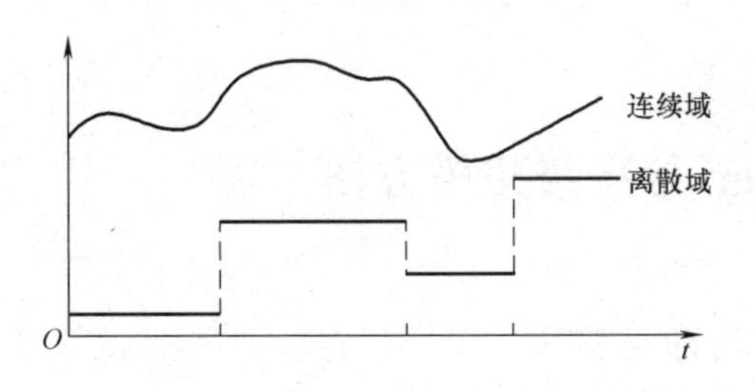

图 4-4　时间域上的连续和离散问题

4.2　系统建模与仿真理念

在实际工程领域，诸多复杂物理系统总会遇到这样或者那样的动态问题，多数问题都可以通过系统动力学仿真的技术手段找到适合的解决方案，这也是为什么系统动力学仿真正发挥着越来越重要作用的推动力之一。在采用系统仿真手段解决实际问题时，基本的建模与仿真理念如图 4-5 所示。首先，针对工程实际反映的问题，确定建模仿真的目的，可以是用于揭示复杂物理系统所具有的某些动态特性及其规律，也可以是验证某种解决方案是否能够达到期望的动态特性。不同的建模目标，决定了不同的建模细节。然后，对物理系统进行建模，采用“最小元件分解法”将物理系统分解为若干个最小元件或者已有的预定义元件，并按照基于方程的建模方式完成这些最小元件模型的建模，在涉及控制系统的场合下，还会需要用到基于框图的因果建模方式来对其中的控制信号进行建模。之后，按照物理系统的拓扑结构原理，将所有最小元件或者预定义元件按照和拓扑结构一致的连接关系进行接口耦合，最终获得物理系统的拓扑结构模型。最后，对建立的模型进行编译、分析、优化、C 代码生成和求解等工作，完成物理系统的仿真，通过后处理方式，可以验证仿真目标的实现情况。

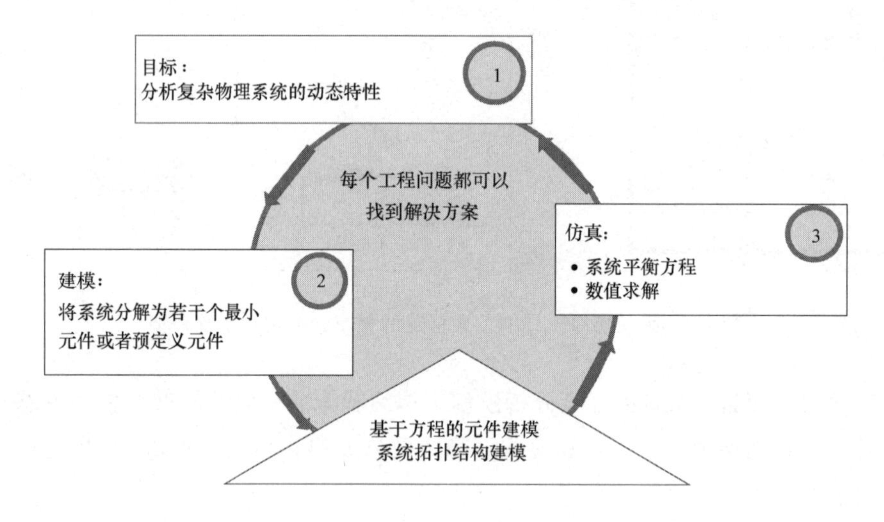

图 4-5　复杂物理系统的建模与仿真理念

4.3　TypeDesigner 与高级建模方法

4.3.1　层级式模型与命名空间

前面章节已经详细讲解如何创建基础元件及简单物理系统的 Modelica 模型的建模方法，其核心是基于方程的建模方法。同时，也论述了采用层级式建模方法创建复杂物理系统模型的原理，其核心思想是，按照拓扑结构原理，由最底层的基础元件递进，创建高级别的零件级模型、部件级模型，直至最高级别的系统级模型。层级式建模方式如图 4-6 所示，其中 TypeA、TypeB 和 TypeX 是已有的基础类，可以是模型、元件类等；然后，利用已有基础类创建出第 1 层的新类 TypeC，可以是模型、类或者子结构模型，例如由 TypeA 类创建 typeA1、typeA2 等，由 TypeB 类创建 typeB1、typeB2 等，依次类推，可以创建第 2 层的新类 TypeD，以及第 3 层的新类 TypeE，其中任一层都可以使用前面任意层的已有类。从拓扑结构的构成来看，层级式建模方式是实现复杂物理系统拓扑结

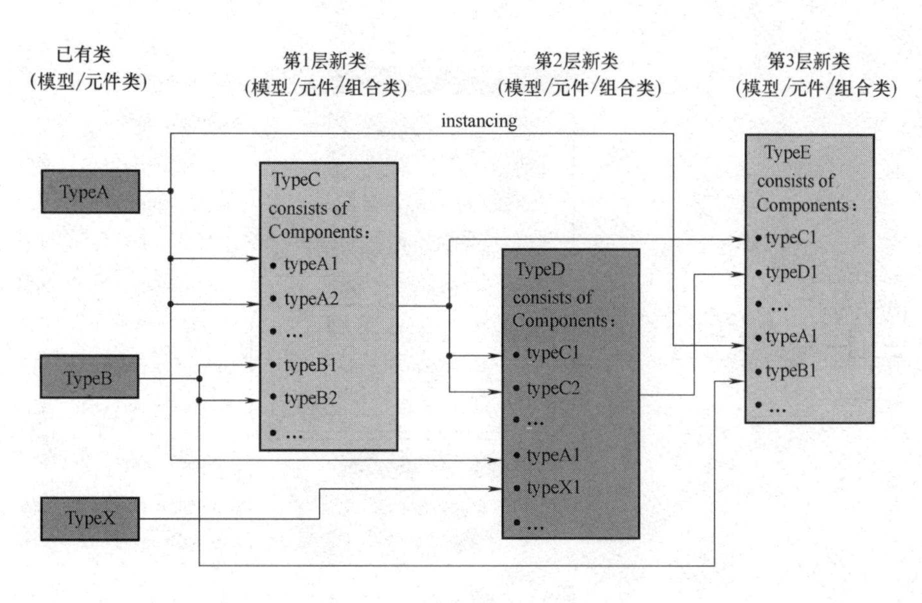

图 4-6　层级式建模方式

构建模的重要保障。

为了便于检索和正确计算，在层级式模型中，对所有构成的命名是有严格要求的。首先，每一层中所有元件的命名必须是唯一的，例如图 4-6 中的第 1 层，不允许存在两个元件的命名都为 typeA1 的情况，其他元件和层次也有类似要求。然后，层级式模型中的任一构成要素，其命名必须按照它的层级式路径来进行命名。图 4-7 所示为已有类的命名空间举例，将弹簧阻尼类（springDamper）进行实例化后可获得一个模型，命名为 springDamper1，该模型有 3 个参数（刚度系数 k、阻尼系数 b 和种类 kind）、2 个结果变量（压缩量 dx、内力 Fi）；具有 2 个平移类机械端口 ctr1 和 ctr2，每个机械端口都有位移 x 和速度 v 两个物理量。为了唯一地区分上述物理量信息，采用按照路径对其命名的方式，例如刚度系数 k，命名为 springDamper1. k；端口 ctr1 的位移 x，命名为 springDamper1. ctr1. x；反过来，根据命名，可以判断该物理量所存在的路径，例如 springDamper1. ctr2. v，表示模型 springDamper1 的端口 ctr2 的物理量 v。无论有多少层级，只要按照其完整的建模路径进行命名，就可以保证该物理量在整个模型中的唯一性；而且允许不同层次中的命名可以有相同的操作，使得同类物理量可以采用相同的命名方式，这容易掌握，而且减少了工作量。

4.3.2　创建新类型的高级建模方法

目前，Modelica 自身以及基于 Modelica 开发的商业软件（如 SimulationX、Dymola）都提供了非常多的学科库，其中包含了各个学科领域非常常用的基础元件类，甚至是由这些基础元件构建的高级别的零部件类，建模人员可以直接应用这些已有的类型来创建模型。但是，由于实际工程问题的复杂性、多样性和针对性，在很多场合下，这些已有

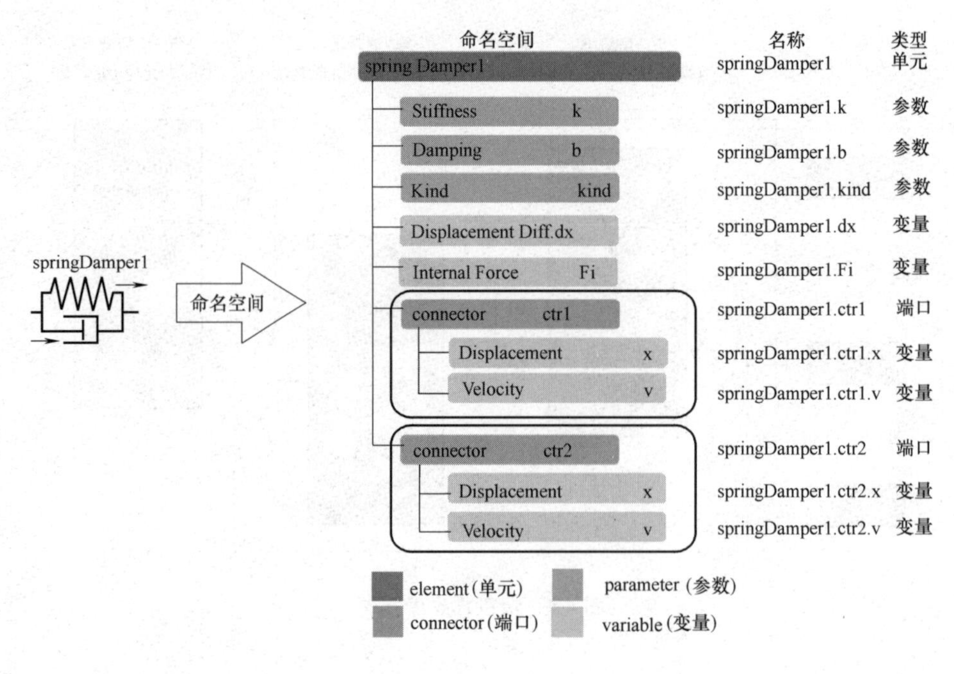

图 4-7　已有类的命名空间举例（彩图见后插页）

类是无法满足复杂物理系统建模需求的。因此，一方面需要创建新的基础类；另一方面，基于拓扑结构原理的分层式结构，需要创建描述大量子结构的类，来满足系统建模的需求。通常情况下，有三种方式可以创建新类：按照前面章节介绍的方式来创建全新的类（简称创建），将已有类拓展为新类（简称拓展），以及将若干个已有的模型组合为一体而创建成新的类（简称组合）。可想而知，如果全部工作都是从基础元件代码开发开始，那么复杂物理系统的建模工作量是非常大的。

为了把建模人员从繁琐的代码编写工作中解脱出来，而更多地关注描述系统行为的方程上，SimulationX 提供了一个集成编辑工具 TypeDesigner，在 SimulationX 中通过图 4-8a 所示的创建新类型（包括模型、端口、记录、框图、函数、包、枚举）的操作，可启动该工具，如图 4-8b 所示，左侧虚线框内是根据创建类型的特点设定的创建流程。因此，可以按照约定的步骤进行图形交互式操作，最终自动完成标准的 Modelica 类的创建和代码开发。利用该工具创建新类，建模人员只需要熟悉方程、算法的定义等基本知识即可，可以显著提高专业研发人员的工作效率，同时也由于降低了对 Modelica 专业知识和经验的高要求而特别适用于初学建模的人员。本章将阐述如何基于该工具，开展上述三种创建新类的代码开发工作。

4.3.3　基于 TypeDesigner 的创建流程

集成编辑工具 TypeDesigner 提供了创建新类的标准流程，通过用户交互的方式，只要求建模人员提供主要建模信息，例如命名、端口、参变量与行为方程等，至于图标、

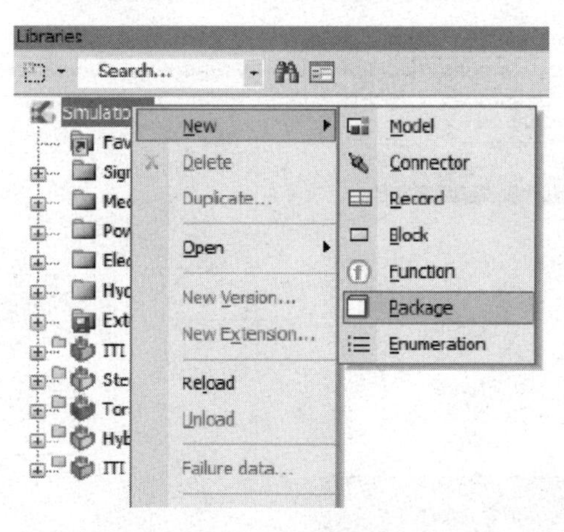

a) 在SimulationX中启动TypeDesigner

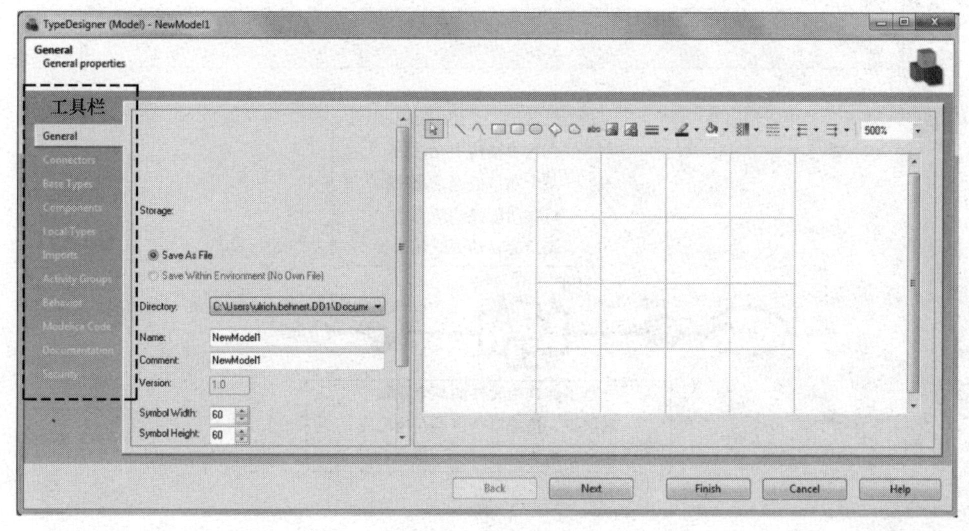

b) TypeDesigner的建模窗口

图 4-8　集成编辑工具 TypeDesigner 的启动和建模窗口

位置、存储等繁琐的编码工作，该工具可对用户交互的信息自动转换为代码。因此，这里只介绍标准的建模流程中最常用的步骤。

1. General：创建基本信息

可以定义新类的保存类型、存储路径、类名及其注释、版本号，以及新类的显示图标及其宽度和高度等信息。

2. Connectors：创建端口

可以为新创建的新类定义新的端口，通过添加、删除选定类型的端口，可以在图标显示窗口中调整端口在类图标中的位置，如图 4-9a 所示。在此处，端口类型可以来自多个学科领域，例如信号输入、信号输出、平移类机械端口、旋转类机械端口、热力学

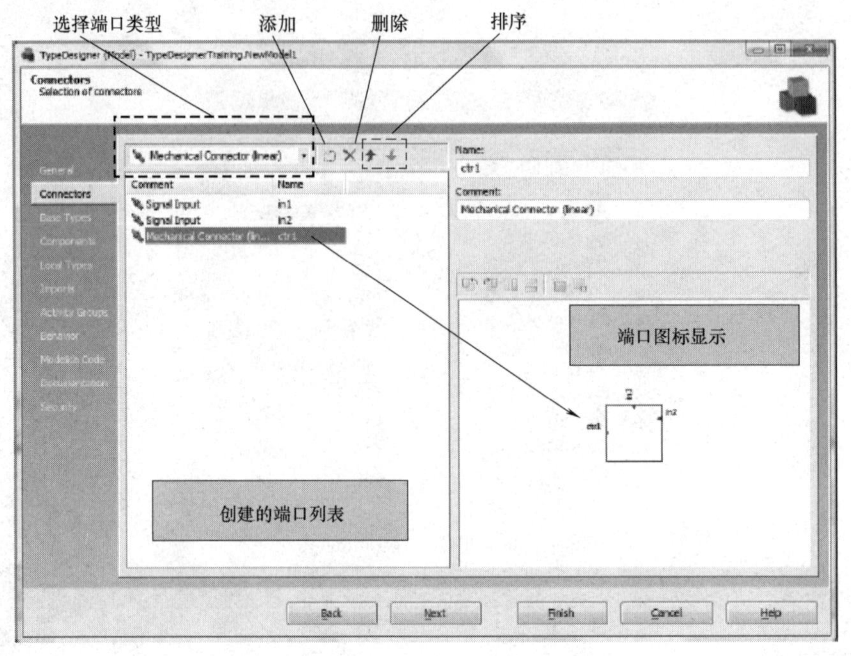

a) 创建新的端口

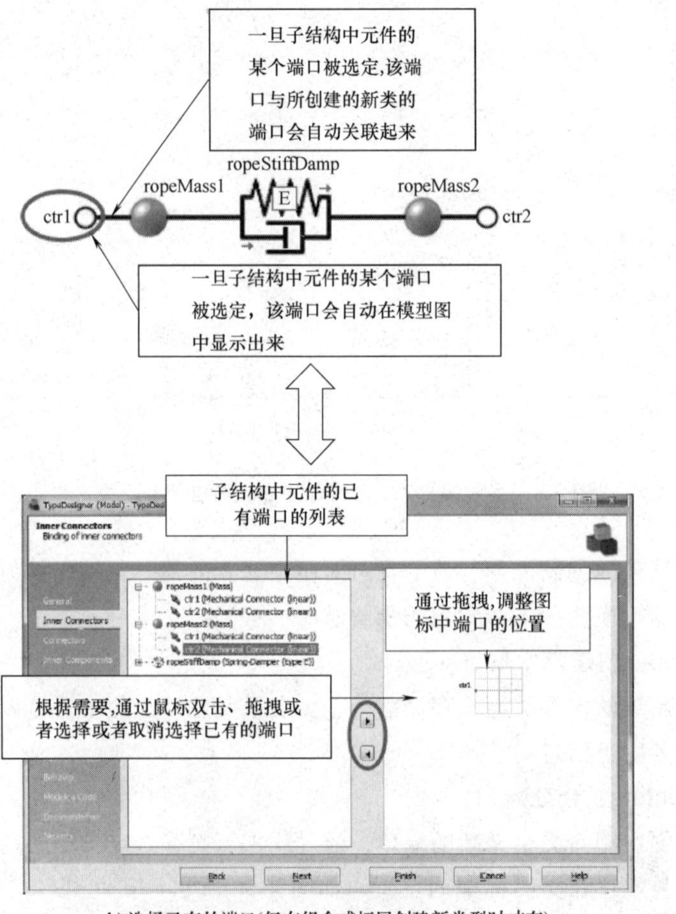

b) 选择已有的端口(仅在组合或拓展创建新类型时才有)

图 4-9　新类的端口定义

端口、电子学端口和液压类端口等，这是实现多学科系统动力学建模的关键技术所在。每个端口类型都是预定义类，包含其可能的物理量，例如，一个简单的平移类机械端口 ctrl，可以至少包含位移 x 和速度 v 两个基础物理量。当采用组合或者拓展方法来创建新类时，该集成工具中左侧的工具栏中会出现步骤 Inner Connectors，可以将已有的子结构中元件的端口作为新类的端口，如图 4-9b 所示（组合创建新类方式）。其中将由两个质量元件和一个弹簧阻尼元件构成的模型，组合成为一个新类，新创建的类中的两个机械端口，可以选择两个质量元件的端口，例如，图中的 ropeMass1. ctrl 端口就已经被选中，并在新类图标中自动显示出来。在集成工具中选定后，该工具会自动创建子结构中元件端口与新类端口之间的关联，非常方便，无须太多人工编码操作。

3. Components 创建参变量

可以为新创建的类定义添加、删除和排序参数（Parameter）和变量（Variable），如图 4-10a 所示。

参数是模型的已知条件，变量是仿真过程中计算的物理量，可以设置为输出或者不输出，只有允许输出的变量的计算结果在仿真过程中是保存下来可供后续查看的。在参变量属性定义窗口，可以为任意参变量定义：命名和注释、单位、维度、参数的缺省值、变量的方程声明、状态变量的初始值等。在参变量特别多的情况下，可以利用定义属性页或者分组，将参变量进行分页显示、分组。同时，这里还可以为当前变量创建为一个全新的局部类型，或者添加已有的模型、计算模块和枚举类，如图 4-11 所示。当采用组合或者拓展方法来创建新类时，该集成工具中左侧的工具栏中会出现步骤：内部

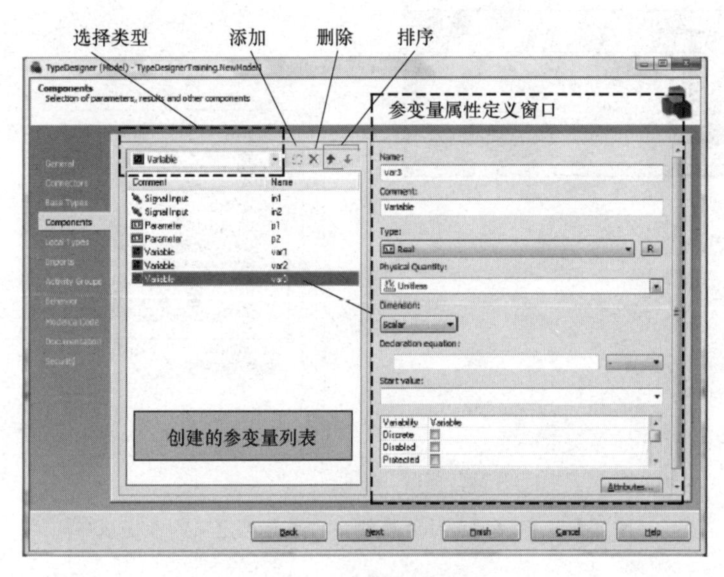

a) 创建新的参变量

图 4-10 新类的参变量定义

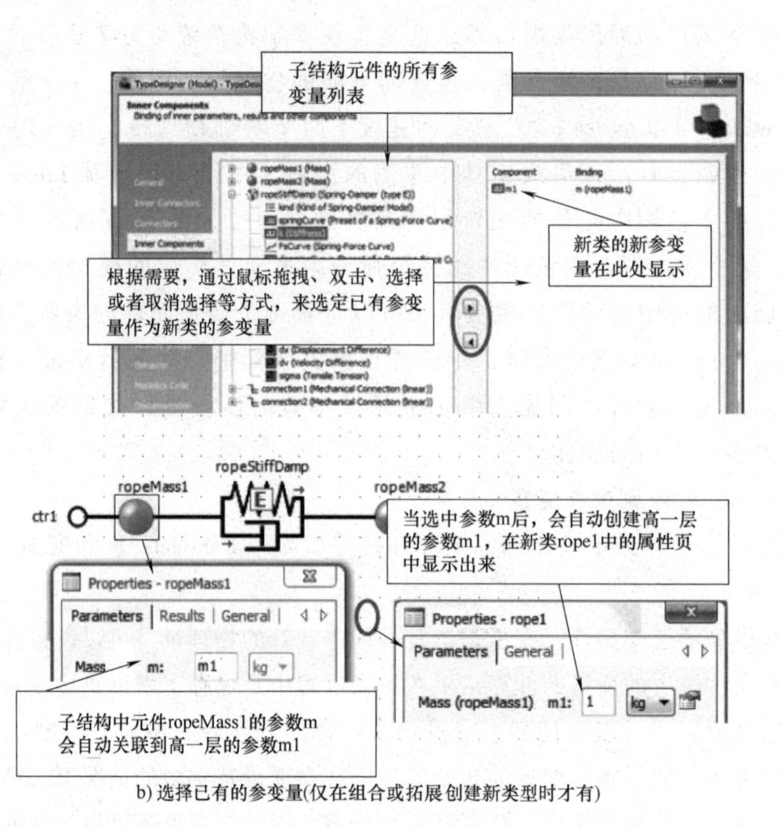

b) 选择已有的参变量(仅在组合或拓展创建新类型时才有)

图 4-10　新类的参变量定义（续）

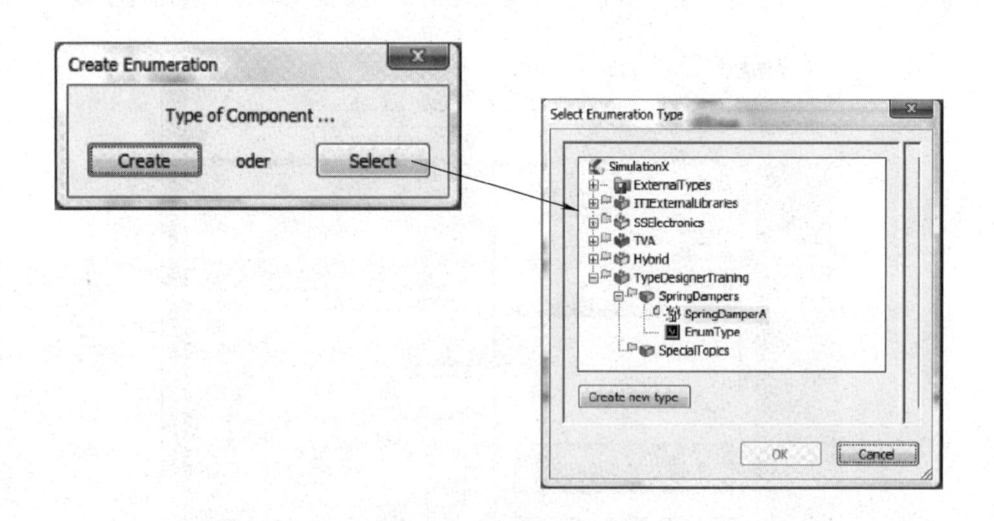

图 4-11　将模型、计算模块、枚举等类定义为参变量

参变量（对应菜单选项是 Inner Components），可以将已有的子结构中元件的参变量作为新类的参变量，如图 4-10b 所示的组合创建新类的方式，仍然以由两个质量元件

和一个弹簧阻尼元件构成的模型组合成为一个新类为例来说明，可以选择子结构元件的参变量作为新创建类的参变量，例如，将质量元件 ropeMass1 的参数 m（质量）选作新类的参数，集成工具中会自动创建新参数 m1。在集成工具中选定后，该工具会自动创建子结构中元件参变量与新类参变量之间的关联，非常方便，无须太多人工编码操作。

4. Imports：调用已有类

这里可以调用已创建的类型。

5. Local Types：定义局部类型

可以添加、删除为当前模型（类型）创建局部类型。局部类型可以是枚举、模型和计算模块。以创建一个枚举类型的局部类型为例，如图 4-12 所示。可以在右侧部分定义该局部类型的名称和注释，可以定义该局部的枚举类型的所有可选项及其名称、注释等信息，可以设置该枚举类型的缺省选项是哪一个，等等。

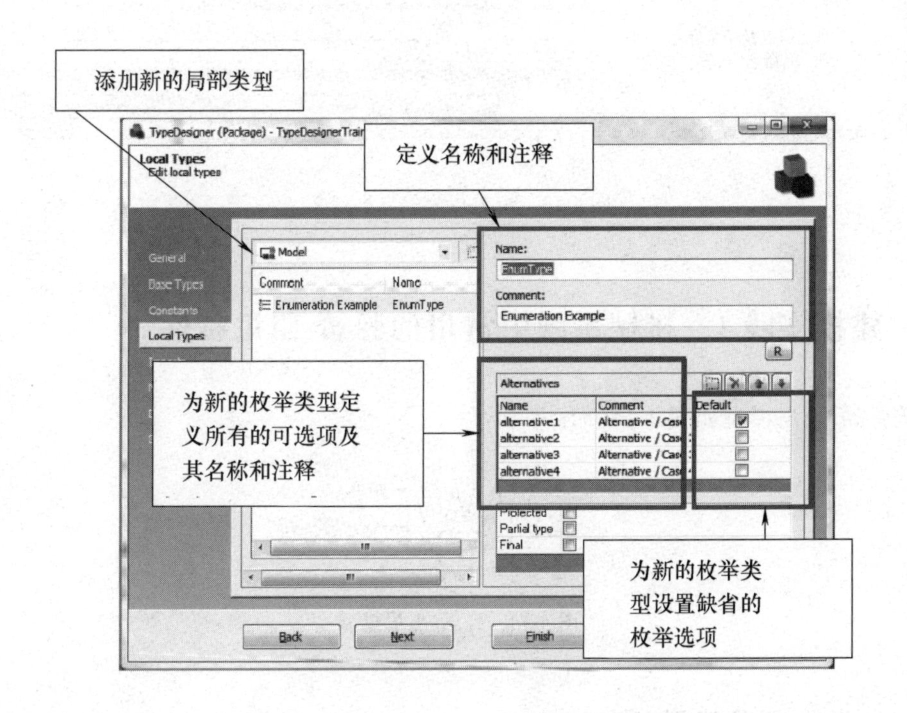

图 4-12　定义局部类型（以枚举类型为例）

6. Behavior：定义描述对象行为的方程

为了便于查阅，通常方程按照分区来进行定义，如图 4-13 所示。方程定义的基本语法是“… =…;”。在每个方程区内，可以运用各种控制结构，例如，if 条件语句以及 for 循环语句。方程的类型可以定义为显示方程，也可以定义为隐式方程，例如，语句“cos(phi)= phi;”；还可以定义为求导方程，例如“v=der(x);”。

图 4-13　新类行为的方程定义

4.4　建模实践 1：机械系统中常用的弹簧-阻尼特性

该弹簧-阻尼模型如图 4-14 所示。

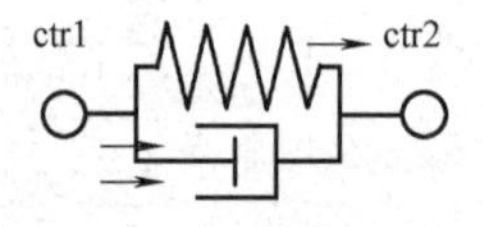

图 4-14　弹簧-阻尼模型

4.4.1　弹簧-阻尼模型（SpringDamperA）

目的：创建一个平移弹簧-阻尼模型。

要求：

1）模型命名：SpringDamperA。

2）具有 2 个平移机械端口，命名为 ctrl、ctr2。

3）具有 2 个参数：刚度系数 k = 10000N/m，阻尼系数 b = 10Ns/m。

4）具有 5 个变量：内力 Fi、弹簧力 Fs、阻尼力 Fd、位移差 dx、速度差 dv。

在建模之前，首先提炼出描述所建模型的行为特性的物理方程。就本实例而言，需要根据弹簧-阻尼模型所遵循的力学专业知识来提炼出描述弹簧-阻尼行为的基本方程组。因此，可有方程如下：

1）位移差和速度差都是该元件两个端口之间的差值，因此有：

$$dx=ctr1.x-ctr2.x,\quad dv=ctr1.v-ctr2.v$$

2）弹簧力、阻尼力和总内力要根据力学特性进行计算得到，因此有：

① $Fs=k*dx$，由输入的刚度系数和位移差计算弹簧力。

② $Fd=b*dv$，由输入的阻尼系数和位移差计算弹簧力。

③ $Fi=Fs+Fd$，由计算得到的弹簧力和阻尼力得到总内力。

3）机械端口的受力来自于该元件的内力，内力为流量，有正负号，流入为正，流出为负，因此有：

$$ctr1.F=Fi,\quad ctr2.F=-Fi$$

通过4.3.3节中的创建流程就可以实现上述模型的创建，最终TypeDesigner工具自动生成的Modelica代码如图4-15所示。

```
model SpringDamperA "SpringDamperA"   采用 4.3.3 中的创建流程步骤1
  Mechanics.Translation.Ctr ctr1 "Mechanical Connector (linear)";   采用 4.3.3 中的
  Mechanics.Translation.Ctr ctr2 "Mechanical Connector (linear)" ;  创建流程步骤2
  _iti_parameter Real k(quantity="Mechanics.Translation.LinStiffness")=10000 "Stiffness";
  SimulationX 类
  _iti_parameter Real b(quantity="Mechanics.Translation.LinDamping")=10 "Damping";
  Real Fi(quantity="Mechanics.Translation.Force") "inner force";
  Real Fs(quantity="Mechanics.Translation.Force") "spring force";        采用 4.3.3 中的
  Real Fd(quantity="Mechanics.Translation.Force") "Damping force";       创建流程步骤 3
  Real dx(quantity="Mechanics.Translation.Displace") "Displacement difference ";
  Real dv(quantity="Mechanics.Translation.Velocity") "Speed difference";
equation
    // enter your equations here
    dx=ctr1.x-ctr2.x;
    dv=ctr1.v-ctr2.v;
    Fs=k*dx;                                   采用 4.3.3 中的创建流程步骤6
    Fd=b*dv;
    Fi=Fs+Fd;
    ctr1.F=Fi;
    ctr2.F=-Fi;
end SpringDamperA;
```

图4-15 弹簧-阻尼模型（SpringDamperA）的核心代码

需要说明的是，实际生成的代码中还包括图标、位置和文件等很多信息，这些信息往往在所有代码中占据的行数比核心代码都多得多。但是，由于它是非核心代码（不影响模型的本质），而且是工具根据用户交互操作自动生成的，所以此处将其隐掉，不做讨论。后续处理类似，不再赘述。

4.4.2 弹簧-阻尼计算模块（SpringDamperBlock）

目的：创建一个通用的平移弹簧-阻尼特性的计算模块应用于弹性模型中。

要求：

1）模型命名：SpringDamperBlock。

2）具有 4 个输入：刚度系数 k、阻尼系数 b、位移差 dx、速度差 dv。

3）具有 3 个输出：内力 Fi、弹簧力 Fs、阻尼力 Fd

一旦给定 4 个输入的数值，就可以根据弹簧-阻尼的一般特性，计算出弹簧力、阻尼力和总内力，因此有方程如下：

$$Fs=k*dx,\ Fd=b*dv,\ Fi=Fs+Fd$$

通过 4.3.1 节中的创建流程就可以实现上述模型的创建，最终 TypeDesigner 工具自动生成的 Modelica 代码如图 4-16 所示。

```
block SpringDamperBlock "SpringDamperBlock"          采用 4.3.3 中的创建流程 1

  input Real k(quantity="Mechanics.Translation.LinStiffness") "stiffness coefficient";
  input Real b(quantity="Mechanics.Translation.LinDamping") "damping coefficient";
  input Real dx(quantity="Mechanics.Translation.Displace") "displacement difference";
  input Real dv(quantity="Mechanics.Translation.Velocity") "velocity difference";

  output Real Fi(quantity="Mechanics.Translation.Force") "inner force";      采用 4.3.3
  output Real Fs(quantity="Mechanics.Translation.Force") "spring force";     中的创建
  output Real Fd(quantity="Mechanics.Translation.Force") "damping force";    流程步骤3
equation
    Fs=k*dx;
    Fd=b*dv;                                   采用 4.3.3 中的创建流程 6
    Fi=Fs+Fd;
end SpringDamperBlock;
```

图 4-16 弹簧-阻尼计算模块（SpringDamperBlock）的核心代码

4.4.3 调用计算模块的弹簧-阻尼模型（SpringDamperB）

目的：创建一个平移弹簧-阻尼模型，其中弹簧-阻尼特性的计算部分直接调用前面定义的通用计算模块 SpringDamperBlock。

要求：

1）模型命名：SpringDamperB。

2）具有2个平移机械端口，命名为ctr1、ctr2。

3）具有2个参数：刚度系数k=10000N/m，阻尼系数b=10Ns/m。

4）具有5个变量：内力Fi、弹簧力Fs、阻尼力Fd、位移差dx、速度差dv；

此处，由于可重复信息较多，为节省工作量，可以直接复制模型SpringDamperA，将其重新命名为SpringDamperB。然后再进行针对性的修改至满足上述要求。另外，参考模型SpringDamperA中的方程，其中与SpringDamperBlock中的3个方程是相同的，因此，这里调用SpringDamperBlock来定义这部分相同的方程完成建模。通过4.3.3节中的创建流程就可以实现上述模型的创建，最终TypeDesigner工具自动生成的Modelica核心代码如图4-17所示。

```
model SpringDamperB "SpringDamperB"
  Mechanics.Translation.Ctr ctr1 "Mechanical Connector (linear)" ;
  Mechanics.Translation.Ctr ctr2 "Mechanical Connector (linear)" ;
  _iti_parameter Real k(quantity="Mechanics.Translation.LinStiffness")=10000 "Stiffness";
  _iti_parameter Real b(quantity="Mechanics.Translation.LinDamping")=10 "Damping";
  Real Fi(quantity="Mechanics.Translation.Force") "inner force";
  Real Fs(quantity="Mechanics.Translation.Force") "spring force";
  Real Fd(quantity="Mechanics.Translation.Force") "Damping force";
  Real dx(quantity="Mechanics.Translation.Displace") "Displacement difference ";
  Real dv(quantity="Mechanics.Translation.Velocity") "Speed difference";
  extends SpringDamperBlock;                    采用 4.3.3 中的创建流程步骤 4
  equation
        // enter your equations here
        dx=ctr1.x-ctr2.x;
        dv=ctr1.v-ctr2.v;
        ctr1.F=Fi;
        ctr2.F=-Fi;
end SpringDamperB;
```

图4-17　弹簧-阻尼模型（SpringDamperB）的核心代码

4.4.4　带可选项的弹簧-阻尼模型（SpringDamperC）

目的：创建一个带可选类型的平移弹簧-阻尼模型，不同类型对应不同的参变量。

要求：

1）模型命名：SpringDamperC。

2）具有2个平移机械端口，命名为ctr1、ctr2。

3）具有2个参数：刚度系数k=10000N/m，阻尼系数b=10Ns/m。

4）具有5个变量：内力 Fi、弹簧力 Fs、阻尼力 Fd、位移差 dx、速度差 dv。

5）枚举类型名称：SDModel。

6）枚举类型的可选项：spring、damper、springDamper。

为节省工作量，复制模型 SpringDamperA 后命名为 SpringDamperC。进行针对性的修改至满足上述要求。通过 4.3.3 节中的创建流程就可以实现上述模型的创建，最终 TypeDesigner 工具自动生成的 Modelica 代码如图 4-18 所示。

```
model SpringDamperC "SpringDamperC"

  Mechanics.Translation.Ctr ctr1 "Mechanical Connector (linear)" ;
  Mechanics.Translation.Ctr ctr2 "Mechanical Connector (linear)" ;

  parameter SDModel kind "kind";                采用 4.3.3 中的创建流程步骤 3

  _iti_parameter Real k(quantity="Mechanics.Translation.LinStiffness")=10000 "Stiffness";
  _iti_parameter Real b(quantity="Mechanics.Translation.LinDamping")=10 "Damping";
  Real Fi(quantity="Mechanics.Translation.Force") "inner force";
  Real Fs(quantity="Mechanics.Translation.Force") "spring force";
  Real Fd(quantity="Mechanics.Translation.Force") "Damping force";
  Real dx(quantity="Mechanics.Translation.Displace") "Displacement difference ";
  Real dv(quantity="Mechanics.Translation.Velocity") "Speed difference";

  type SDModel = enumeration(
      spring "spring",                          采用 4.3.3 中的创建流程步骤 5
      damper "damper",
      springDamper "springDamper") "SDModel" annotation(initValue=springDamper);
  ActivityGroupsag(
      group(group="k")=kind==SDModel.spring,
      group1(group="b")=kind==SDModel.damper,
      group2(group="k,b")=kind==SDModel.springDamper);

  equation
      // enter your equations here
      dx=ctr1.x-ctr2.x;
      dv=ctr1.v-ctr2.v;
      Fs=k*dx;
      Fd=b*dv;
      Fi=Fs+Fd;
      ctr1.F=Fi;
      ctr2.F=-Fi;
end SpringDamperC;
```

图 4-18　弹簧-阻尼模型（SpringDamperC）的核心代码

4.4.5 可曲线输入参数的弹簧-阻尼模型（SpringDamperD）

目的：创建一个可曲线输入参数的平移弹簧-阻尼模型。

要求：

1）模型命名：SpringDamperD。

2）具有 2 个平移机械端口，命名为 ctr1、ctr2。

3）具有 6 个参数：刚度系数 k = 10000N/m，阻尼系数 b = 10Ns/m；布尔变量 springCurve（注释为 Preset of spring curve）和 dampingCurve（注释为 Preset of damping curve）；位移-弹簧力曲线 FsCurve，速度-阻尼力曲线 FdCurve，具体数据如图 4-19 所示。

4）具有 5 个变量：内力 Fi、弹簧力 Fs、阻尼力 Fd、位移差 dx、速度差 dv。

5）枚举类型名称：SDModel。

6）枚举类型的可选项：spring、damper、springDamper。

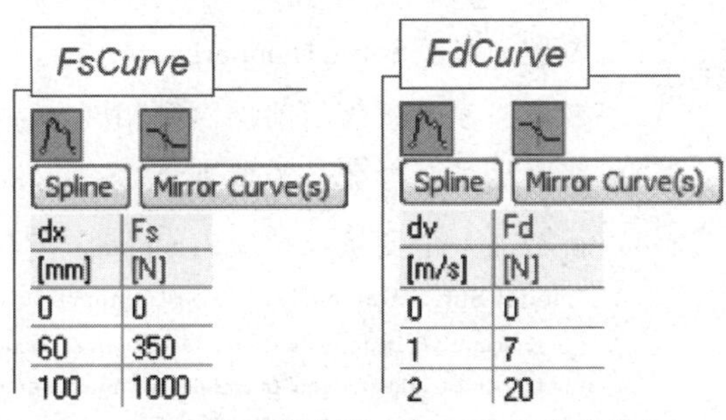

图 4-19 位移-弹簧力和速度-阻尼力的曲线定义

根据上面的分析，假设刚度或者阻尼系数采用曲线的方式进行定义，则需要增加两个方程：

1）Fs = FsCurve(dx)：表示调用已知特性曲线得到弹簧力，变量为位移差 dx。

2）Fd = FdCurve(dv)：表示调用已知特性曲线得到阻尼力，变量为速度差 dv。

为节省工作量，复制模型 SpringDamperA 后命名为 SpringDamperD。进行针对性的修改至满足上述要求。通过 4.3.3 节中的创建流程就可以实现上述模型的创建，最终 TypeDesigner 工具自动生成的 Modelica 代码如图 4-20 所示。

4.4.6 考虑弹性变形的弹簧-阻尼模型（SpringDamperE）

1. 创建一个计算拉伸变形的函数

目的：创建一个函数，用于计算弹性拉伸变形，用于后续弹簧阻尼模型的创建。

要求：

1）模型命名：TensileTension。

2）具有 2 个输入：拉力 F、直径 d。

3）具有 1 个输出：拉应力 sigma。

4）具有 1 个局部变量：截面面积 A，局部类型，根据直径计算截面的面积。

根据材料力学，在已知截面尺寸和拉力的情况下，可以求解截面上的拉应力，遵循的方程如下：

1）A = 0.25 * pi * d^2，用于根据直径求解截面的面积。

2）sigma = F/A，用于计算截面上的拉应力。

通过 4.3.3 节中的创建流程就可以实现上述模型的创建，最终 TypeDesigner 工具自动生成的 Modelica 代码的核心部分如图 4-21 所示，操作步骤和前面类似，唯一不同的是，在定义函数时，其中方程组是定义在算法 algorithm 区段的，如图 4-21 中虚线框内显示。在采用集成工具定义函数时，工具的左侧工具栏中显示的步骤会自动包括这些功能定义，只要将方程写入即可。在定义算法中的方程时，方程的语法是不一样的，而是用符号“：=”来进行定义，表示严格的因果关系。

2. 创建考虑弹性变形的弹簧-阻尼模型

目的：创建一个可曲线输入参数的平移弹簧-阻尼模型。

要求：

1）模型命名：SpringDamperE。

2）端口、参变量等与前面模型相同。

3）新增加 1 个参数：等效直径 d=40mm。

4）新增加 1 个变量：拉应力 sigma，单位是 N/mm^2 或者 MPa。

```
model SpringDamperD "SpringDamperD"
  Mechanics.Translation.Ctr ctr1 "Mechanical Connector (linear)" ;
  Mechanics.Translation.Ctr ctr2 "Mechanical Connector (linear)" ;
  parameter SDModel kind "kind";
  parameter _iti_special Boolean springCurve "Preset of spring curve";    采用 4.3.3 中的创建流程步骤 3
  Curve FsCurve(
      x(
          quantity="Mechanics.Translation.Displace",                     采用 4.3.3 中的
          displayUnit="mm")={0,0.06,0.1},                                 创建流程步骤3
      y[1](
          mono=0,interpol=3,extra=true,mirror=true,cycle=false,
      quantity="Mechanics.Translation.Force")={0,350,1000}) "Curve";
  _iti_parameter Real k(quantity="Mechanics.Translation.LinStiffness")=10000 "Stiffness";
  parameter _iti_special Boolean dampingCurve "Preset of damping curve";  采用 4.3.3 中的
                                                                           创建流程步骤3
  Curve FdCurve(
      x(quantity="Mechanics.Translation.Velocity")={0,1,2},               采用 4.3.3 中的
      y[1](                                                                创建流程步骤3
          mono=0,interpol=3,extra=true,mirror=true,cycle=false,
          quantity="Mechanics.Translation.Force")={0,7,20}) "Curve";
  _iti_parameter Real b(quantity="Mechanics.Translation.LinDamping")=10 "Damping";
  Real Fi(quantity="Mechanics.Translation.Force") "inner force";
  Real Fs(quantity="Mechanics.Translation.Force") "spring force";
  Real Fd(quantity="Mechanics.Translation.Force") "Damping force";
  Real dx(quantity="Mechanics.Translation.Displace") "Displacement difference ";
  Real dv(quantity="Mechanics.Translation.Velocity") "Speed difference";
  type SDModel = enumeration(
      spring "spring",
      damper "damper",
```

图 4-20　弹簧-阻尼模型（Spring DamperD）的核心代码

```
        springDamper "springDamper") "SDModel" annotation(initValue=springDamper);

  equation
      // enter your equations here
      dx=ctr1.x-ctr2.x;
      dv=ctr1.v-ctr2.v;
      if springCurve then
      Fs=FsCurve(dx);
      else
      Fs=k*dx;
      end if;                                           采用 4.3.3 中的创建流程步骤6
      if dampingCurve then
      Fb=FbCurve(dv);
      else
      Fb=b*dv;
      end if;
     Fi=Fs+Fd;
      ctr1.F=Fi;
      ctr2.F=-Fi;
end SpringDamperD;
```

图 4-20　弹簧-阻尼模型（Spring DamperD）的核心代码（续）

```
function TensileTension "TensileTension"
        input Real F(quantity="Mechanics.Translation.Force") "Tensile Force";
        input Real d(quantity="Geometry.Length") "Diameter";
        output Real sigma(quantity="Mechanics.Translation.Tension") "Tensile Tension";
        protected
                Real A "circle area";
        algorithm
                // enter your algorithm here
                A:=0.25*pi*d^2;                   采用 4.3.3 中的创建流程步骤6
                sigma:=F/A;
end TensileTension;
```

图 4-21　函数 TensileTension 的核心代码

5）新增加 1 个方程：sigma = TensileTension(Fi，d)；此处调用前面的函数，自变量是内力 Fi 和直径 d。

为节省工作量，同样可以复制模型 SpringDamperD，并改名为 SpringDamperE。通过 4.3.3 节中的创建流程，增加 1 个变量和 1 个方程。其中需要利用集成工具中的 Imports 步骤，因为不常用，所以在 4.3.3 节中没有讲述。Imports 操作步骤并不复杂，只是在工具栏中选中该步骤，然后把对应的函数添加进去即可。最终 TypeDesigner 工具自动生成的 Modelica 代码中的核心部分如图 4-22 所示。

```
model SpringDamperE "SpringDamperE"
import MyTrainingCourse.SpringDamers.TensileTension;    需利用工具中的 Imports 步骤
Mechanics.Translation.Ctr ctr1 "Mechanical Connector (linear)" ;
Mechanics.Translation.Ctr ctr2 "Mechanical Connector (linear)";
parameter SDModel kind "kind";
parameter _iti_special Boolean springCurve "Preset of spring curve";
Curve FsCurve(
      x(
            quantity="Mechanics.Translation.Displace",
            displayUnit="mm")={0,0.06,0.1},
      y[1](
            mono=0,interpol=3,extra=true,mirror=true,cycle=false,
            quantity="Mechanics.Translation.Force")={0,350,1000}) "Curve";
_iti_parameter Real k(quantity="Mechanics.Translation.LinStiffness")=10000 "Stiffness";
parameter _iti_special Boolean dampingCurve "Preset of damping curve";
Curve FdCurve(
      x(quantity="Mechanics.Translation.Velocity")={0,1,2},
      y[1](
            mono=0,interpol=3,  extra=true,mirror=true,cycle=false,
            quantity="Mechanics.Translation.Force")={0,7,20}) "Curve";
_iti_parameter Real b(quantity="Mechanics.Translation.LinDamping")=10 "Damping";
Real Fi(quantity="Mechanics.Translation.Force") "inner force";
Real Fs(quantity="Mechanics.Translation.Force") "spring force";
Real Fd(quantity="Mechanics.Translation.Force") "Damping force";
Real dx(quantity="Mechanics.Translation.Displace") "Displacement difference ";
Real dv(quantity="Mechanics.Translation.Velocity") "Speed difference";
_iti_parameter Real d(quantity="Geometry.Length")=0.04 "Diameter";
Real sigma(
      quantity="Mechanics.Translation.Tension",       采用 4.3.3 中的创建流程步骤3
      displayUnit="N/mm²") "Tensile Tension";
type SDModel = enumeration(
      spring "spring",
      damper "damper",
      springDamper "springDamper") "SDModel" annotation(initValue=springDamper);
equation
      // enter your equations here
```

图 4-22　弹簧-阻尼模型（Spring DamperE）的核心代码

```
    dx=ctr1.x-ctr2.x;
    dv=ctr1.v-ctr2.v;
    Fs=k*dx;
    Fd=b*dv;                          采用 4.3.3 中的创建流程步骤6
    Fi=Fs+Fd;
    ctr1.F=Fi;
    ctr2.F=-Fi;
    sigma=TensileTension(Fi,d);
end SpringDamperE;
```

图 4-22　弹簧-阻尼模型（Spring DamperE）的核心代码（续）

4.5　建模实践 2：控制系统中常用的脉宽调制技术

脉宽调制（Pulse-Width Modulation，PWM）技术已广泛应用在从测量、通信到功率控制与变换的许多领域中，用于调压调频，最突出的是针对各种类型的电机应用。PWM 技术是利用微处理器的数字输出对模拟电路进行控制的一种非常有效的技术，通过对一系列脉冲的宽度进行调制，等效地获得所需要的波形（含形状和幅值），即通过改变导通时间占总时间的比例，也就是占空比，达到调整电压和频率的目的。

图 4-23 所示为本文实践的一种 PWM 调制方式的基本原理，当参考信号大于原始信号时，输出为 1；反之，输出为-1。图 4-24 所示就是根据此基本原理，对任意的某种［0，1］区间的连续输入信号进行 PWM 调制，其中参考信号是给定的三角形状的周期性曲线，频率为 fs。因此，如果对该调制方式进行建模，基于原理分析，可概括出该模型的属性主要需要包括：

1）2 个端口：1 个信号输入端口，命名为 in1；1 个信号输出端口，命名为 out1。

2）5 个参数：采样频率 fs=1kHz，下限 low=-1，上限 high=1，布尔变量 bSampled=false；参考曲线 tbl_carrier，满足 x={0,0.5,1}、y={0,1,0}。

3）3 个输出变量：信号输出 out1，输入信号 in1，参考信号 carrier。

4）输入和输出信号具有相同的维度，可以是标量、向量或者矩阵。

按照 4.3.3 节中的创建流程，就可以完成上述模型的所有端口、参变量、曲线等的创建。由于参考信号是周期性的，而且输入信号的时间长度存在着任意的可能性，所以为了使模型具有通用性，在定义周期性的曲线时，只定义一个周期的数值，然后设置为重复曲线的属性就可以了，如图 4-25 所示。在定义该模型的动态行为时，需要列出其方程，这里可以利用条件语句来实现。

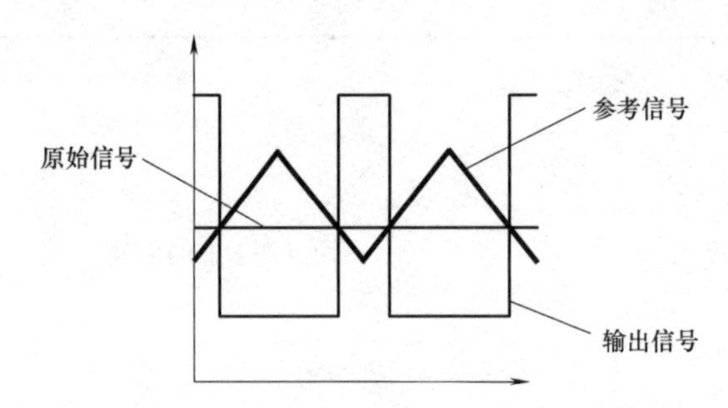

图 4-23 PWM 控制原理

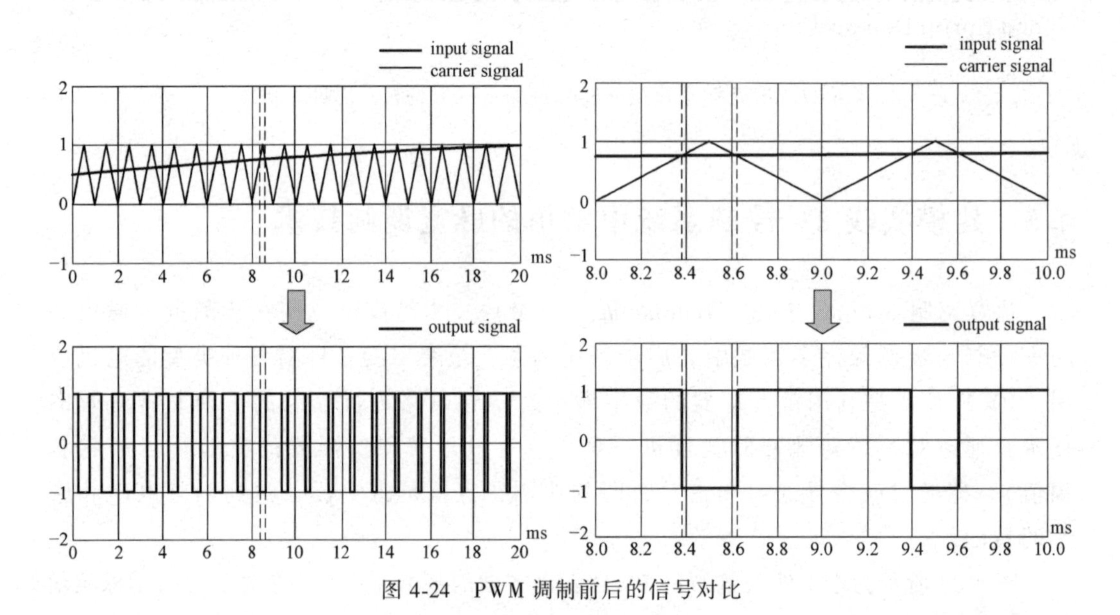

图 4-24 PWM 调制前后的信号对比

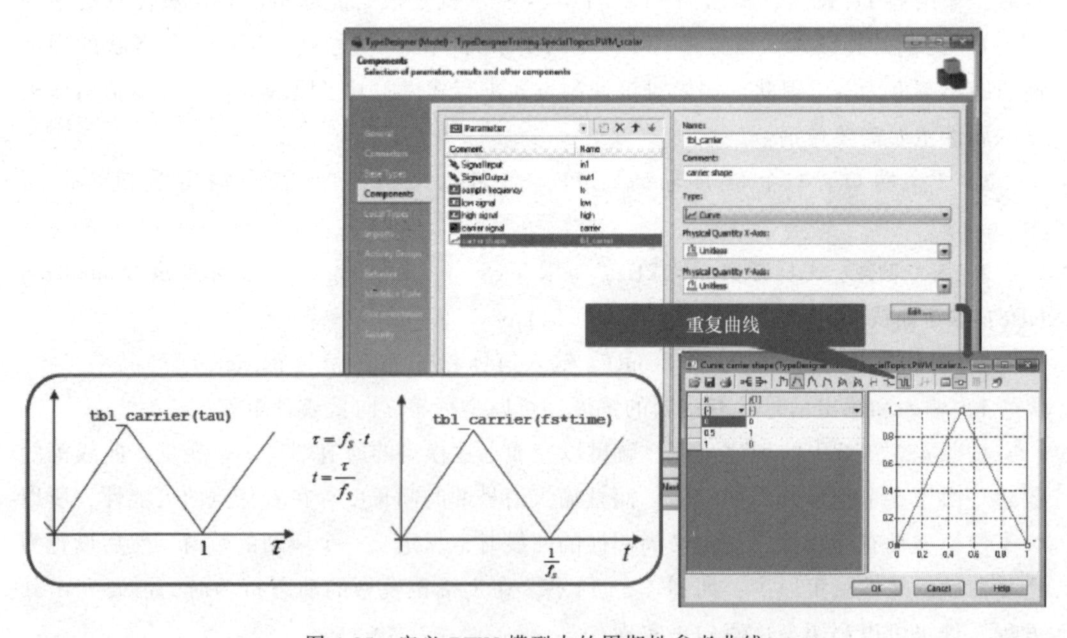

图 4-25 定义 PWM 模型中的周期性参考曲线

4.5.1　结构形式 1：if 方程

可以用 if 语句和方程的组合形式来进行 PWM 系统行为的建模，其基本框架如图 4-26 所示。

```
if Condition1 then
      List of statements
elseif Condition2 then
      List of statements
else
      List of statements
end if;
```

图 4-26　if 语句和方程组合的基本框架

在方程区段中，if 语句是可以嵌套的，每个 if 语句都必须有一个 else 语句与之对应；而且，如果条件不是常数，每一种可能性中方程的数量必须相等。条件改变会触发一个事件的发生，可利用 noEvent（condition）避免这种情况。因此，在完成 4.3.3 节中的创建流程步骤 5 时，PWM 信号的行为描述可以按照图 4-27 所示的方法来完成。首先，根据当前时刻，根据参考曲线 tbl_carrier 获得当前的参考值，然后将输入值 in1 与参考值进行比较，如果超过参考值，则为上限 high；否则，为下限 low。

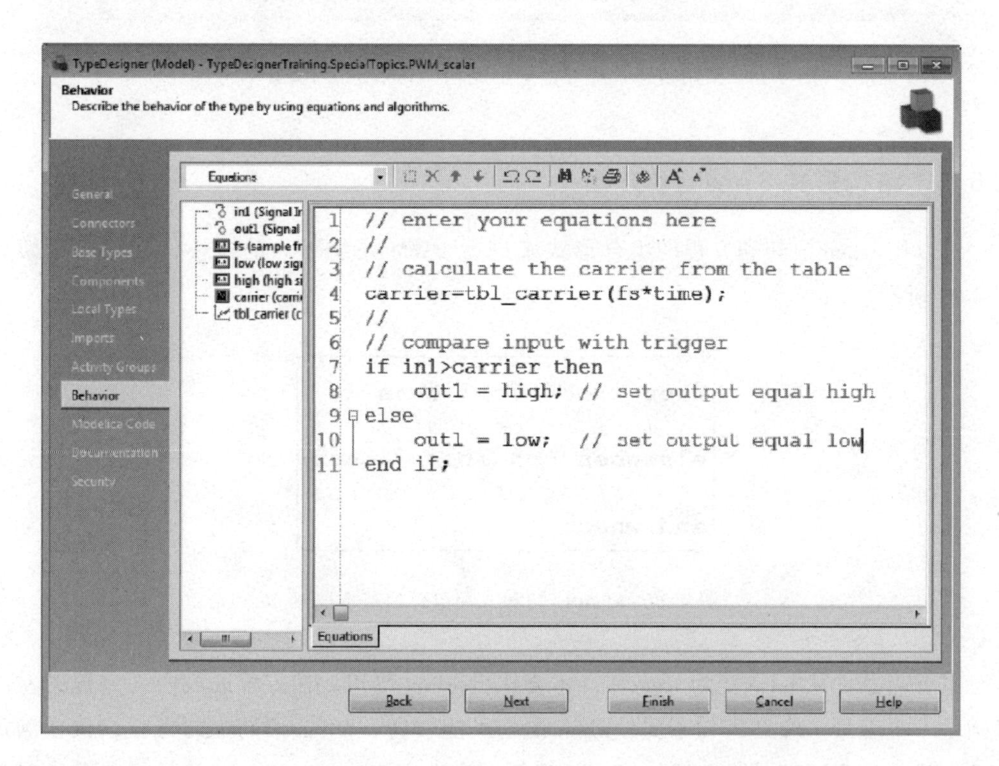

图 4-27　采用方程和 if 语句的结构形式来定义 PWM 的行为

4.5.2 结构形式2：if表达式

当仅有一个方程时，也可以将方程改为表达式的形式，比较简单易懂，如图4-28所示。

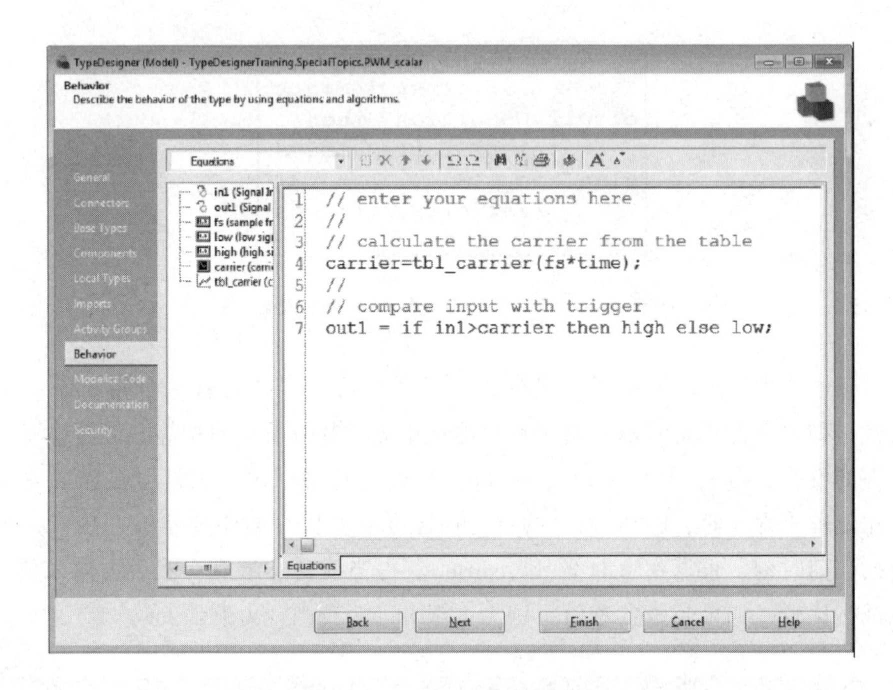

图4-28 采用表达式和if语句的结构形式来定义PWM的行为

4.5.3 结构形式3：when方程

可以用when语句和方程的组合形式来进行PWM系统行为的建模，其基本框架如图4-29所示。

```
when Condition1 then
    List of statements
elsewhen Condition2 then
    List of statements
end when;
```

图4-29 when语句和方程组合的基本框架

只有当条件从false变为true时，才会执行when语句。在方程区段内，方程的左侧必须是一个变量。和if语句不同，when语句不能嵌套。When语句中的方程，仅在满足条件也就是处理事件时才会被执行，而且每个事件只能执行一次。下面给出3种情况阐述如何正确结合使用 when 语句和方程。

（1）情况 1：当 x 满足大于 2 时，执行算法

```
when x>2 then
  y1:=sin(x);
  y3:=2* x+y1+y2;
end when;
```

（2）情况 2：错误的 when 语句

```
when x>2 then
when y1>3 then
  y2:=sin(x);        //禁止使用嵌套 when 方程结构
end when;
end when;
```

（3）情况 3：时间触发的控制算法

```
whensample(0,0.01)then
 …  //每隔 10ms,评估一次控制器的代码
end when;
```

在上述第 3 种情况中，应用到了采样函数 sample（start，interval）。该函数的功能是在固定的时刻点触发时间事件并返回 true。这些时刻点由初始点 start 和时间间隔 interval 决定：start + i * interval，i = 0，1，…在上面情况中，这些固定时刻点为 0、0.01s、0.02s、0.03s、0.04s……在连续积分期间，该运算总是返回 false。

这里，在前面参变量的基础上，**增加 1 个布尔型参数 bSampled、1 个离散的实数型变量 in1_s**，这部分可以通过 4.3.3 创建流程中的步骤 3 来完成。因此，PWM 模型的行为描述可以进一步设计为，一旦满足采样条件，即对输入信号进行采样，然后和前面 if 语句中的操作类似，判断采样后的输入值与参考值的大小关系，确定输出值；如果不满足采样条件，则将保持原值，不进行上述操作。在集成工具中定义行为的方程区段的代码如图 4-30 所示。

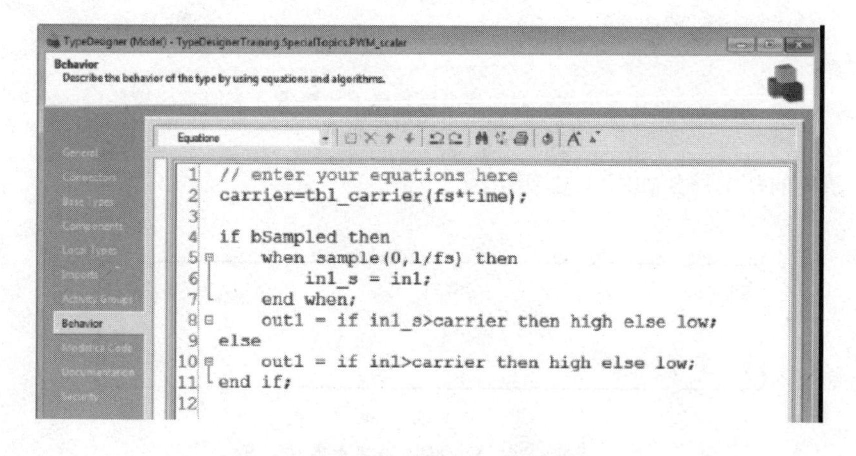

图 4-30　采用 when 语句和方程的结构形式来定义 PWM 的行为

4.5.4 结构形式4：for方程

当输入信号是标量时，采用前面的几种建模方式是合适的。但是，当输入信号是向量或矩阵等多维形式时，将需要用到for循环结构，例如图4-31a所示的电压源型逆变器的模型，元件PWM_matrix1的输入信号是元件continuousSVM1元件的输出信号，是三维向量结构，如图4-31b所示，对每个信号进行PWM控制，可得输出信号，如图4-31c所示，输出信号的维数和输入信号的维数是一致的。

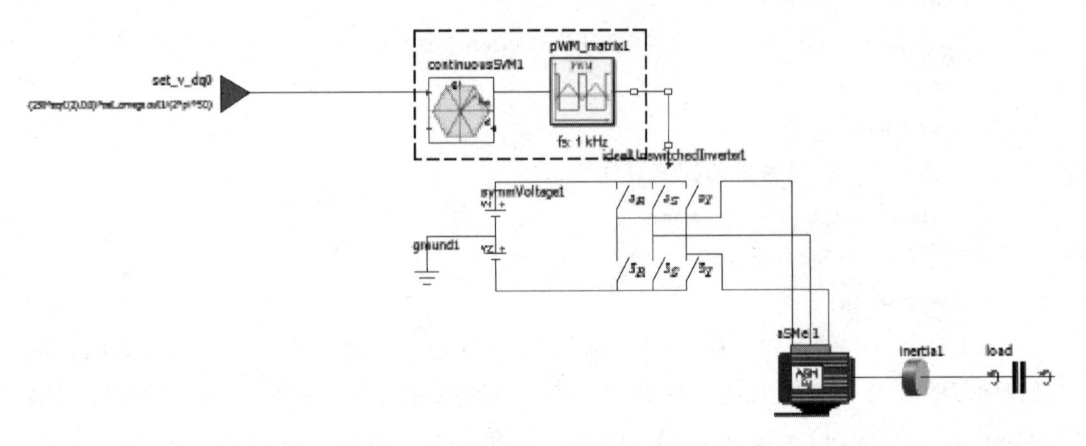

a) 电压源型逆变器的物理模型

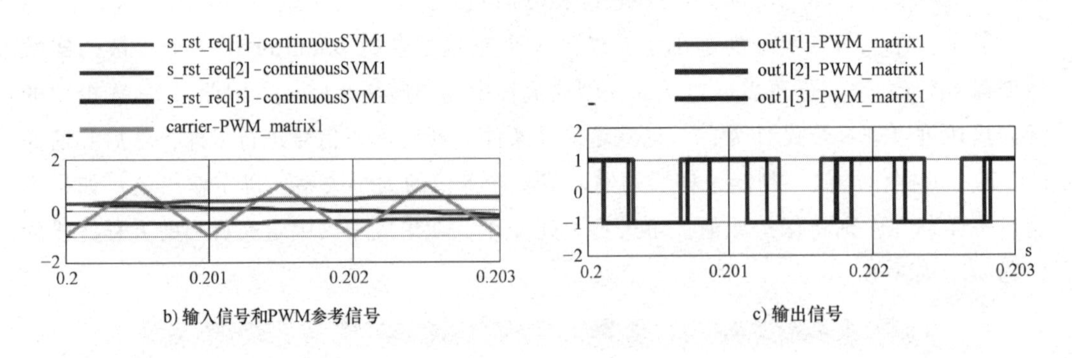

b) 输入信号和PWM参考信号

c) 输出信号

图4-31 电压源型逆变器的多维信号输入和输出（彩图见后插页）

For循环的基本框架如图4-32所示。

```
for Identifier [in Expression] loop
    List of statements
end for;
```

图4-32 For循环的基本框架

图 4-32 中，Identifier 是局部变量，用于计数，不用预先定义；表达式 Expression 是向量的表达式，包含 Identifier 按照一定排序的所有数值，格式很多种，例如：0：10，表示从 0 至 10 之间的所有整数值，步长默认为 1；1：3：10，表示从 1 至 10 之间的整数值，步长为 3；{1，3.3，5，7} 则列出了所有可能的数值等。需要明确的一点是，在方程区段，for 循环的执行范围必须是明确的。下面给出 3 种情况阐述如何正确结合使用 for 循环。

（1）情况 1：范围情况的定义

```
foriin 1:10 loop          //i 将取值 1、2、3、4、…、10
forr in 1.0:1.5:5.5 loop  //r 将取值 1.0、2.5、4、5.5
fos in {1,3,6,7} loop     //s 将取值 1、3、6、7
foru inTwoEnumsloop       //u 将取值 TwoEnums.one、TwoEnums.two
```

（2）情况 2：递减

```
foriloop  //i 的范围自动根据 x 向量的维度来确定
xsquared[i]=x[i]^2;
end for;
```

（3）情况 3：多次迭代

```
forj,iin 1:2 loop
  //j 将根据其在矩阵 x[j,i]中 j 的维度来取值
  //i 将取值 1、2,此处是给定的
  x[j,i]=j+i;
end for;
```

因此，PWM 模型的行为描述可以进一步设计为首先利用函数 ndims（A）判断输入信号是否为标量，如果是，则采用前面的任一种建模方法；如果不是，则再判断是向量还是矩阵，一旦确定后，再采用前面的任一种建模方法，区别就是数值的表示形式由标量转化为向量或者矩阵的形式。在集成工具中定义行为的方程区段的代码如图 4-33 所示。

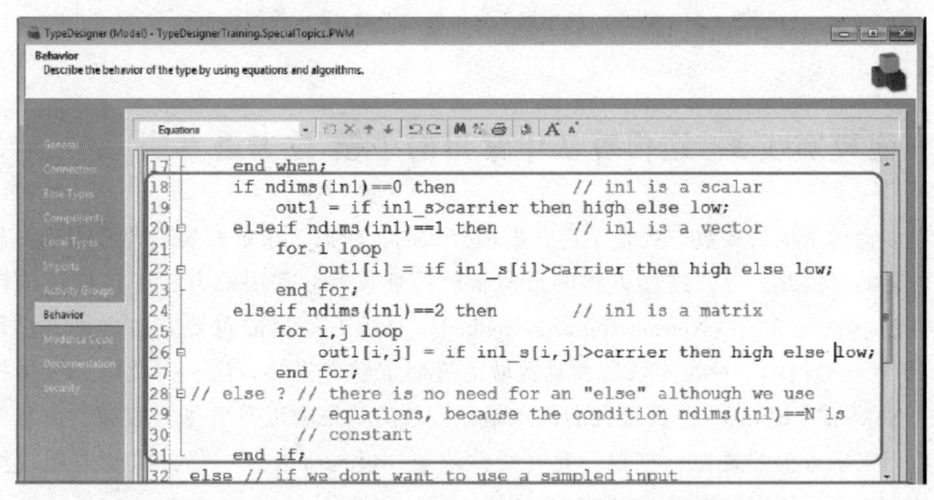

图 4-33　采用 for 循环和方程的结构形式来定义 PWM 的行为

4.5.5 仿真报错及处理

这里需要注意的是，对输入信号进行 PWM 控制后的效果实际上是与采样频率有很大的关系。以图 4-34 中的输入信号为例，可以看出，该输入信号的变化非常快，其实际的变化频率已经远远超出之前设定的 PWM 参考曲线的变化频率（前面设定为 1kHz，对应的时间是 0.001s），此时就会无法识别其中的变化，导致调制结果错误。针对这种失控情况，调整采样频率可以解决上述问题。

试一试：应该将采样频率调整为多少才能得到图 4-34 中的正确结果呢？

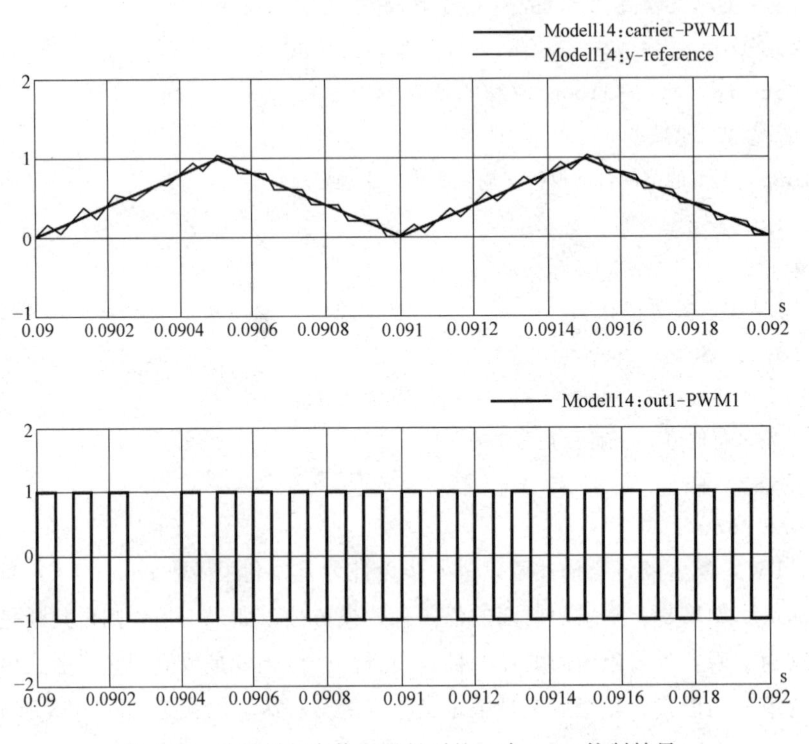

图 4-34　将采样频率修正后得到的正确 PWM 控制结果

4.6 建模实践 3：迭代算法中常用的牛顿-拉夫逊方法

很多物理系统的多数方程是不存在求根公式的，所以，求解精确根非常困难，甚至是不可能的。因此，寻找这些方程的近似根就特别重要。常用的方法中迭代算法比较多。牛顿-拉夫逊方法（Newton-Raphson method）是求方程根的重要方法之一，它是牛顿在 17 世纪提出的一种在实数域和复数域上近似求解方程的方法，因此也称为牛顿迭代法（Newton's method），其最大的优点是在方程的单根附近具有平方收敛，而且该法还可以用来求方程的重根、复根，此时线性收敛，但是可通过一些方法变成超线性收敛。该方法广泛用于计算机编程中。

牛顿-拉夫逊方法的基本思想就是，使用函数的泰勒级数的前面几项来寻找方程的根，基本迭代公式如下：

$$x_{i+1}=x_i-\frac{f_1(x_i)-f_2(x_i)}{f_1'(x_i)-f_2'(x_i)} \tag{4-1}$$

因此，下面给出建模的目的和要求。

（1）目的

创建一个牛顿-拉夫逊算法模型（图 4-35），可以求解任意两个函数的交点。

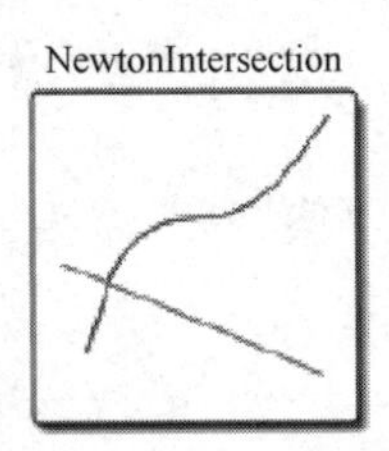

图 4-35　牛顿-拉夫逊算法模型

（2）要求

1）模型命名：NewtonIntersection。

2）具有 5 个参数：初始值 x0=0，容许误差 eps=0.00001，最大迭代次数 i_max=100，函数 f1，函数 f2。

3）具有 7 个变量：当前误差 eps_act、函数 f1 在当前 x 处的值 y1、函数 f1 在当前 x 处的导数值 dy1、函数 f2 在当前 x 处的值 y2、函数 f2 在当前 x 处的导数值 dy2、当前循环数 i、当前插值得到的 x。

在牛顿-拉夫逊迭代算法中，需要进行多次计算。因此，需要用到另外一种循环控制语句——**while** 语句，其基本框架如图 4-36 所示。

```
while Condition loop
  List of statements
end loop;
```

图 4-36　while 语句的基本框架

图 4-36 中，condition 是逻辑表达式，只要该条件满足 true，则一直执行该循环。需要注意的是，while 语句只在算法区段中使用，不能在方程区段使用。

通过 4.3.3 创建流程中的步骤 1 和步骤 3，可以完成模型的基本信息和参变量的定义。该算法的行为描述可设计为，首先计算初始点的函数值、误差等基本信息，然后进入循环，只要没有达到容许误差要求并在允许的迭代次数范围内，将根据上述迭代公式计算下一个 x 值，并计算当前 x 值下的函数值、误差等基本信息，然后再继续下一步迭代。上述思路可以用 **while** 循环来进行迭代计算，每个循环下执行的迭代公式如前面方程。在集成工具中定义行为的方程区段的代码如图 4-37 所示。

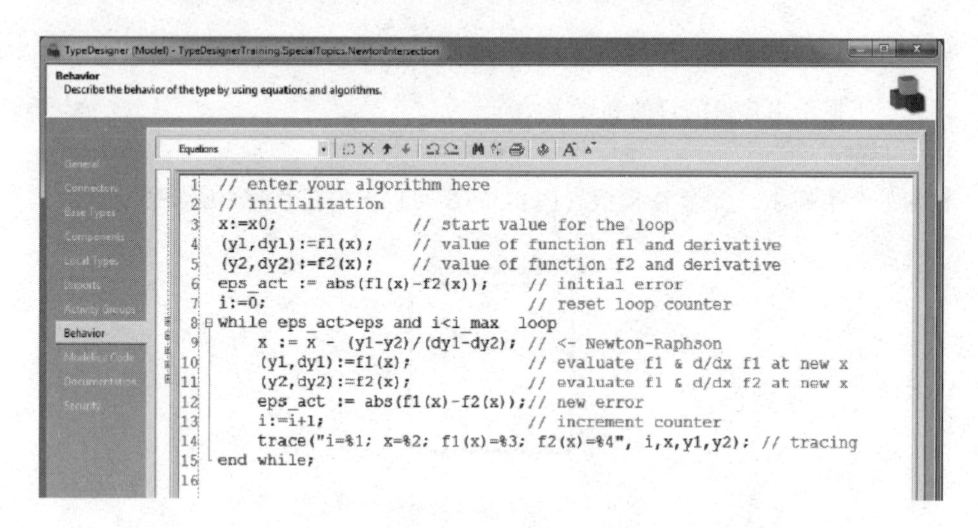

图 4-37　Newton-Raphson 迭代算法模型中的行为描述

第5章 机电液控一体化领域的建模应用

5.1 多学科系统动力学软件 SimulationX

当前，有许多免费或者商业的 Modelica 建模工具，例如 OSMC 公司的 OpenModelica、MathCore 公司的 MathModelica、Dassault 集团的 Dymola、ITI 公司的 SimulationX、MapleSoft 公司的 MapleSim。每款软件都是按照 Modelica 规范来开发的，区别就是每个软件都创造了大量基于 Modelica 的不同学科领域的元件库，为不同的用户搭建更适合的建模平台。

SimulationX 软件是德国 ITI 公司开发的一款商业的多学科系统动力学建模与仿真软件，后被法国 ESI 集团收购，官方网站为 www. simulationx. com。该软件非常适用于声学、控制工程、驱动系统、电机工程、流体动力学、机械学和热力学等学科领域，在航空航天及兵器、电子消费品、能源与电力、地面交通、重工业及机械、船舶等行业已有广泛应用。

SimulationX 软件开发的初衷就是要将建模人员从繁琐的建模工作中解脱出来，而将有限的时间和精力投入到模型所依赖的描述行为的方程或者建模对象的原理，因此，本章的立足点在于，如何基于已有的这些建模工具，建立更复杂的物理系统的动力学模型，使得读者更好地理解 Modelica 建模方法的本质，从而更好地理解该建模方法在工程应用方面所发挥的积极作用。此处选择机电液一体化领域较具代表性的几个物理系统：齿轮传动系统、机械-液压复合传动系统、自动变速器控制系统，介绍它们的建模方法。

5.2 齿轮传动系统的建模

齿轮传动系统是车辆、船舶动力传动系统中的重要组成部分，尤其是在车辆自动变速器中。根据选用齿轮类型的不同，在车辆自动变速器机械系统中，其齿轮传动系统主要可分为两大类：以定轴齿轮为基本构成单元的，例如 DCT（双离合器自动变速器）；以行星齿轮系统为基本构成单元的，例如 AT（液力机械自动变速器）和 CVT（无级自动变速器）。

5.2.1 有限元法和集中参数法

目前，在齿轮传动系统动力学建模方面，主要是以振动冲击理论为基础，对模型进行改进和优化，从单自由度的扭转振动模型发展到多自由度的弯-扭-轴-摆耦合模型，从线性系统发展到非线性系统，从定常系统发展到时变系统。根据建立动力学模型时考虑的因素与使用的方法，主流的建模方法主要有有限元法和集中参数法两种，如图 5-1 所示。

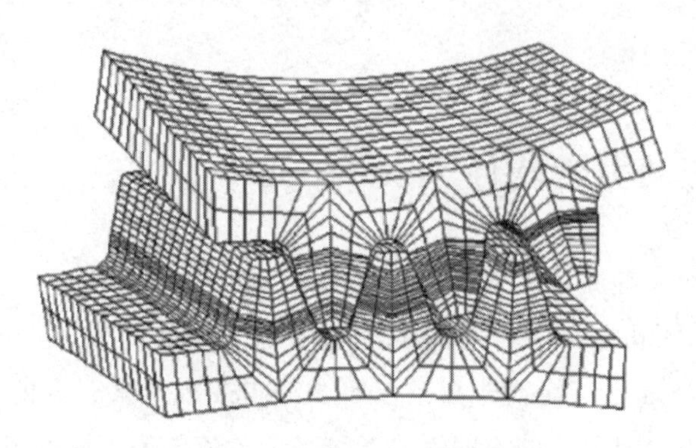

a) 采用有限元法建立齿轮模型

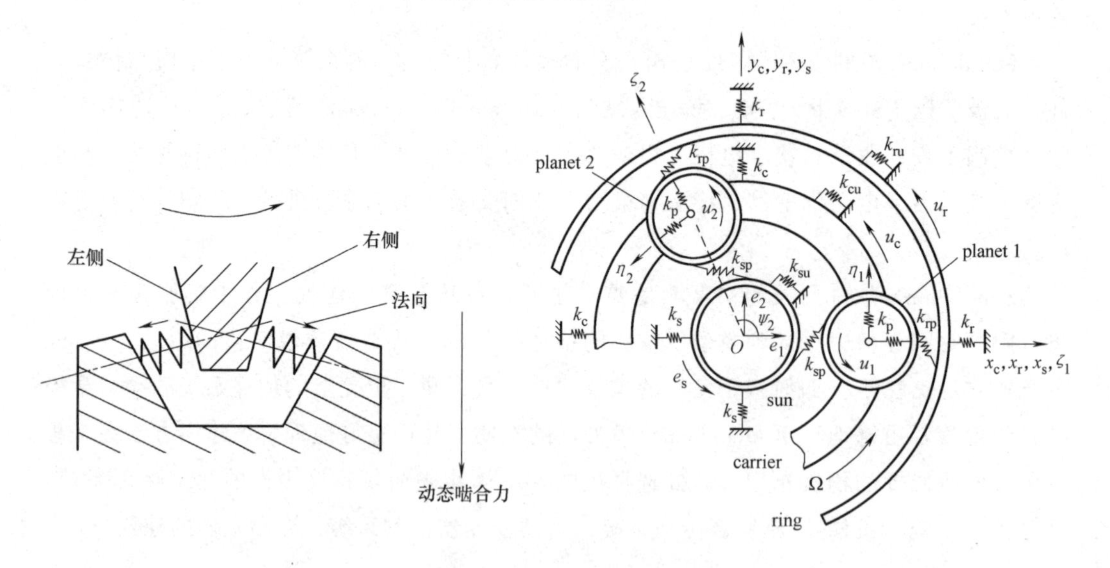

b) 采用集中参数法建立齿轮模型

图 5-1 齿轮啮合的两种主流建模方法

sun—太阳轮 carrier—行星架 ring—齿圈 planet1—行星轮 1 planet2—行星轮 2

有限元模型（Finite Element Model，FEM）也称为分布质量模型，这种方法基于齿轮传动的整体装配模型，采用有限元的方法定义构件间的相互作用关系和轮齿接触特性，从而进行仿真求解。其结果更接近实际，具有非常好的可视化效果，并且可以灵活地模拟任何形状的齿轮结构。但是，它对接触误差、网格密度以及所选有限元的类型十分敏感。随着网格密度的增加，数值精度虽然提高，但是计算成本也增加了。

集中参数模型（Lumped Parameter Model，LPM）也称为集中质量模型，其基本思想是将系统中的各运动构件处理为含有质量的质点，并将它们之间的连接处理为弹性-阻尼-间隙特性，从而建立系统的二阶运动微分方程组。根据建模时考虑的自由度，集中参数模型主要有三种类型：纯扭转振动模型、扭转-横向平移耦合模型、扭转-横向-轴向平移耦合模型。若齿轮系统的传动轴、支撑轴承和箱体等的支撑刚度比较大，则可不考虑它们的弹性，将齿轮系统处理成纯扭转振动模型，由于考虑的因素比较少，模型相对比较简单，因此其主要用于系统的固有频率预测。扭转-横向平移耦合模型则在纯扭转振动模型的基础上考虑了构件在平面内两个方向上的振动，其仿真结果与实验测试有着较好的一致性。扭转-横向-轴向平移模型综合考虑了齿轮的扭转和在横向平面以及轴向的平移振动，模型包含每个齿轮构件 6 个自由度方向上的刚体运动，特别适合具有轴向振动的斜齿轮建模。因此，采用集中参数法仿真齿轮传动系统动力学特性是最常见也最简单有效的方法。

SimulationX 中提供了一个传动系统库，如图 5-2 所示，其中包含齿轮传动系统建模所需要的很多基础的齿轮副模型，例如定轴齿轮副、锥齿轮、蜗轮蜗杆、差速器、简化行星排以及行星排基础构件等。无论是直齿轮还是斜齿轮模型，这些模型的功能都是实现变速过程中转速、转矩的变换。该类模型能够模拟齿轮的啮合特性，考虑了轮齿的刚度和间隙，其中位移、速度、加速度和力等物理量需要在啮合点处坐标系与中心轮轴处坐标系之间进行转换，齿轮副的坐标系定义如图 5-3 所示。

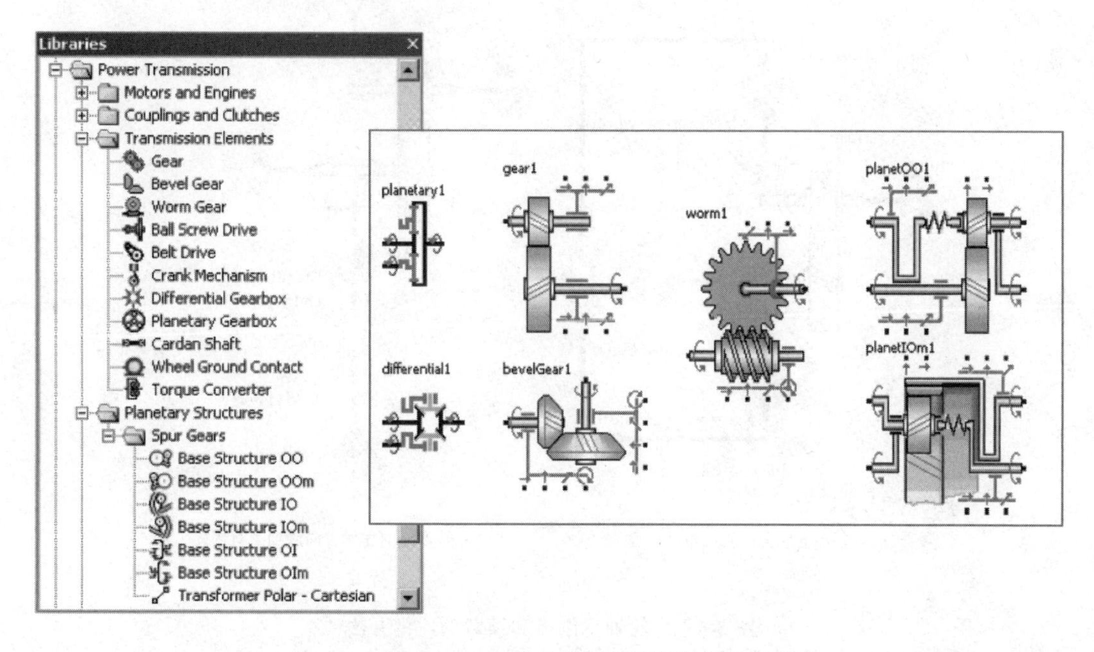

图 5-2　SimulationX 提供的传动系统库及齿轮副模型

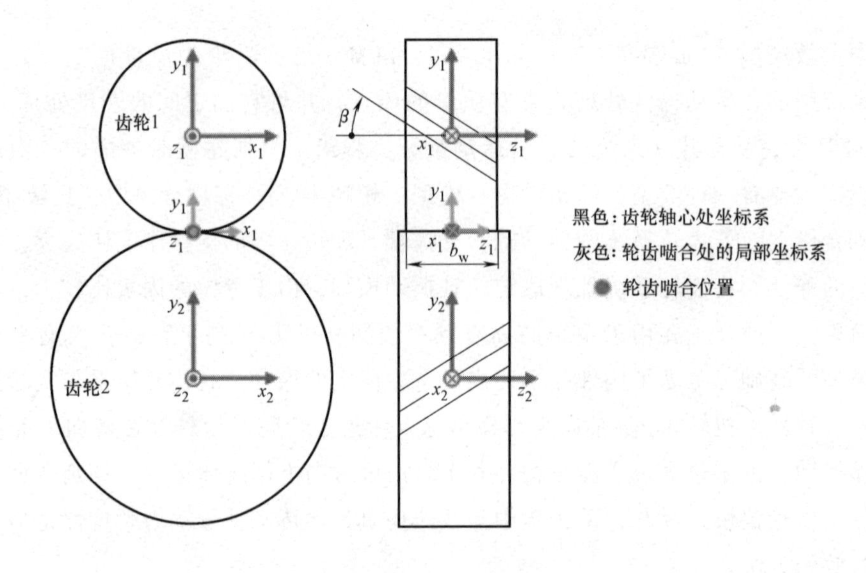

图 5-3　齿轮副的坐标系

齿轮机构中除了需要对啮合特性建模外，还需要对齿轮的径向和轴向支撑等行为进行建模。一般地，采用在这些齿轮模型外单独建模的方式，可以将支撑简化为力、弹簧和预载（可以是位置、速度和力的预先施加）等基础类型，如图 5-4 所示。

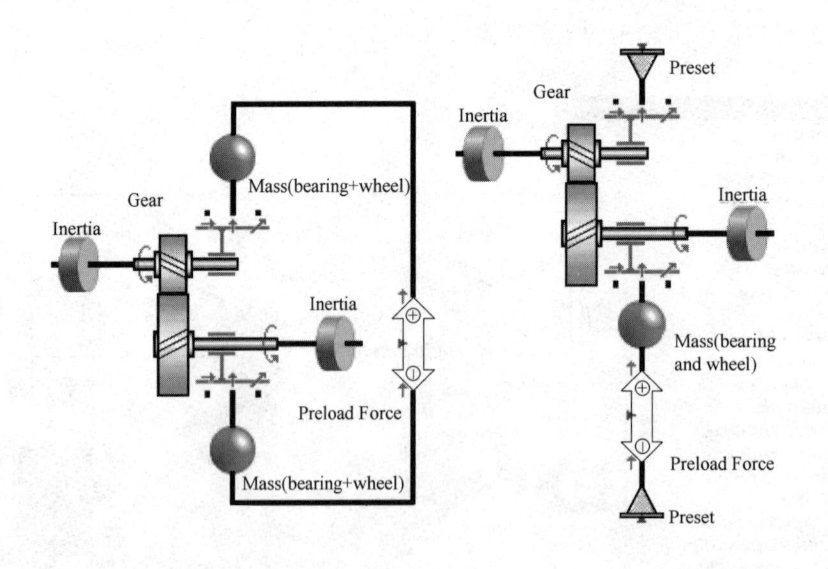

a) 在径向支撑方向施加相对预载　　b) 在径向支撑方向施加绝对预载

图 5-4　齿轮轴承刚度和预载的建模方法

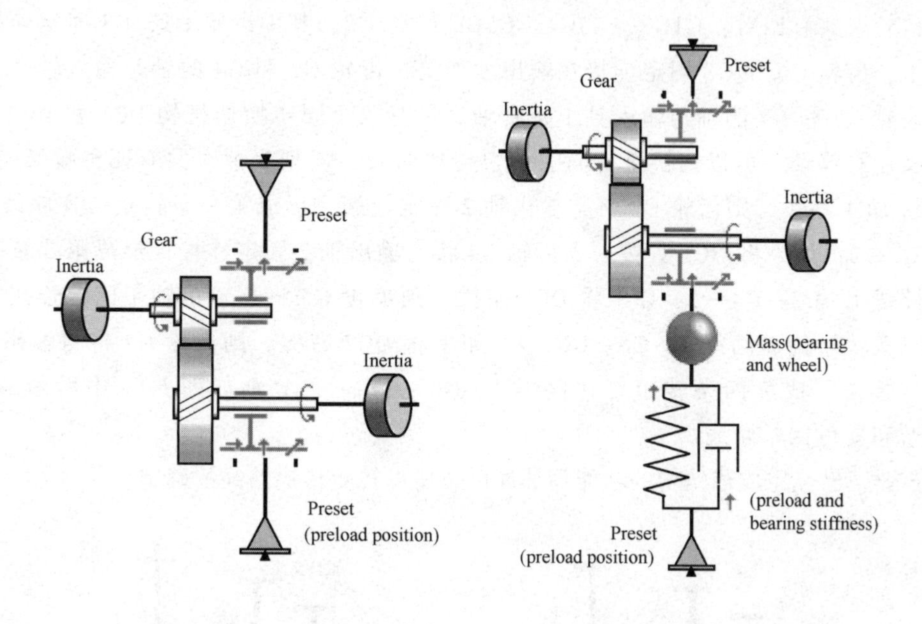

c) 在径向支撑方向施加预载　　d) 在径向支撑方向施加预载和轴承刚度

图 5-4　齿轮轴承刚度和预载的建模方法（续）

5.2.2　定轴圆柱齿轮传动系统的建模

图 5-5 所示为基于定轴齿轮的双离合器自动变速器的典型结构示例。对于此类定轴齿轮传动系统的结构，建模过程可以分为以下三个步骤。

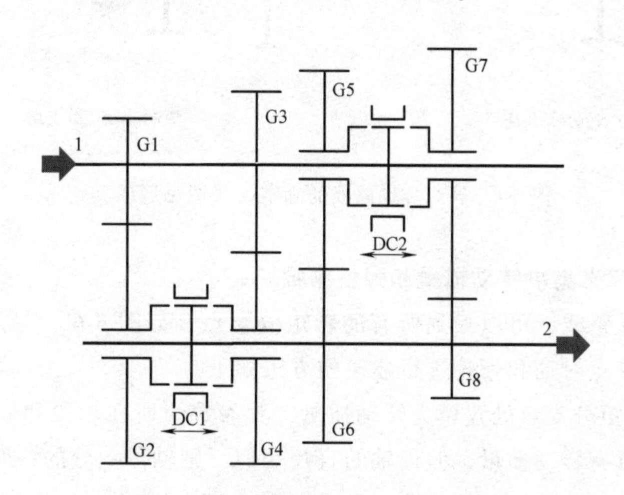

图 5-5　典型的定轴齿轮变速机构示例

1. 第一步：识别功能零部件和转矩路线

从该结构简图可以看出，该结构为平行轴式结构。输入轴为 1 轴，输出轴为 2

轴。齿轮副共有四对：G1G2、G3G4、G5G6 和 G7G8，其中齿轮 G1、G3 固定连接在轴 1 上，齿轮 G6 和 G8 固定连接在输出轴 2 上，齿轮 G2 和 G4 的轴与输入轴 2 是套轴，齿轮 G5 和 G7 的轴与输入轴 1 是套轴。另有两个同步换档机构 DC1 和 DC2，通过拨叉左右移动，可以切换至不同的动力传递路线，实现变速。共有四种拨叉位置：如果将 DC1 左拨，则齿轮 G2 将与输出轴 2 固定连接，形成第一条转矩传递路线 1—G1—G2—2；如果将 DC1 右拨，则齿轮 G4 将与输出轴 2 固定连接，形成第二条转矩传递路线 1—G3—G4—2；如果将 DC2 左拨，则齿轮 G5 将与输出轴 1 固定连接，形成第三条转矩传递路线 1—G5—G6—2；如果将 DC2 右拨，则齿轮 G7 将与输出轴 1 固定连接，形成第四条转矩传递路线 1—G6—G7—2，分别如图 5-6a 中所示的红、绿、蓝和紫色四条路线。

至此，已经完成该结构的功能零部件以及所有转矩传递路线的确定。

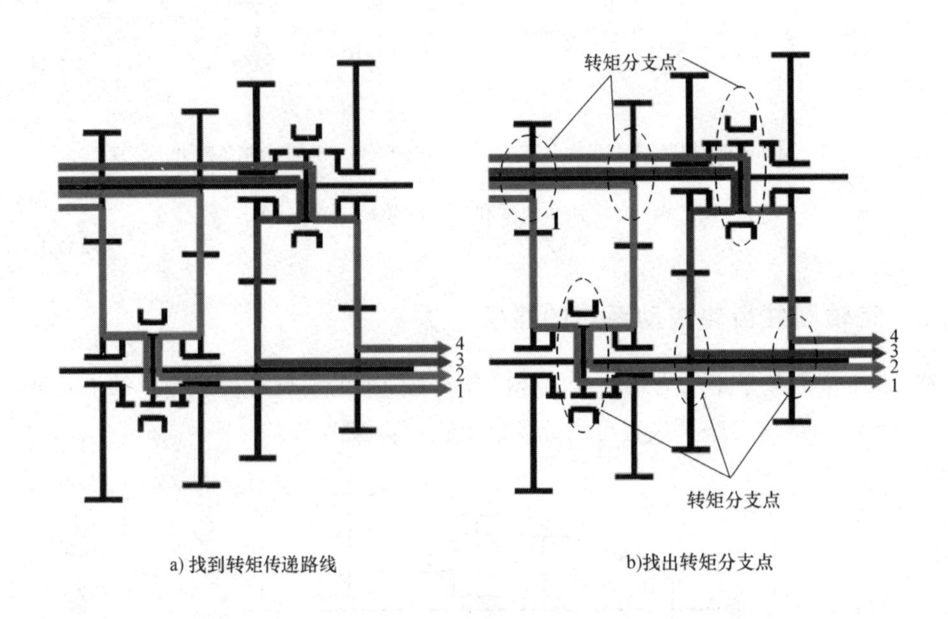

图 5-6　转矩传递路线的确定（彩图见后插页）

2. 第二步：定义集中转动惯量和弹性常数

根据转矩传递路线，可以找到所有的转矩分支点，如图 5-6b 中虚线框内标注的位置。基于转矩分支点对轴和齿轮进行建模的方法如下。

1）在每个转矩分支点处建模为转动惯量，其参数为所在轴段和固定连接在此轴上齿轮等零部件的所有转动惯量。假设轴的直径相似，则轴段划分的一般原则为，将任意两个转矩分支点之间的轴段进行平分，然后分配到两个转矩分支点上；边界处的轴段，将划分给最近的转矩分支点。根据此原则，输入轴 1 的分段划分原则及其建模如图 5-7 所示。因此，输入轴 1 将建模为三个转动惯量，默认的是两个转矩分支点之间平分。特殊地，如果存在轴直径突变等重要位置，可以考虑再将轴进行段细分。

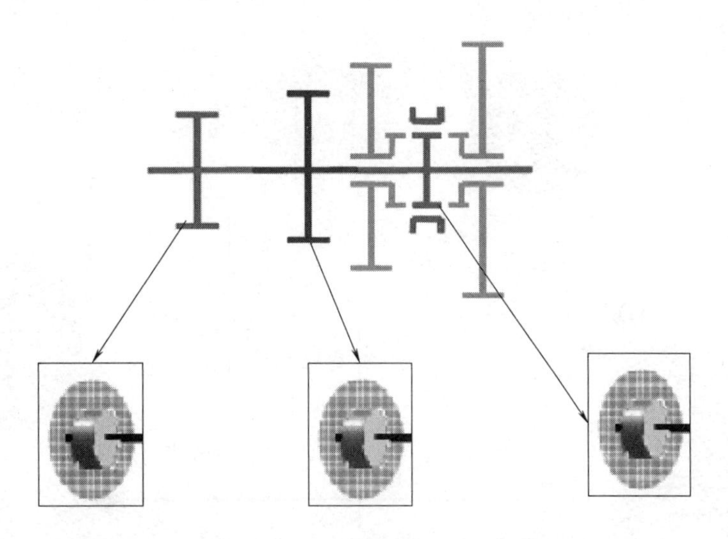

图 5-7 输入轴 1 的分段划分原则及其建模（彩图见后插页）

2）任意两个转矩分支点之间的轴的弹性属性建模为弹簧-阻尼，其参数值由对应的轴的结构决定，如图 5-8 所示。

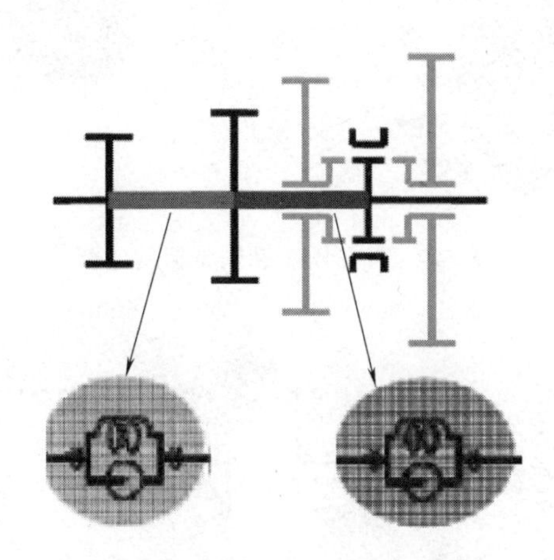

图 5-8 轴的弹性属性的分段划分原则及其建模（彩图见后插页）

3）转矩分支点上的齿轮啮合对，可以按照集中参数法进行建模，也可以选用已有的描述齿轮啮合的 Modelica 模型，此处选用后者，同步器的建模也类似，如图 5-9 所示。

4）如果有空转齿轮等零部件，则将其建模为转动惯量。

3. 第三步：按照结构原理图组装各个子模型

最后，按照图 5-5 所示的结构原理图将上述基础元件模型连接起来，形成该定轴圆柱齿轮传动系统的整体模型，如图 5-10 所示。为了便于理解，此处用相同颜色将对应的结构及其模型进行区分。

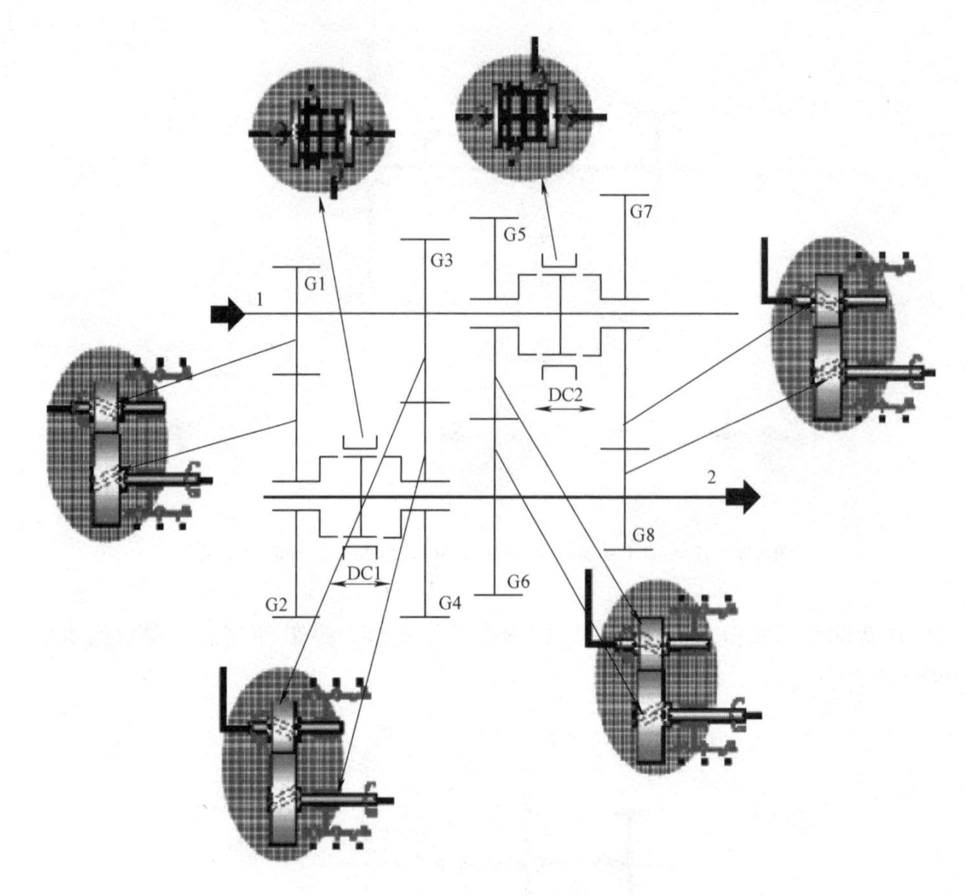

图 5-9　齿轮啮合和同步器的建模

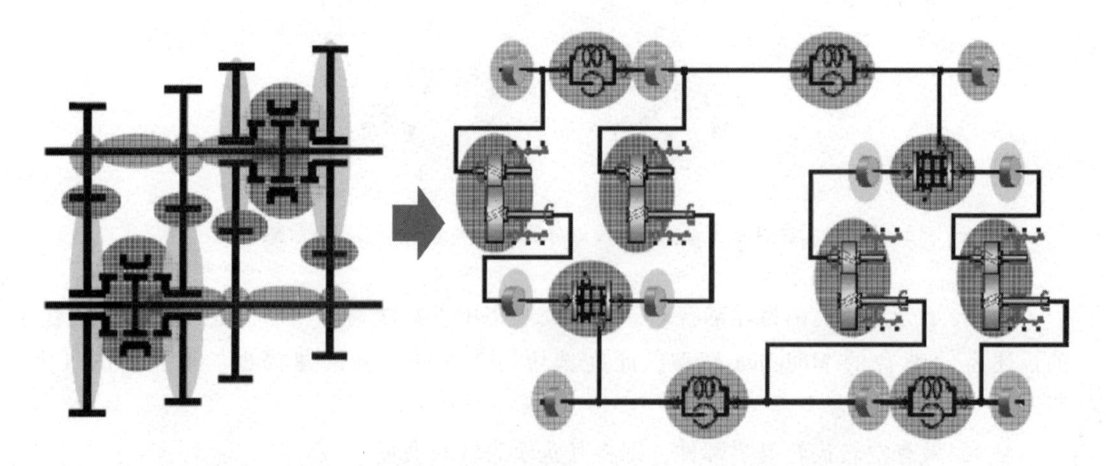

图 5-10　定轴圆柱齿轮传动系统的 SimulationX 模型概览图（彩图见后插页）

5.2.3　行星齿轮传动系统的建模

汽车液力控制自动变速器、无级自动变速器的机械系统多采用行星齿轮传动系统。该系统由若干行星排和换档元件构成。根据中心轮和行星轮装配关系的不同，常用的行星排主要有八种结构形式，其结构简图如图 5-11 所示，最常用的是负号行星排（图 5-11a）、正号行星排（图 5-11b）这两种。

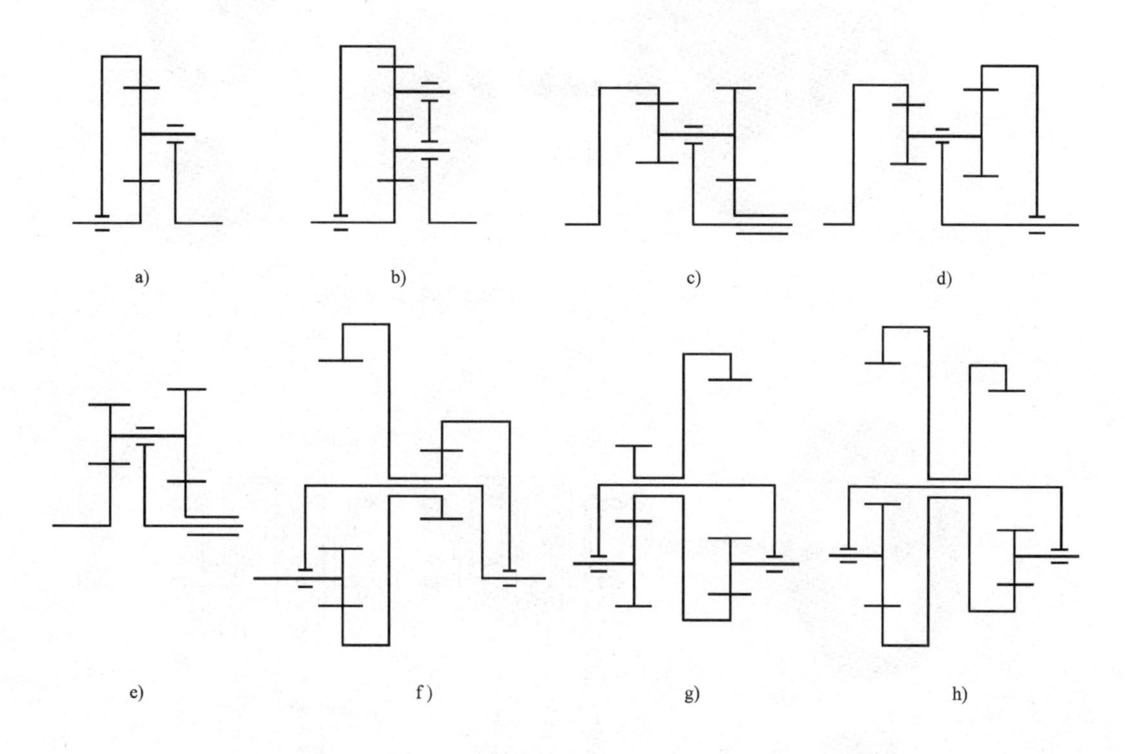

图 5-11 行星齿轮系统的基础结构

通过行星排的拓扑结构分析可以发现，所有行星排中都可以分解为一些基础结构，以带一个行星轮的负号行星排为例，其拓扑结构如图 5-12 所示。从运动学的关系来看，该行星排包含两级齿轮啮合结构：太阳轮-行星轮-行星架、齿圈-行星轮-行星架；按照相同的方法，其他行星排也存在类似的分解。因此认为，这些基础结构为行星排的共性，这些基础结构的功能就是在传动过程中实现转速、转矩、位移和力的转换，每个基础结构可以采用集中参数法进行建模，行星排与定轴齿轮的区别是需要建立多个坐标系来定义轮齿啮合以及行星轮轴承弹性支撑属性。因此，行星齿轮传动系统建模的核心技术就是，掌握如何将行星排拆解成共性的基础结构、如何用这些基础结构来搭建行星排模型的方法。

下面仍以带一个行星轮的负号行星排为例介绍该建模方法。可以将该行星排分解为两级齿轮啮合结构，如图 5-12 所示。SimulationX 的学科子库 Planetary Structures 中已经提供了此类基础齿轮啮合结构的模型，图 5-13 所示的两种类型就是该行星排中的基础齿轮啮合结构。因此，可以直接应用它们来构建该行星排的一个简单的扭转振动建模，如图 5-14 所示。

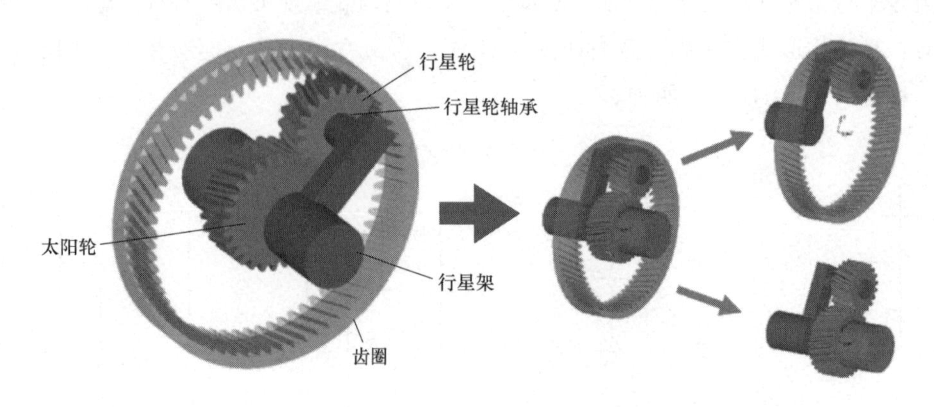

图 5-12　带一个行星轮的负号行星排拓扑结构及其拆解

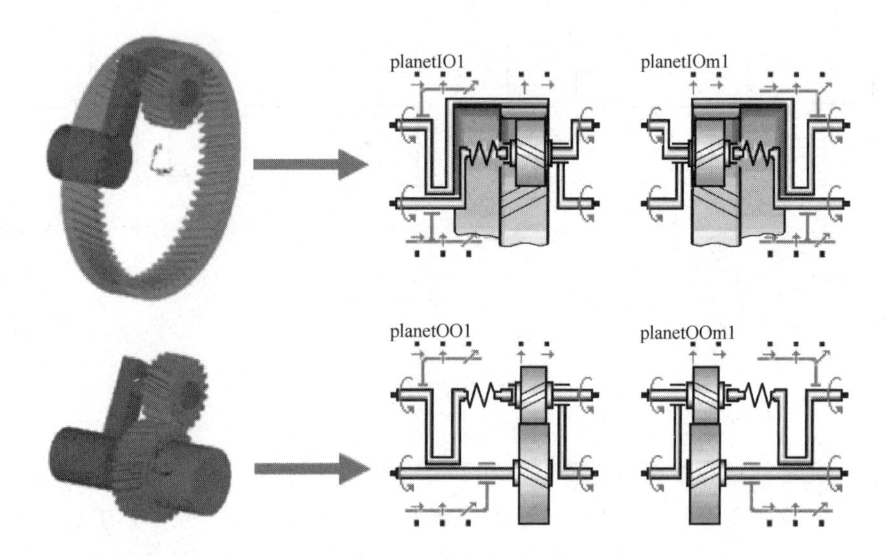

图 5-13　软件 SimulationX 中已提供的基础齿轮啮合结构的类型

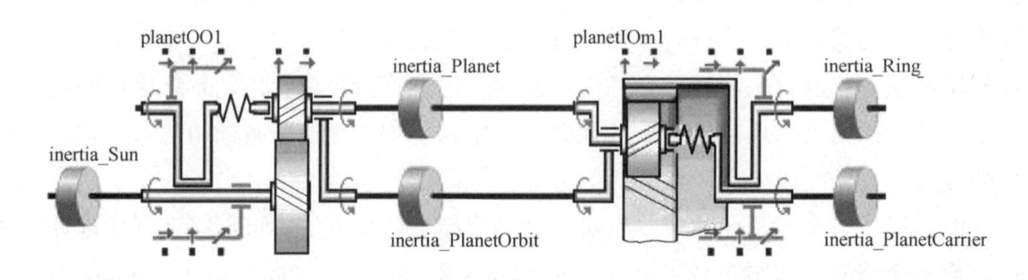

图 5-14　带一个行星轮的行星排的详细模型

采用集中参数法为行星排建模时，行星轮和行星架之间的轴承被等效为三个解耦的弹簧-阻尼-间隙特性，可以按照图 5-15 所示的三个方向定义它的刚度 kB、阻尼 bB 和间

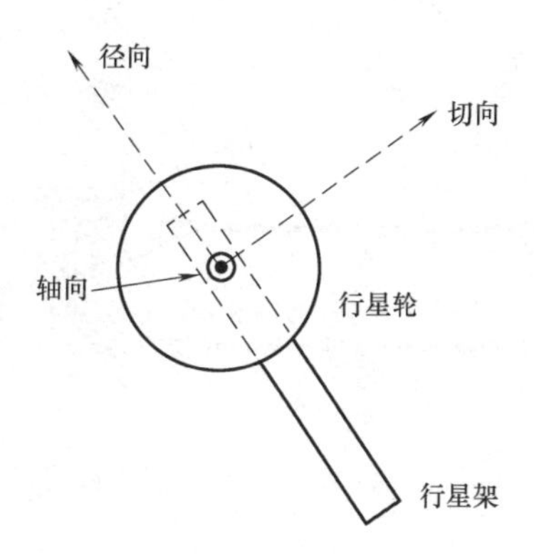

图 5-15 轴承的弹簧-阻尼-间隙特性的三个方向

隙 LB。由于行星轮轴承对行星排的动态特性影响较大，所以需要特别注意这些特性的参数定义。在 SimulationX 中，如果这些参数中的某一个参数定义为 0，则表示其对应的弹性属性是不考虑而建模为刚性的。如果所有参数都设定为 0，则行星轮轴承建模为全刚性的，从而可以将行星架的惯量也和行星轮惯量一起都定义在行星轮的端口处，如图 5-16 所示。如果行星轮和行星架之间的轴承不是全刚性的，如何为这些参数赋值呢？这里有两种方法，如图 5-17 所示，可以仅在一侧的基础结构上定义（上图，方法一），也可以将参数平均分配到两个相连的基础结构上（下图，方法二）。在一侧定义这些参数时，要将行星架转动惯量也相应地在相同的一侧建模，如图 5-17 中的上图。

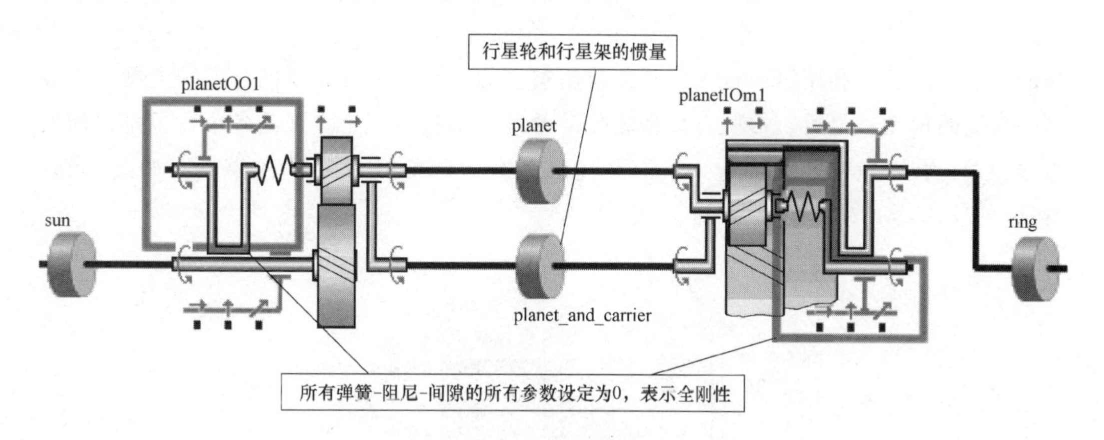

图 5-16 轴承刚性建模

前面讲述的是带一个行星轮的行星排的建模方法，如果有多个行星轮，则可以将所有的这些基础结构都按照前面讲的方法建模，然后按照结构原理连接在一起即可获得带多个行星轮的行星排的模型，这里不再赘述。

行星齿轮传动系统是由若干个行星排和换档元件构成的，如图 5-18a 所示的辛普森变速器。因此，按照层级式建模的理念，首先，基于这些基础结构单元的模型建立行星

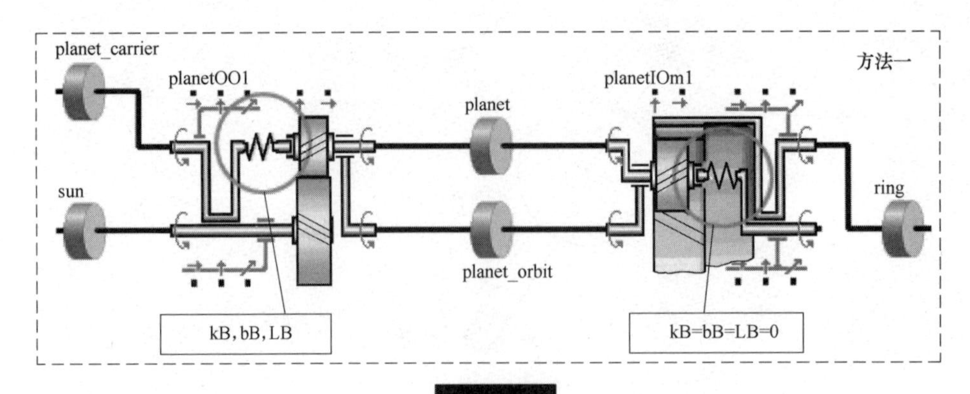

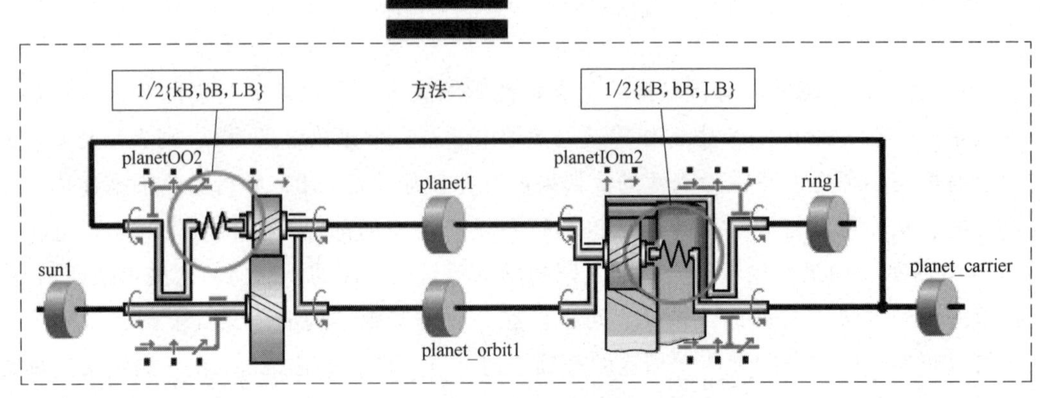

图 5-17 行星轮轴承的两种参数赋值方法

排的模型；然后，利用第 4 章中组装创建新类型的方法，创建需要的行星排类型，形成高一层级的模型；最后，按照行星齿轮传动系统的结构原理中定义的各个行星排之间的连接方式，将对应构件连接起来，最终完成该行星齿轮传动系统的模型，如图 5-18b 所示。

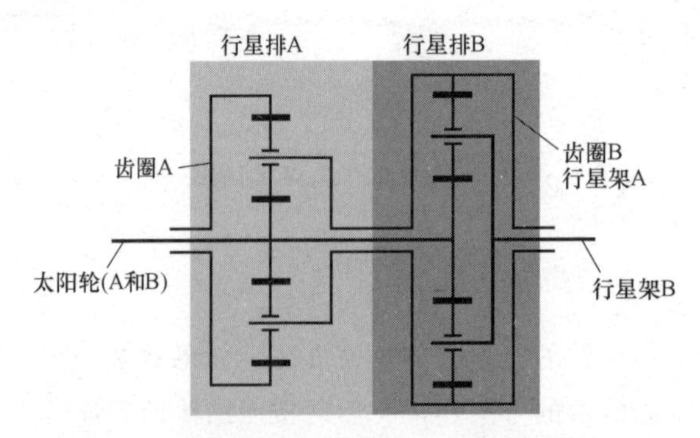

a) 辛普森变速器中齿轮传动系统的结构简图

图 5-18 辛普森变速器中齿轮传动系统的结构简图和 SimulationX 动力学模型

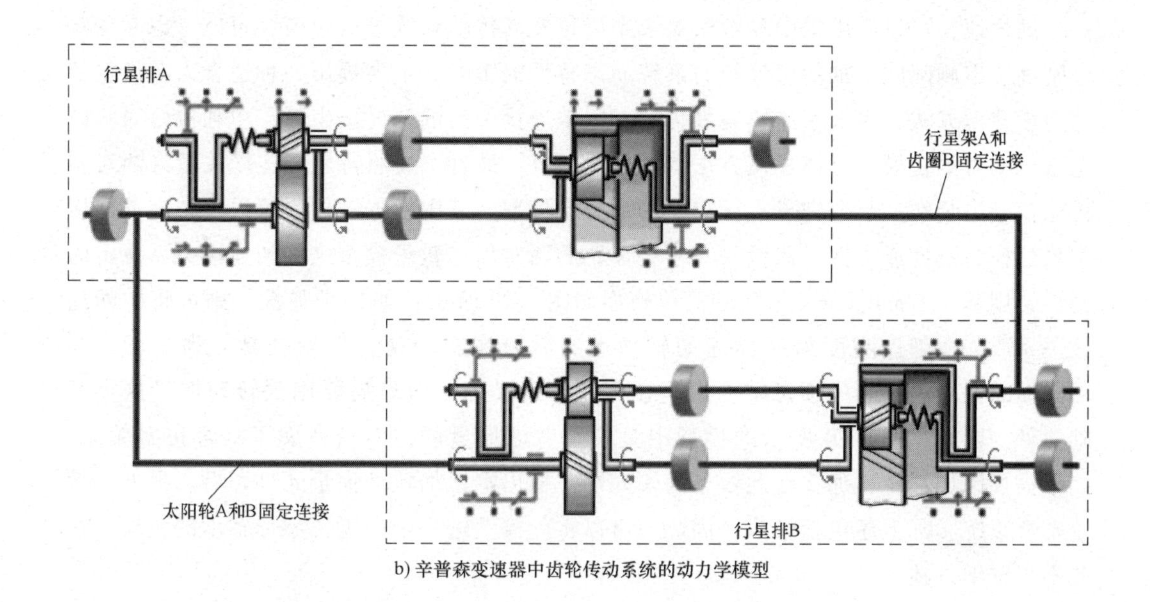

b) 辛普森变速器中齿轮传动系统的动力学模型

图 5-18　辛普森变速器中齿轮传动系统的结构简图和 SimulationX 动力学模型（续）

5.2.4　人字齿轮传动系统的建模

人字齿轮系统在船舶动力装置传动系统中应用广泛，是其功率分流传动系统中的主要构件，具有许多与众不同的特征，例如大重合度、传动平稳和低噪声，使得系统能够满足重载工况下的需求。图 5-19 所示为一副啮合的人字齿轮的结构简图，左右两侧齿向相对。理论上，人字齿轮能够抵消轴向力而减少对轴承的严格要求。但是，在实际过程中，一方面由于人字齿轮的两个斜齿不能同时切出，在磨削过程中会产生齿距误差、齿向误差以及齿顶位置误差；另一方面，船舶动力装置中所用的齿轮组传递功率都在一阶频率以上，轴的挠度引起了陀螺效应，轴向力分布产生变化，对齿轮的稳定性造成不良影响。因此，人字齿轮及其传动系统的动力学分析也是船舶动力装置传动系统设计的重要内容。

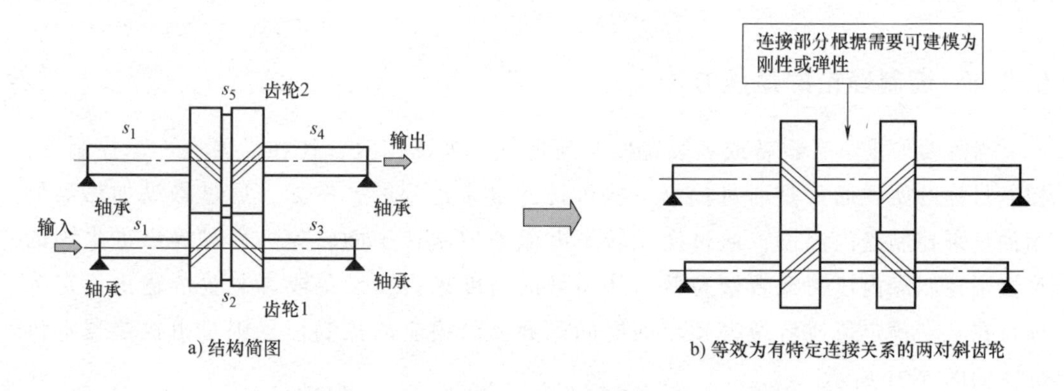

a) 结构简图

b) 等效为有特定连接关系的两对斜齿轮

图 5-19　一副啮合的人字齿轮的结构简图及其拆解

同样地，可以应用集中参数法对人字齿轮及其传动系统进行建模，可以考虑时变啮合刚度、齿侧间隙、轴的挠性等对系统动态特性的影响。本书提出一种适合人字齿轮的动力学建模方法，将人字齿轮等效为具有特定连接关系的两对斜齿轮；单独对每对斜齿轮进行动力学建模，具体建模方法参考5.2.2节；最后，按照特定的连接关系将两对斜齿轮模型组装在一起，完成人字齿轮的动力学模型。其中根据需要，可以将特定的连接关系建模为刚性或弹性。假设一对人字齿轮的两对斜齿轮子模型之间的连接关系设定为刚性，则基于SimulationX搭建的简单模型如图5-20所示；如果是弹性，则可将中间连接关系改为由弹性刚度阻尼描述的轴模型。需要注意的是，齿轮轴是有惯量的，在SimulationX中，齿轮的惯量属性不是在齿轮中定义的，而是需要用到转动惯量这类基础元件，因此，图5-20所示的模型中是没有考虑惯量的，而只考虑了啮合接触关系。如果需要添加惯量，那么在此模型的输入端、输出端添加转动惯量元件即可。另外，齿轮啮合系统实际上还包括轴承，因此，可以将此模型进一步完善，添加轴承的建模，在此不再详细讲述。

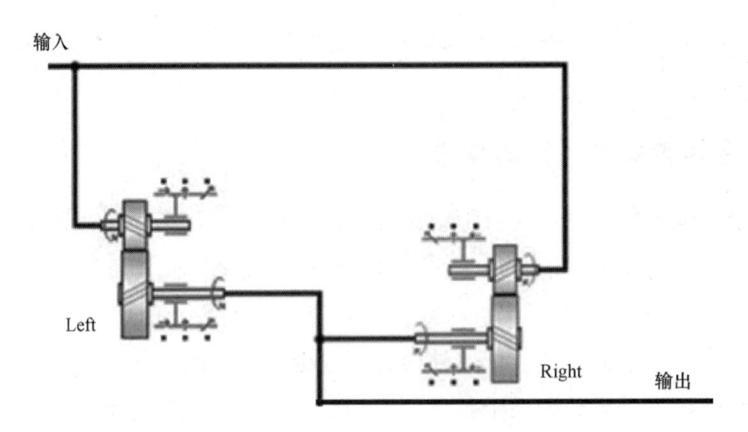

图5-20　基于SimulationX搭建的一对人字齿轮的简单模型

5.3　控制系统的开发与建模

5.3.1　控制理论的建模方法

当需要要求某一设备或者装置按照预定行为来工作时，往往需要有一个控制器。控制目标的实现通常是通过操纵一些可访问量来达到的，例如，通过操纵加热器的燃油量来控制室内温度，通过操纵转子电流来控制转子的转速，通过操纵进水阀的位置来控制罐内压力或者液位等。从信号的角度来讲，设备或者装置的输出设定为保持在某一预定值或者遵循预定的时间函数，而相应的控制信号则是由控制器提供的，如图5-21所示。

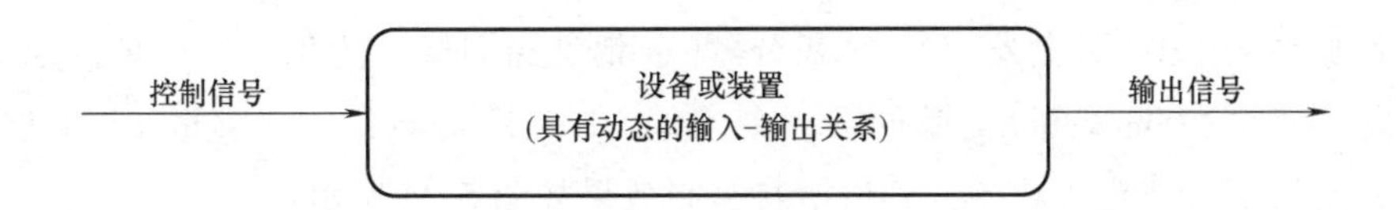

图 5-21　设备或装置的目标控制

开环控制是可获得预期行为最简单的一种控制方式，如图 5-22 所示。但是，在这种控制方式中，必须在控制器中对设备的 I/O（输入/输出）特性进行反向建模。而且很多情况下干扰都是存在的，这种控制方式是无法知晓干扰量的当前影响的，例如由于打开车窗导致的热交换、电机负载变化、储罐的出口流量等。另外，设备的动态特性往往也是变化的，这些变化在这种控制方式中也是无法考虑的。

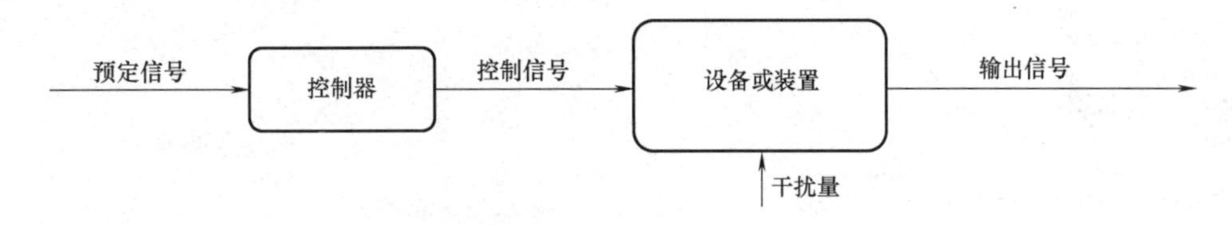

图 5-22　设备或装置的连续开环控制

在高精度控制要求的场合下，往往采用闭环控制方式，如图 5-23 所示。采用这种控制方式具有很多优点，例如，设备或装置的 I/O 行为可以是未知的或可变的，干扰量的影响也可以考虑进来。但是，由于需要用到反馈结构，有可能会带来额外的振荡、瞬态或潜在的不稳定因素等系统动态。

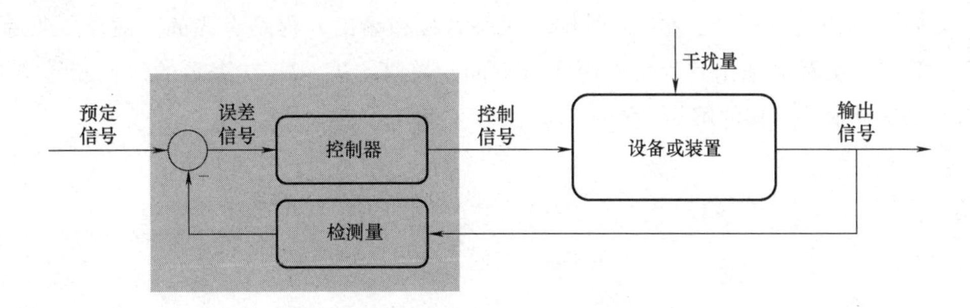

图 5-23　设备或装置的连续闭环控制

SimulationX 提供的动力系统的描述方法有面向物理对象的系统物理建模、面向方程的系统微分方程建模、面向信号的信号方块建模、面向信号的传递函数建模及面向信号的状态空间建模等。为了完成上述控制系统的开发目的，经常用到上述建模方法。SimulationX 软件提供了物理领域的多个学科库，可以完成对设备或装置的物理建模；同时，也提供了大量的信号方块库，来完成控制理论算法的建模，仿真分析信号频谱、振幅和相位响应、特征频率、特征向量、偏差等特性，支持设备或装置控制器的设计与分析。以典型的 PIDT 控制器（比例-积分-微分-惯性控制器）为例，它的控制原理和图 5-23 所示的相同，SimulationX 提供了一个连续 PIDT 控制器和一个离散 PIDT 控制器，这两个控制器都带防饱和功能，其模型与控制效果如图 5-24 所示。

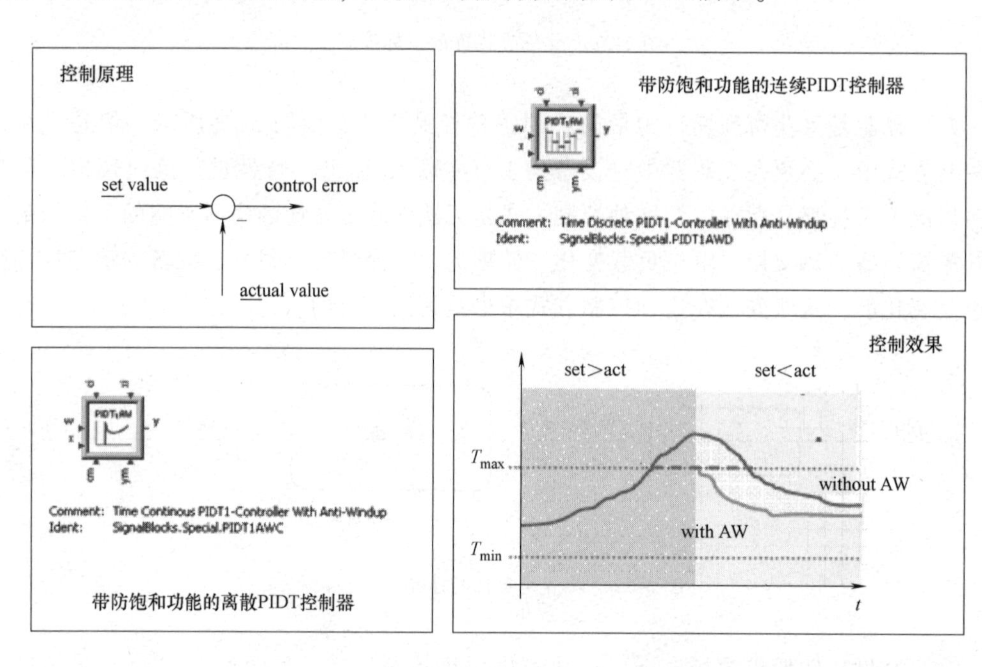

图 5-24　带防饱和功能的 PIDT 控制器模型设计

在采用面向信号的建模方法时，必须包括输入信号 x、输出信号 y 和状态变量 z 等物理量，系统的动力学方程包括状态方程 f 和输出方程 g，因此，所建立的信号方块模型一般如图 5-25a 所示，当然有的时候，状态方程和输出方程是隐式的。对于线性系统而言，其状态方程和输出方程可以用状态空间矩阵 A、B、C、D 表示的线性矩阵方程，如图 5-25b 所示，方程的解为

$$z(t) = \mathrm{e}^{A(t-t_0)} z(t_0) + \int_{t_0}^{t} \mathrm{e}^{A(t-\tau)} Bx(\tau)\mathrm{d}\tau$$

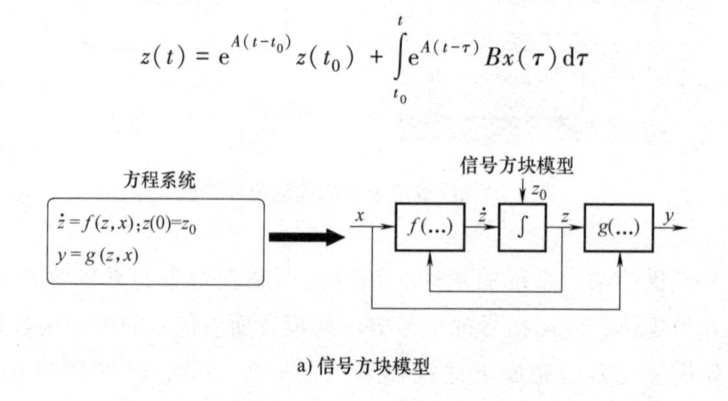

a) 信号方块模型

图 5-25　控制系统面向信号的表示方法

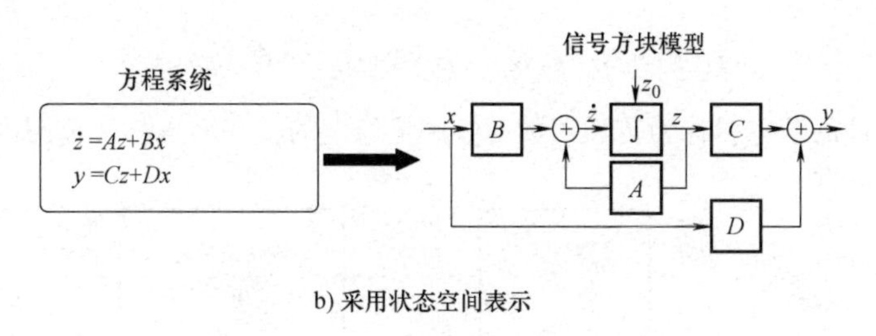

b) 采用状态空间表示

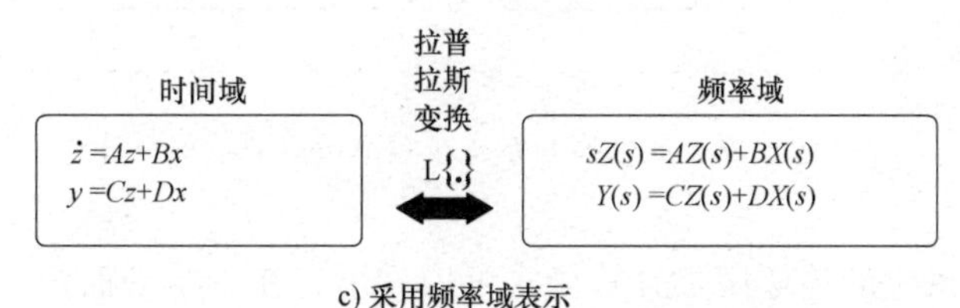

c) 采用频率域表示

图 5-25　控制系统面向信号的表示方法（续）

对于线性系统而言，也可以表示频率域的形式，即通过拉普拉斯变换：

$$\boldsymbol{L}\{x(t)\} = X(s) = \int_{-0}^{\infty} x(t)\mathrm{e}^{-st}\mathrm{d}t$$

可以将时间域的加法、减法、乘法、导数、积分、卷积等运算转换为频率域的运算，对应关系见表 5-1，所建立的一般模型如图 5-25c 所示。可见，输出信号 $Y(s)$ 中不包括 z：

$$Y(s)=(C(Is-A)^{-1}B+D)X(s)$$

表 5-1　时间域和频率域的运算对应关系

时间域的运算	频率域的运算
乘以一个常数	乘以一个常数
两个信号相加	两个变换的相加
对时间求导	乘以 s
对时间积分	除以 s
连个信号的卷积	两个变换的乘积

因此，设备的 I/O 行为可以显式地表示出来。则线性控制系统在频率域内的结构设计如图 5-26 所示。根据控制理论可知，输出信号与输入信号的比值定义为传递函数：

$$G(s)=Y(s)/X(s)=C(Is-A)^{-1}B+D$$

则线性控制系统的传递函数有：

开环控制系统：

$$G_{\mathrm{O}}(s)=G_{\mathrm{C}}(s)G_{\mathrm{P}}(s)$$

闭环控制系统：

$$G(s)=G_C(s)G_P(s)/[1+G_C(s)G_P(s)]$$

线性控制系统设计的基本目标为传递函数 $G(s)$ 是稳定的，在输入频率范围内有 $G(j\omega)\approx 1$。

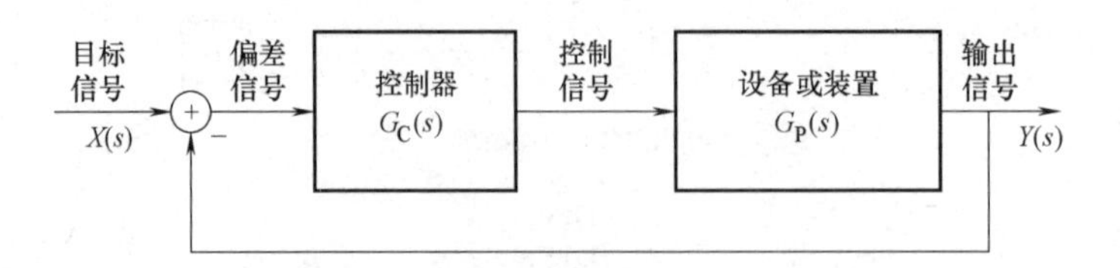

图 5-26　线性控制系统在频率域内的结构设计

由闭环控制系统的传递函数计算公式可以看出，在右半平面内，必然存在极点。通常情况下，闭环控制系统的传递函数都比较复杂，很难解析找到极点。SimulationX 可以数值计算出这些极点（特征值）。稳定性是系统的属性，与 I/O 无关。对线性系统而言，控制系统的稳定性由状态矩阵 A 的特征值决定。比较开环控制系统的传递函数和闭环控制系统的传递函数之间的关系，稳定性准则也可以以 $G_0(s)$ 的形式给出。另外，在复平面内，-1 是 $G_0(s)$ 的一个关键点。当 $G_0(s)=-1$ 时，$G(s)$ 存在一个极点，振荡条件也满足 $G_0(j\omega)=-1$。根据奈奎斯特准则（Nyquist Criterion），如果开环控制系统 $G_0(j\omega)=G_C(j\omega)\ G_P(j\omega)$ 在右半部没有极点，ω 由 0 趋向于∞ 的过程中，-1 在开环控制系统频率响应根的轨迹的左侧，那么系统则是稳定的。在复平面内，测量与-1 点的距离和角度即可获得幅值和相位。

SimulationX 可以计算出系统的特征值，由传递函数的计算公式可知，状态矩阵 A 的特征值是频率域中传递函数的极点，假设状态矩阵 A 的特征值的实数为 λ_i，共轭复数为 $\lambda_i \pm j\omega_i$，那么一个齐次系统的解是多个函数的叠加：

$$z_i(t)=\begin{cases} K_i e^{\lambda_i - t} \\ e^{\lambda_i - t}[M_i\cos(\omega_i t)+N_i\sin(\omega_i t)] \end{cases}$$

根据上面的分析，如果实数为负数，也就是说，极点必须都在复平面的左半部分，则系统是稳定的。假设系统受到频率为 ω 的谐波信号的激励，则系统会以相同频率进行响应，幅值为 $|G(j\omega)|$，移相为 $\arg(G(j\omega))$，如图 5-27 所示。

很多场合下对设备缺乏详细的认知，为了设计出好的控制器，出于经验，常用到齐格勒-尼科尔斯规则（**Ziegler-Nichols Method**），此规则适用于可以比例控制器（P 控制器）驱动到稳定性极限的模型。在实际中，设备必须能够在稳定极限下运行。基本方法就是，采用 P 控制器，逐渐增加比例增益，直到到达极限增益 G_{crit}，此时系统不再稳定，控制器输出值以恒定值振荡；评估振动周期 T_{crit}。根据这种方法，可以确定一些典型控制类型的比例增益和振荡周期的设置比例为

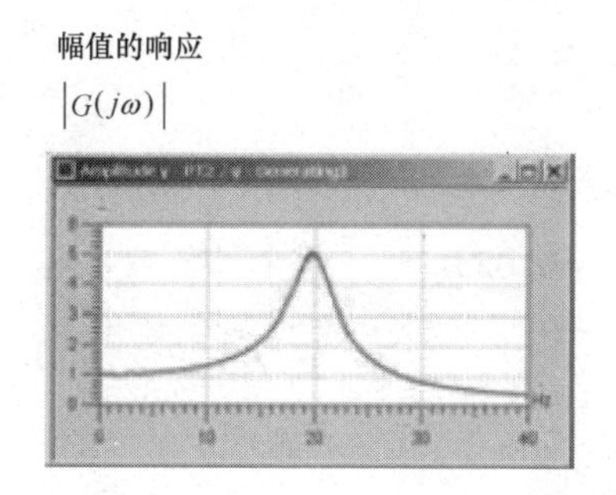

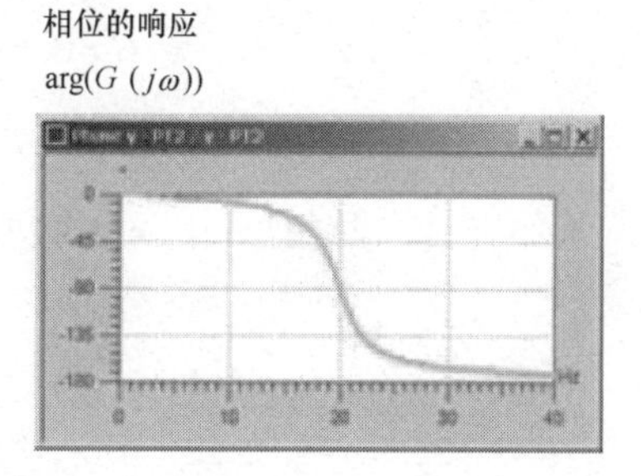

图 5-27　幅值和相位的响应

比例控制（P 控制器）：

$$G=0.5G_{\text{crit}}$$

比例-积分控制（PI 控制器）：

$$G=0.45G_{\text{crit}}$$

$$T_{\text{I}}=0.85T_{\text{crit}}$$

比例-积分-微分控制（PID 控制器）：

$$G=0.6G_{\text{crit}}$$

$$T_{\text{I}}=0.5T_{\text{crit}}$$

$$T_{\text{D}}=0.12T_{\text{crit}}$$

5.3.2　连续时间域的控制系统

真实世界中的物理系统都是连续时间域的系统，它们往往被描述为系统微分方程，部分场合为代数方程。对于线性的物理系统，采用传递函数的频率域描述方法是一种非常强有力的手段，非常适合行为分析和控制系统的设计。

例如，采用面向对象的物理建模方法，可以搭建一个直流伺服电机的模型，如图 5-28a 所示，其中包含 1 个电路系统、1 个机械系统、1 个耦合元件；采用面向方程的系统微分方程建模方法，可首先列出该电机的的电路系统的原理方程、机械系统的原理方程以及机电系统的耦合方程，如图 5-28b 所示；采用面向信号的建模方法，可以选用状态空间的表示形式，如图 5-28c 所示，或者传递函数的表示形式，如图 5-28d 所示。

对上述所建立的直流伺服电机进行角位置控制，控制目标如图 5-29a 所示，采用齐格勒-尼科尔斯规则得到的极限增益和振动周期分别为 $G_{\text{crit}}=100$ 和 $T_{\text{crit}}=0.44\text{s}$。假设分别采用 P 控制器、PID 控制器进行控制，其控制参数为

P 控制器：

$$G=0.5G_{\text{crit}}=50$$

PID 控制器：

$$G=0.6G_{crit}=60$$

$$T_I=0.5T_{crit}=0.22s$$

$$T_D=0.12T_{crit}=0.053s$$

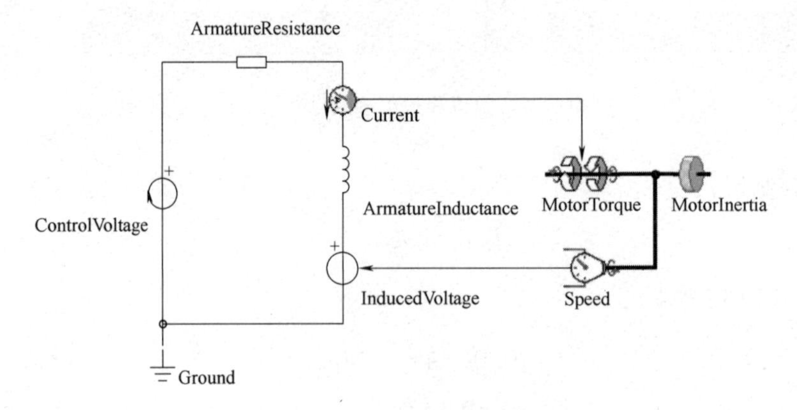

a) 面向物理对象的系统物理建模方法

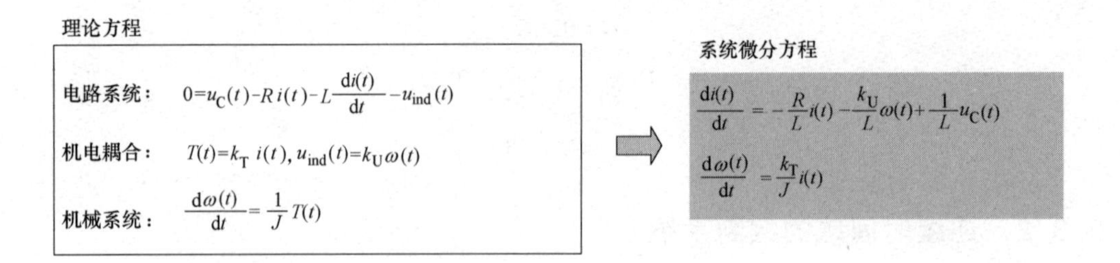

b) 面向方程的系统微分方程建模方法

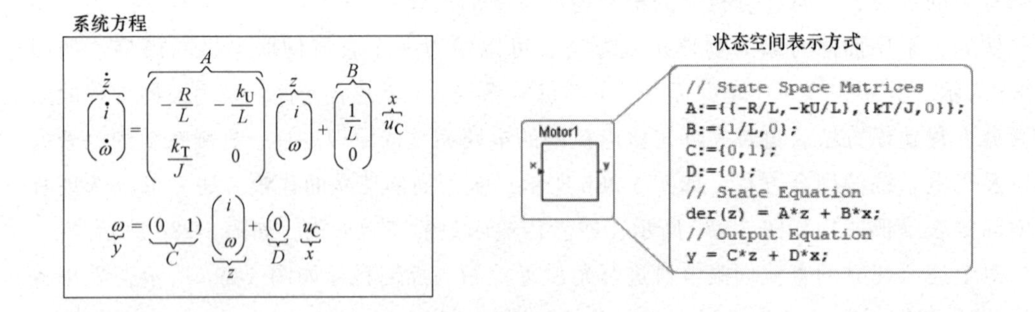

c) 面向信号的状态空间建模方法

图 5-28　直流伺服电机的物理建模

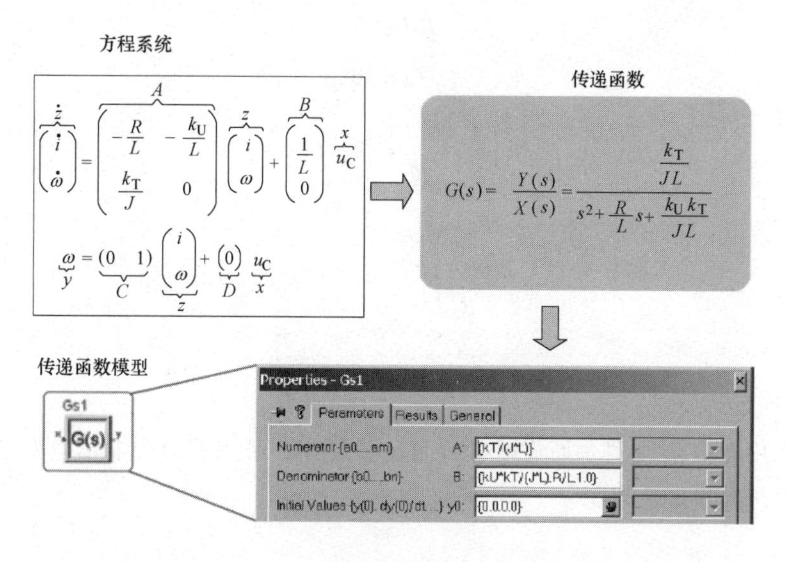

d) 面向信号的传递函数建模方法

图 5-28 直流伺服电机的物理建模（续）

电机模型在两种控制方式下取得的效果如图 5-29b 和图 5-29c 所示。可以看出，当控制目标值变化较大时，PID 控制器比 P 控制器更快地达到稳定状态，但是两种控制都会存在一定的振荡。

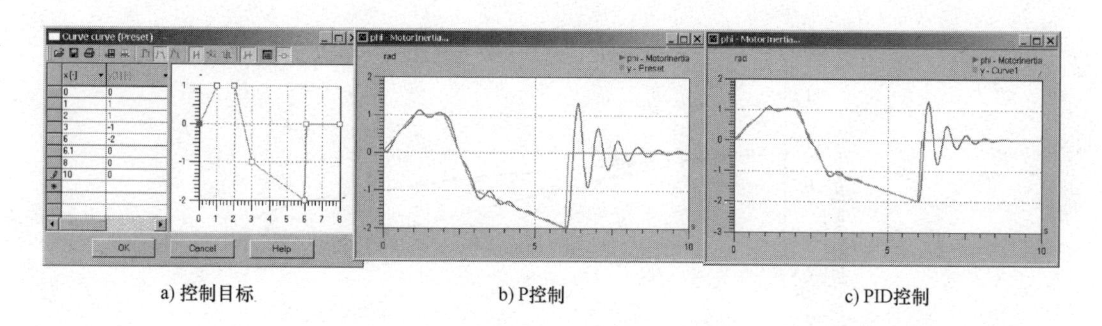

a) 控制目标 b) P控制 c) PID控制

图 5-29 不同控制器对电机的角位置控制效果

PI 控制器的传递函数为

$$G_{PI}(s)=\frac{K_P T_N s+K_P}{sT_N}$$

那么，闭环控制系统的多项式为

$$\begin{aligned}CLCP(s)&=N_C(s)N_P(s)+Z_C(s)Z_P(s)\\&=JLT_N s^4+JT_N Rs^3+T_N k_T k_U s^2+K_P T_N k_T s+K_P k_T\end{aligned}$$

采用劳斯-赫尔维茨（Routh-Hurwitz）稳定性准则对上式进行稳定性判断，需满足：

$$JLT_{\mathrm{N}}>0$$

$$JT_{\mathrm{N}}R>0$$

$$T_{\mathrm{N}}k_{\mathrm{T}}\left(k_{\mathrm{U}}-\frac{K_{\mathrm{P}}L}{R}\right)\overset{!}{>}0\rightarrow K_{\mathrm{P}}<\frac{k_{\mathrm{U}}R}{L}$$

$$K_{\mathrm{P}}\left(T_{\mathrm{N}}k_{\mathrm{T}}-\frac{JR}{k_{\mathrm{U}}-\dfrac{K_{\mathrm{P}}L}{R}}\right)\overset{!}{>}0\quad\rightarrow T_{\mathrm{N}}>\frac{JR^{2}}{k_{\mathrm{T}}(k_{\mathrm{U}}R-K_{\mathrm{P}}L)}$$

$$K_{\mathrm{P}}k_{\mathrm{T}}\overset{!}{>}0\quad\rightarrow 0<K_{\mathrm{P}}<\frac{k_{\mathrm{U}}R}{L}$$

还是采用齐格勒-尼科尔斯规则进行角位置控制，采用积分控制器（I 控制器）的开环控制系统的稳定性问题为

$$G_{\mathrm{O}}(s)=\underbrace{\frac{\dfrac{k_{\mathrm{T}}}{JL}}{s^{2}+\dfrac{R}{L}s+\dfrac{k_{\mathrm{U}}k_{\mathrm{T}}}{JL}}}_{U\rightarrow\omega}\underbrace{\frac{1}{s}}_{\omega\rightarrow\varphi}\underbrace{\frac{1}{s}}_{G_{\mathrm{C}}(s)}$$

每个积分贡献-90°的移相，U-ω 传递函数接近-180°。整个移相小于-180°，不满足奈奎斯特（Nyquist）准则。开环控制系统传递函数的轨迹曲线如图 5-30 所示。

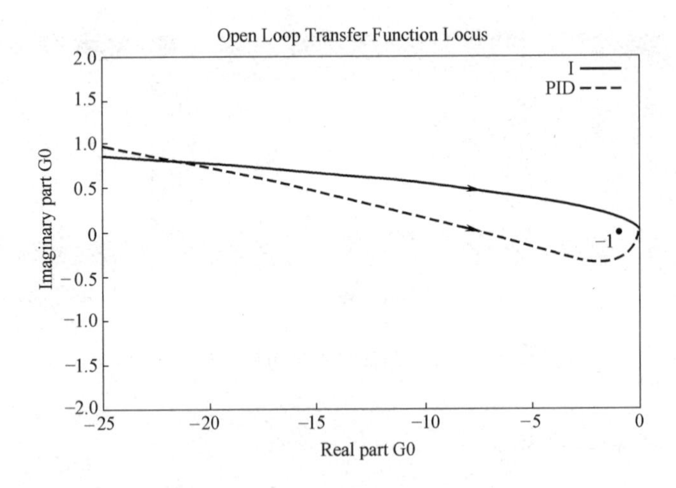

图 5-30　开环控制系统的传递函数轨迹

5.3.3　离散时间域的控制系统

离散时间域的控制系统是指，设备或者装置的被控制量是连续时间域的模拟信号，但是控制器在执行过程中实际采用的是数字信号，也就是离散的采样系统，因此，在数字系统和模拟系统之间的接口处需要进行模数转换（Analog to Digital Covert，常称为

A/D 转换）和 D/A 转换，其原理如图 5-31 所示，模拟信号与数字信号之间的转换过程如图 5-32 所示。采样过程中注意混叠问题，例如子频谱的重叠会导致信号和频谱的失真。为避免该问题，通常将采样频率至少设置为最大信号频率的两倍。在离散时间域内，采用面向信号的建模方法得到的模型，也必然会包括输入信号 x、输出信号 y 和状态量 z，它们的行为也是由状态方程 f 和输出方程 g 来表示的，得到的信号方块模型如图 5-33a 所示，部分情况下，状态方程和输出方程是隐式的。对于线性系统，离散时间域控制系统的状态空间表示形式与连续时间域控制系统的类似，也可由状态空间矩阵 A、B、C 和 D 来表示，将状态方程和输出方程变为线性矩阵方程，如图 5-33b 所示。除此之外，也可以通过 z 变换：表示为频率域形式

$$\mathbf{Z}\{x(k)\} = X(z) = \sum_{k=0}^{\infty} x(k) z^{-k}$$

即可将信号转换为频率域的表达式。时间域与频率域运算的对应关系见表 5-2。通过 z 变换，可将状态方程和输出方程转换为频率域内的形式，如图 5-33c 所示。可见，输出信号 $Y(z)$ 中不包括 z：

$$Y(z) = (C(Iz-A)^{-1}B+D)X(z)$$

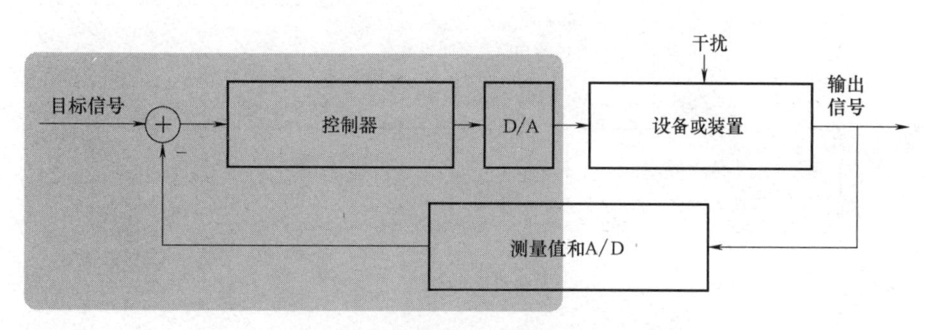

图 5-31　离散时间域控制系统的基本原理

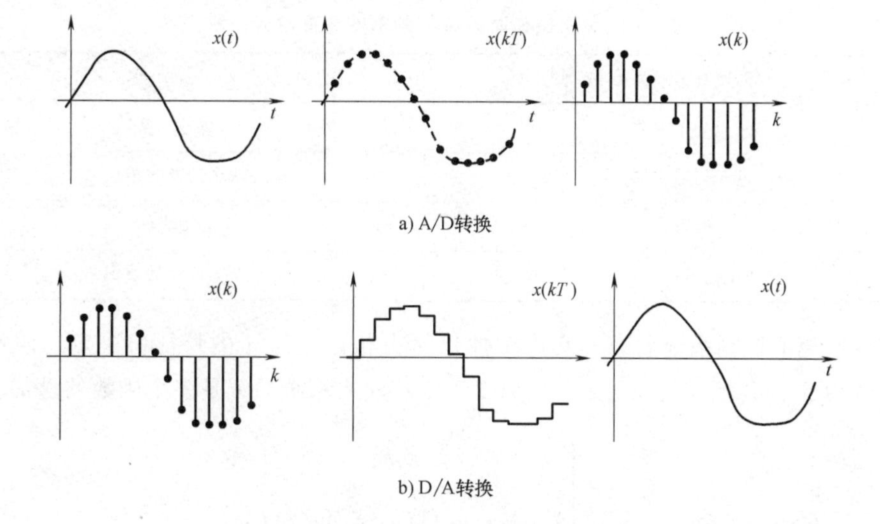

图 5-32　模拟信号与数字信号的转换技术

因此设备的 I/O 行为可以显式地表示出来，其传递函数为

$$G(z)=Y(z)/X(z)=C(Iz-A)^{-1}B+D$$

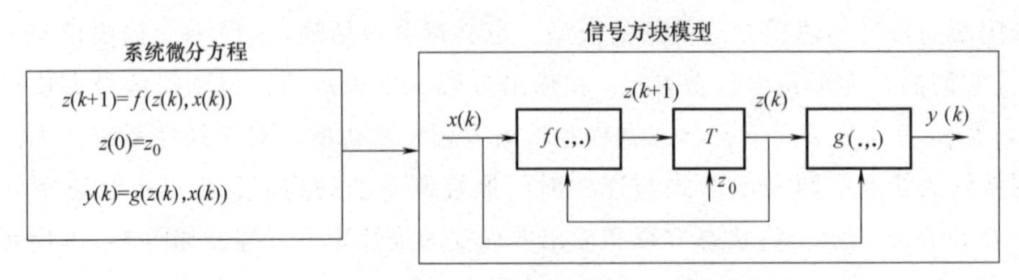

a) 信号方块式建模

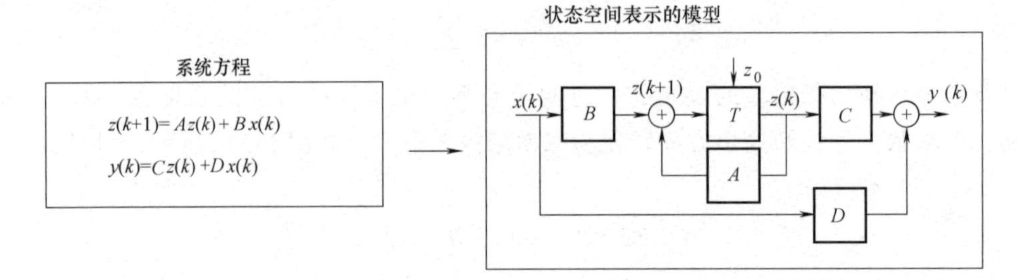

b) 采用状态空间表示

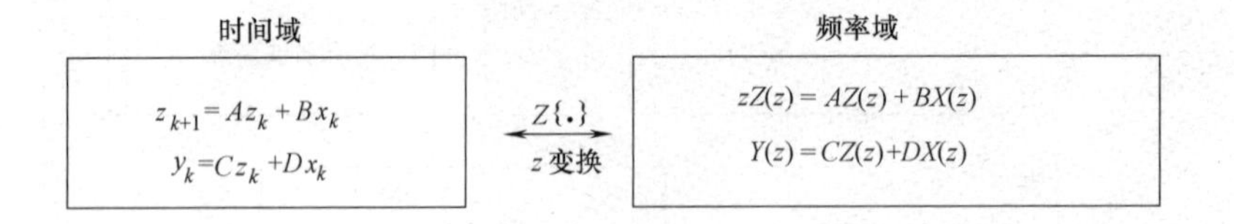

c) 采用频率域表示

图 5-33　离散时间域系统的信号方块式建模

表 5-2　z 变换在时间域与频率域运算对应关系

时间域的运算	频率域的运算
乘以一个常数	乘以一个常数
两个信号相加	两个变换的相加
时移	乘以 z
连个信号的卷积	两个变换的乘积

对线性离散控制系统而言，其稳定性仍然由状态矩阵 A 的特征值决定，假设特征值的实数为 λ_i，共轭复数为 $\lambda_i e^{\pm j\Omega_i}$，那么一个零输入系统的解是多个函数的叠加：

$$z_i(k)=\begin{cases} K_i\lambda_i^k \\ \lambda_i^k[M_i\cos(\Omega_i k)+N_i\sin(\Omega_i k)] \end{cases}$$

假设特征值实部的绝对值都小于 1，则系统是稳定的。由传递函数的计算公式可知，状态矩阵 A 的特征值是频率域中传递函数的极点，也就是说，极点必须都在复平面的单位圆内才能满足系统稳定性要求。假设系统受到频率为 ω 的谐波信号的激励，则系统 $G(z)$ 会以相同频率 Ω 进行响应，幅值为 $|G(e^{j\Omega})|$，移相为 $\arg(G(e^{j\Omega}))$，如图 5-34 所示。

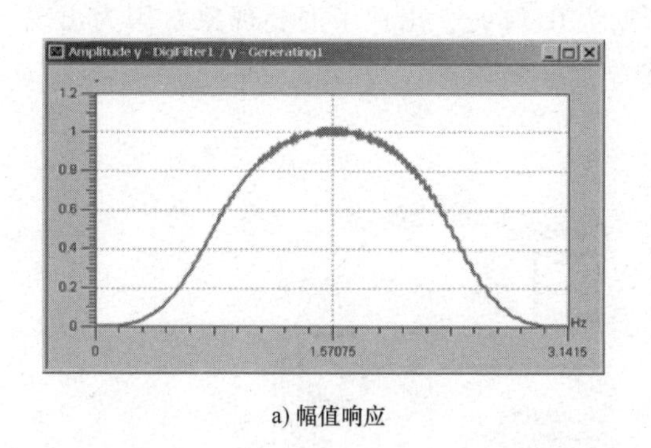

a) 幅值响应

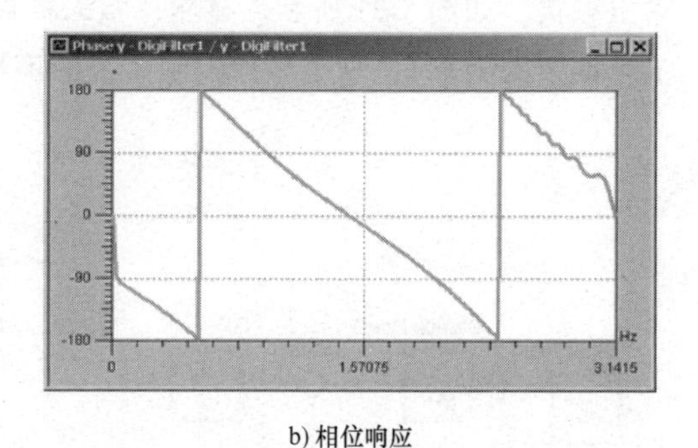

b) 相位响应

图 5-34　离散时间域控制系统的谐波响应

连续时间域系统的控制器设计有很好的理论支撑，相对容易些，适合连续时间域的设备装置，但是其执行难度较大。与之相反，离散时间域系统的控制器设计会复杂些，但是由于只在有限点上执行控制操作，所以执行效率比较高。因此，**在设计控制器时，常用的解决办法就是将两者结合起来，在连续时间域内设计控制器，在离散时间域内执行控制器**。从模型的转换角度来讲，具体的操作则是，将连续时间域的信号方块模型替换为离散时间域的近似模型，将连续时间域的传递函数映射为离散时间域的传递函数，如图 5-35 所示。

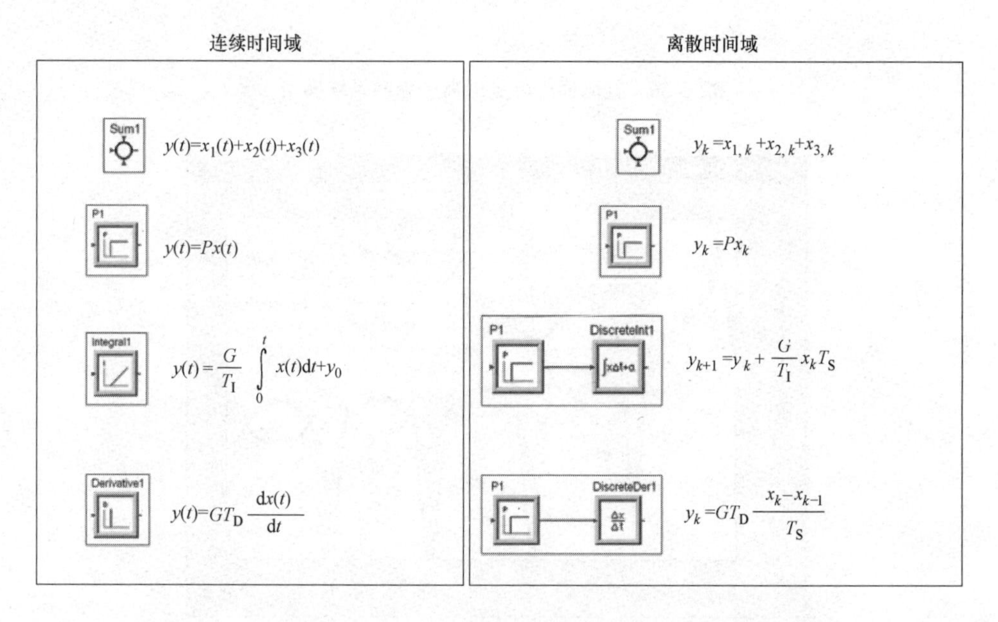

图 5-35　连续时间域的信号方块模型替换为离散时间域的近似模型

假设将5.3.2小节中的直流伺服电机模型中的连续时间域的PID控制器转变为离散时间域的控制器，其信号方块模型的近似结果如图5-36所示，这里的模型，就是在连续时间域的带PID控制器的直流伺服电机模型的基础上，按照图5-35所示的方法做了近似改进，见虚线框内。选择两种采样周期，分别为0.01s和0.1s，可得PID控制器的输出频谱，如图5-37所示。显然，当采样周期为0.1s时，出现了混叠现象（因为出现了不期望的激励），这会导致控制系统的不稳定。

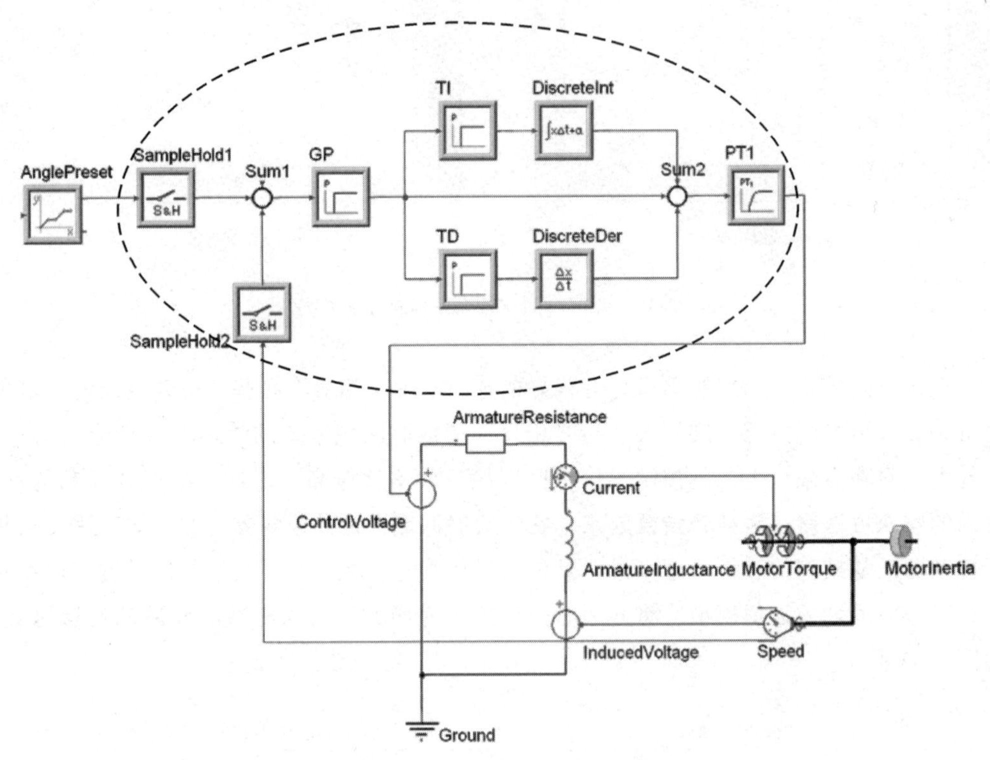

图5-36　直流伺服电机的离散控制系统模型

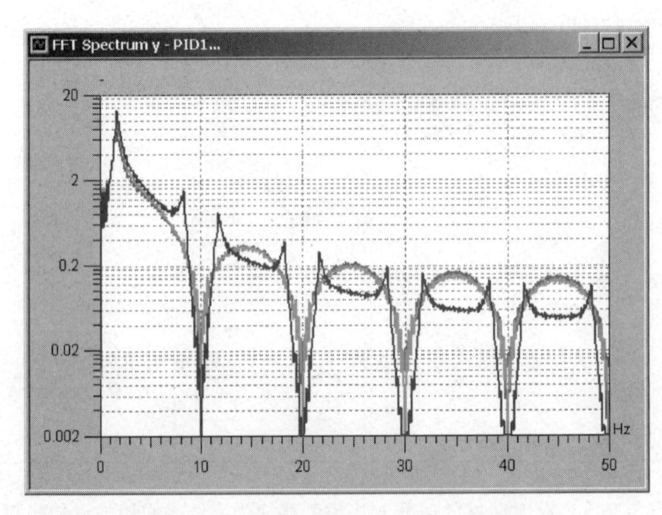

图5-37　离散控制器出现了混叠问题

因此，离散时间域控制器设计方法的关键是 s 平面和 z 平面之间的变换，称为极点和零点映射设计准则，主要步骤如下。

1）评估连续时间域控制器传递函数的极点和零点：

$$G(s)=G_0\frac{(s-s_{01})\cdots(s-s_{0m})}{(s-s_{\mathrm{P}1})\cdots(s-s_{\mathrm{P}n})}$$

2）将连续时间域系统的极点和零点映射到离散时间域系统的极点和零点，如图 5-38 所示：

$$G(z)=\frac{(z-e^{s_{01}T_{\mathrm{S}}})\cdots(z-e^{s_{0m}T_{\mathrm{S}}})}{(z-e^{s_{\mathrm{P}1}T_{\mathrm{S}}})\cdots(z-e^{s_{\mathrm{P}n}T_{\mathrm{S}}})}$$

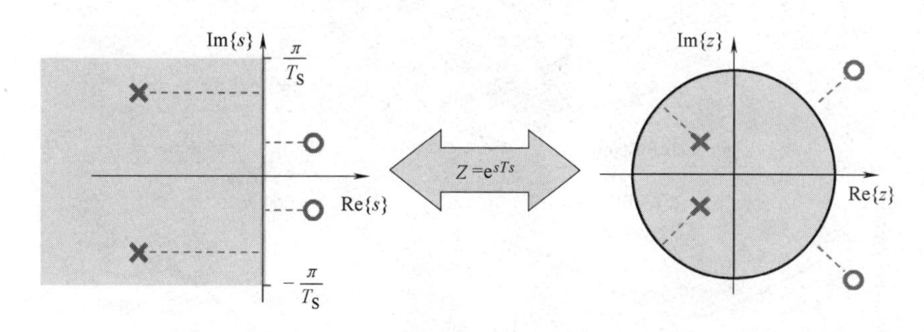

图 5-38　极点和零点的映射

3）选出一个增益，满足 $G(e^{j\Omega})$ 在频率范围内与 $G(j\omega)$。

以前面的连续时间域的 PID 控制器为例，假设其比例增益为 $G_{\mathrm{P}}=60$、$T_{\mathrm{I}}=0.22\mathrm{s}$、$T_{\mathrm{D}}=0.053\mathrm{s}$，则它的传递函数及其极点和零点如图 5-39 所示。

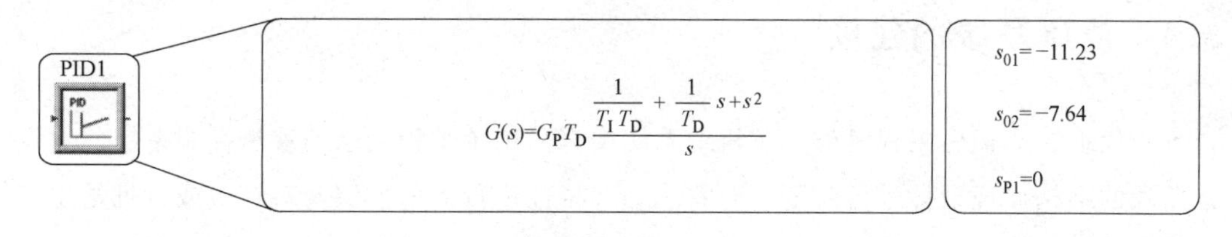

图 5-39　PID 控制器的传递函数及其极点和零点

进行 z 变换后，可得离散时间域的传递函数如图 5-40 所示。

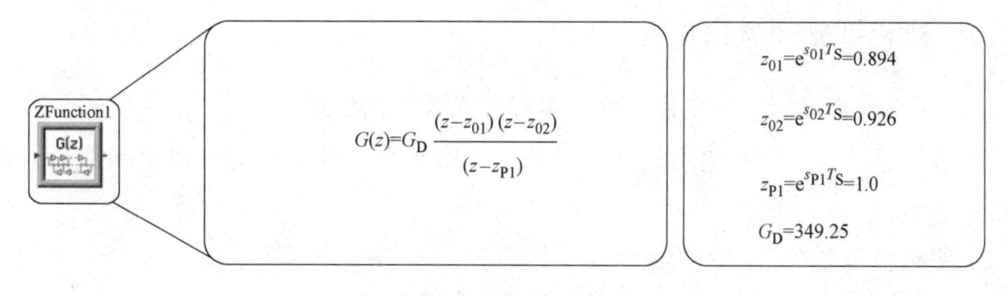

图 5-40　z 变换后的离散时间域传递函数

根据映射关系，可以确定离散时间域的极点和零点，同时可以确定增益值，因此，可得频率域内的传递函数为

$$G(z)=349.25\frac{z^2-1.82z+0.828}{z-1}$$

应用该函数，可以计算频率域内的响应，离散时间域和连续时间域 PID 控制器的结果对比如图 5-41 所示，可以看出，在频率较低范围两者的吻合状况比较好。

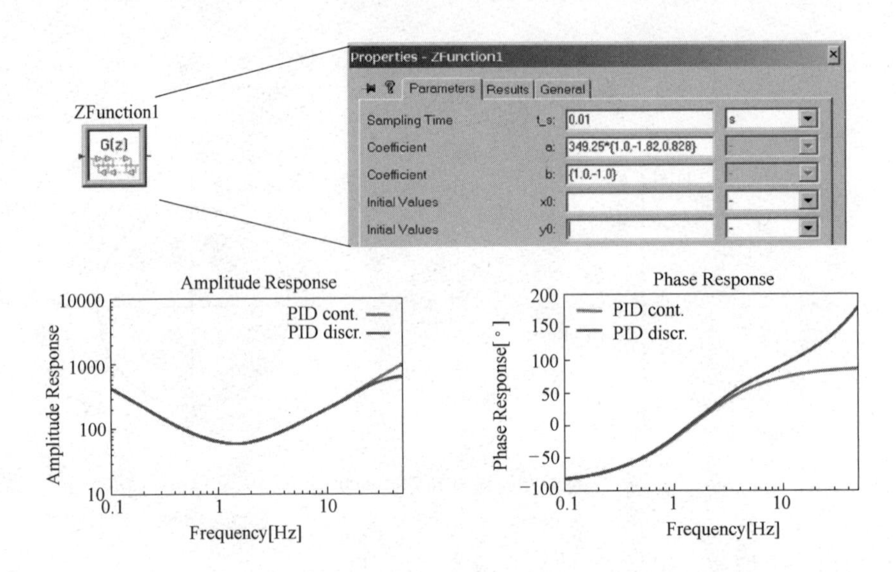

图 5-41　离散时间域和连续时间域 PID 控制器的频率域响应

5.4　液压系统的建模

一般地，车辆、工程机械、飞机等系统中都采用了结构复杂的液压控制系统。对设计阶段的结构原理设计进行验证、对系统动态特性进行提前预测及对样机或者批量生产阶段的系统级故障机理进行分析等，都需要借助系统仿真的手段对液压控制系统进行系统级的动力学仿真。根据阀的结构特征、流体的属性以及机械-液压复合传动原理，液压控制系统往往都具有较强的非线性特征，对建模要求较高。

5.4.1　建模基础和流体属性

对液压系统建模时，需要做一些基本假设或者简化处理：

1）液压系统是由一些集中元件构成的，这些集中元件的行为可以由函数和方程来描述。

2）假设液压系统中流体的流动是一维的。

3）为了描述摩擦引起的压力损失，假设流体的流动是稳态的。

4）忽略模型中连线内流体的流速或者动能，即静压力等于总压力。

如前所述，所建立的液压系统的动力学仿真模型也是由若干集中元件和若干集中元件之间的连线构成的。

图 5-42 所示为一个简单的液压系统仿真模型，包含 4 个集中元件：压力源（PressureSource）、节流阀（Throttle）、单向阀（CheckValve）和油箱（Tank），以及 3 个连线：连接压力源端口 port 和节流阀端口 portA 的连线 Connection1、连接节流阀端口 portB 和单向阀端口 portA 之间的连线 Connection2、连接单向阀端口 portB 和油箱端口 portA 的连线 Connection3。

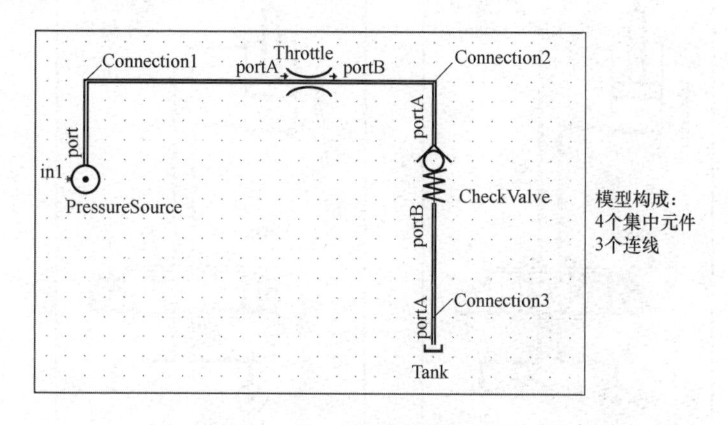

图 5-42 液压系统仿真模型构成示例

流体类型是在连线中定义的。流体类型的选择具有“传播性”，也就是，一条回路上的所有连线只要有一个选定流体类型后，该回路其他连线上的流体类型都与此同步，如图 5-43 所示。根据上述理念，液压模型中如果有多个回路，是可以选择不同流体类型的。流体属性主要包括黏度、密度、可压缩性、热膨胀系数、比热、热传导、气体体积分数、蒸汽压力、气穴等，依赖于选择的流体类型。

SimulationX 提供了丰富的流体库，在建模时可以根据需要自行进行选择；同时，还提供了新流体类型的定义功能。类似于前面的二次建模工具 TypeDesigner，这里可以利用它的一个流体定义工具 FluidDesigner 来完成新流体类型的定义。

启动 FluidDesigner 工具有两种方法，如图 5-44 所示。第一种，选择菜单 Extras 下的 Options…选项，在弹出的窗口中选择 MyFluids 文件夹，按 Add 按钮。第二种，选择液压系统模型中的相应连线，右键点击选项 Properties 或者双击打开该连线的属性对话框，在该对话框内的 HydraulicFluid 选项中点击下拉菜单，选中 NewFluid…。这两种方法都可以启动流体类型开发工具 FluidDesigner。

启动后，可以依据 General→Viscosity→Density→Compressibility→Heat Expansion→Specific Heat→Thermal Conductivity→Aeration→Vapor Pressure→Limits 的顺序，依次定义流体的属性。以黏度的定义为例，图 5-45 所示的为定义流体黏度的页面。流体黏度与温度、压力都有关，其定义方式有多种，例如，可以通过函数来定义，如图 5-45 所示；

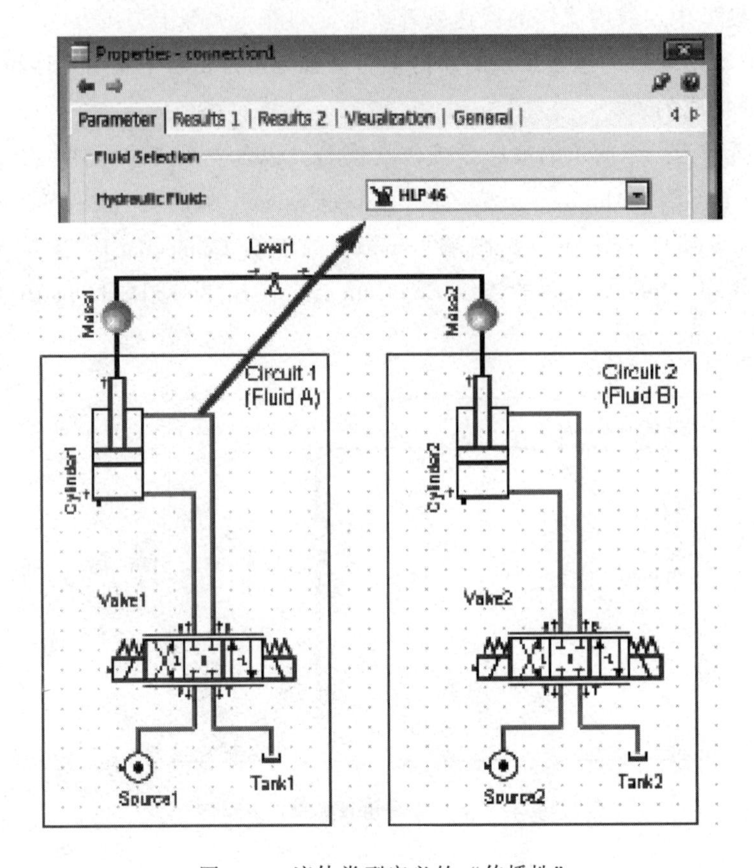

图 5-43 流体类型定义的“传播性”

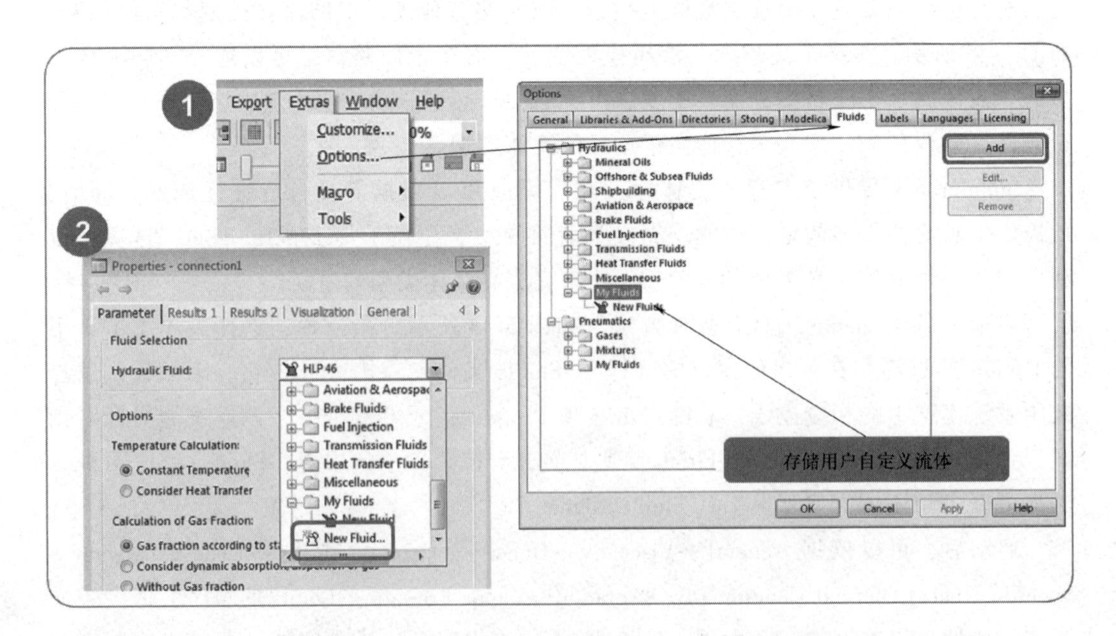

图 5-44 启动定义新流体类型的 FluidDesigner 的方法

也可以用查表法来定义，通常利用试验测试得到的数据（如图 5-46 所示的两个表格数据），利用多项式插值法定义流体的黏温特性和黏压特性。依次类推，即可完成新的流体类型的定义。定义好后，流体库中就有了该流体类型，然后可以用于液压系统模型连线中流体的类型定义了。

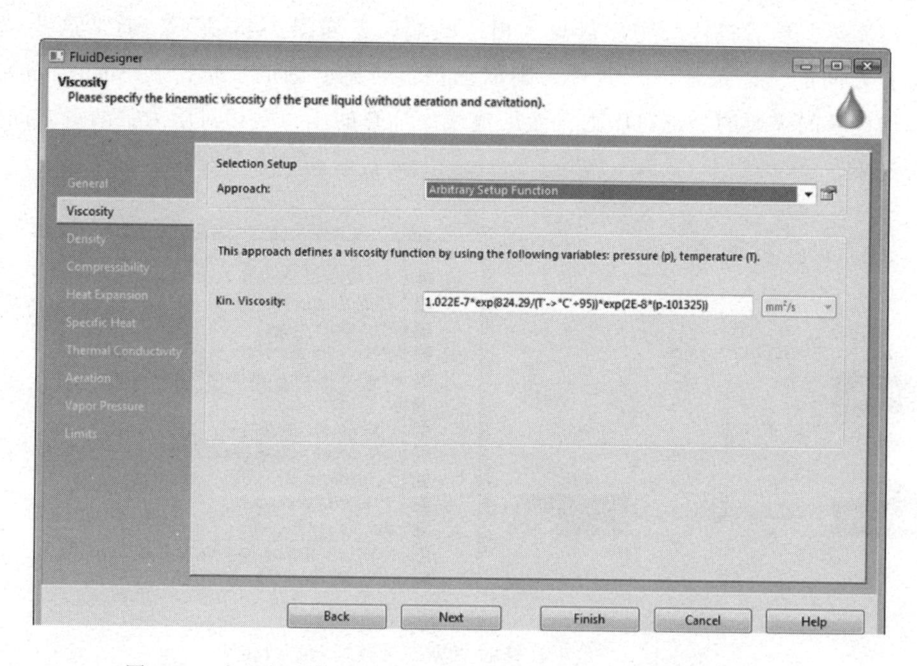

图 5-45　定义新流体的 FluidDesigner 工具（当前页面为定义黏度）

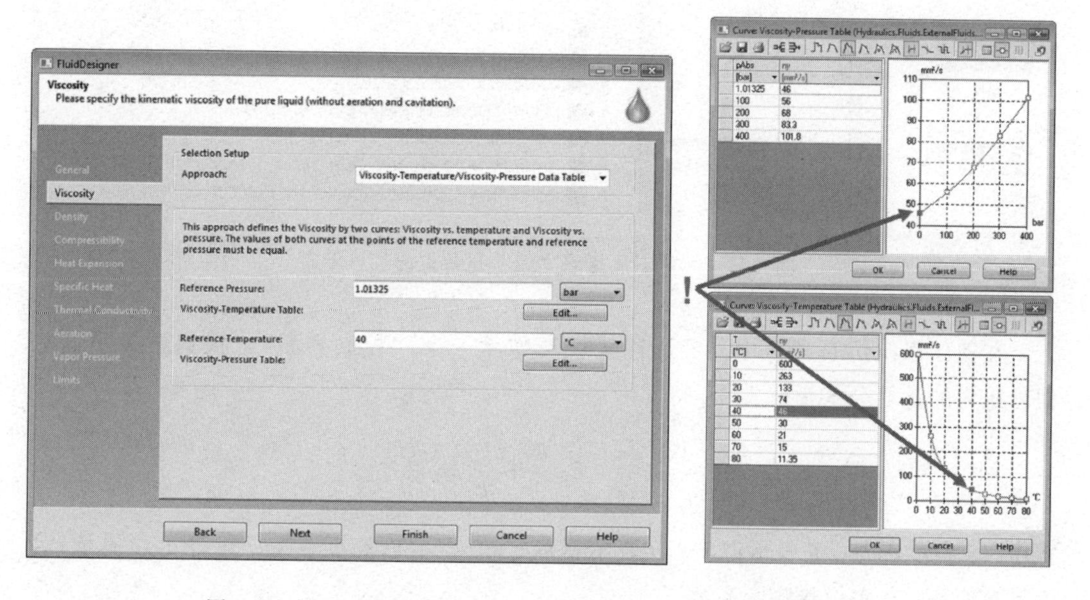

图 5-46　通过查表法定义流体的黏度特性（黏温特性和黏压特性）

5.4.2 液压连线中的计算

在连线中计算得到“势”量，例如压力、温度等，由此进一步计算得到流体属性，然后将这些物理量写入相连的端口，如图 5-47 所示。在元件中计算“流”量，例如质量流、热流等，然后将这些物理量写入相连的端口，如图 5-48 所示，通常这些“流”量都是有方向的，如果是进入元件，则取正值；否则，则取负值。在 SimulationX 中，流体属性计算时需要的是绝对压力，液压连线中计算的压力是相对压力，两者之间的差值是大气压。

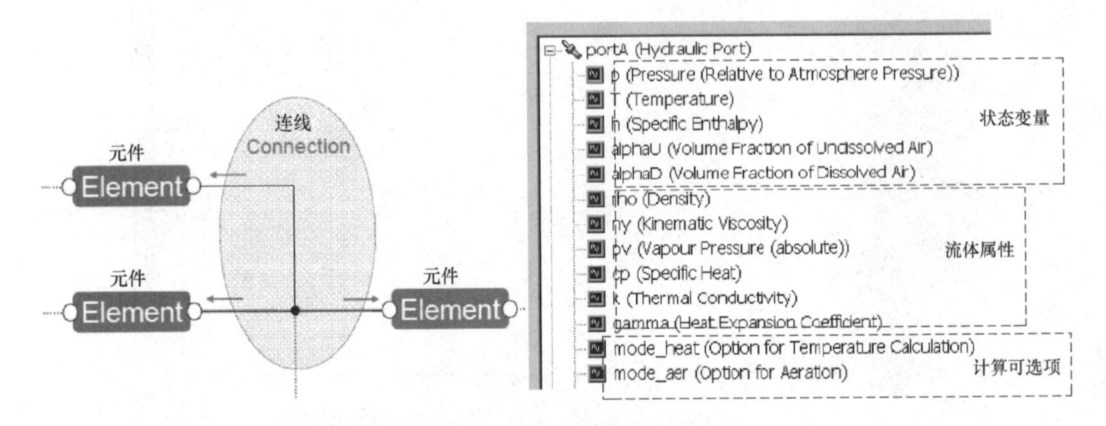

图 5-47 连线中计算的“势”量数据向端口传输

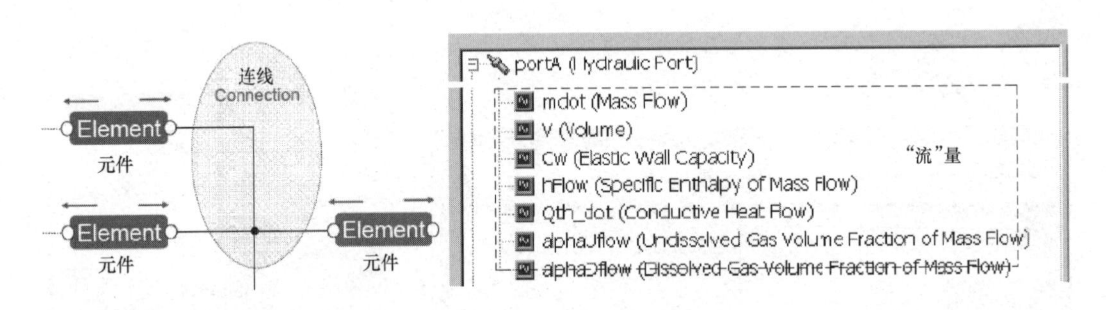

图 5-48 元件中计算的“流”量数据向端口传输

在液压系统仿真模型中，液压连线被看作是一个“控制容积”。根据质量平衡方程，压力的计算公式为

$$\frac{1}{\rho}\cdot\frac{\partial m}{\partial t}=C_{\mathrm{h}}\frac{\partial p}{\partial t}+\frac{\partial V}{\partial t}-V\gamma\frac{\partial T}{\partial t}$$

式中，p 表示压力；T 表示温度；ρ 表示密度；C_{h} 表示总液压容量；m 表示总质量；V 表示总容积；γ 表示热膨胀系数。

总液压容量 C_{h} 的定义为

$$C_{\mathrm{h}} \equiv -\frac{\partial V}{\partial p}$$

可以由总弹性壁容量 C_{w}、总容积 V 和可压缩系数 β 计算得到：

$$C_{\mathrm{h}} = C_{\mathrm{w}} + V\beta$$

如果液压连线的总容积为零，则质量平衡方程简化为

$$\frac{\partial m}{\partial t} = 0$$

上述方程为隐式方程，压力无法被初始化。以图 5-49 所示的液压系统为例，该模型由泵模型 Pump、减压阀 PRV 和油箱 Tank2 三个元件以及 Connection1、Connection2 和 Connection3 三个连线构成，减压阀的开启压力为 100bar（$1\mathrm{bar} = 10^5\mathrm{Pa}$），泵的排量为 20L/min，连线中流体的压力初始值 p0 设置为 0bar。根据减压阀原理，0bar 的情况下，减压阀是关闭的，导致 $t=0$ 时刻的方程发生奇异，求解器会报错。针对这种方程结构依赖于压力的液压系统模型，为了避免奇异，需要考虑工作状态来设定初始值。对该模型而言，正确的工作状态是阀打开的状态而不是关闭的状态。因此，需要将初始值设定的比开启压力稍微大一点的数值，例如设为 101bar，其对应的就是阀打开。

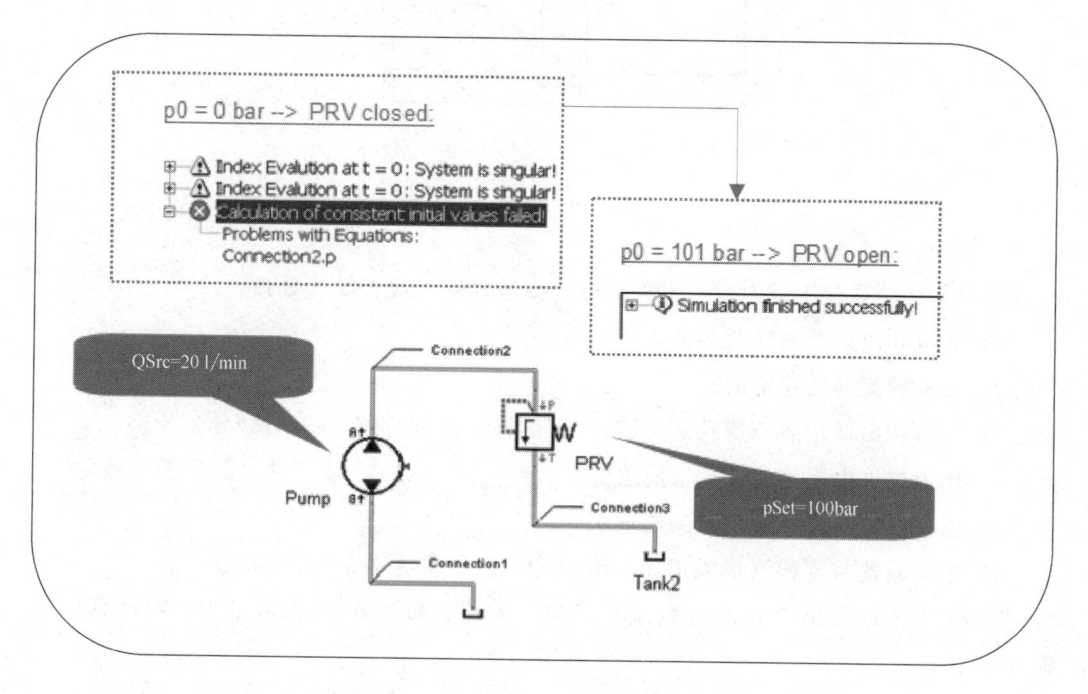

图 5-49　压力计算的初始值设定问题

如果进一步考虑热传递，则液压连线会根据控制容积的焓平衡原理来计算温度：

$$\frac{\partial H}{\partial t} = \sum_i \dot{m}_i \cdot h_i + V\frac{\partial p}{\partial t} + \frac{\partial Q_{\mathrm{th}}}{\partial t}$$

$$\frac{\partial H}{\partial t}=C_{\mathrm{p}}\left(T\frac{\partial m}{\partial t}+\rho V\frac{\partial T}{\partial t}\right)$$

$$\frac{\partial Q_{\mathrm{th}}}{\partial t}=\sum_{i}\dot{Q}_{\mathrm{th}_{i}}$$

式中，H 表示焓；m_i 表示元件 i 的质量流；h_i 表示质量流的比焓；V 表示总容积；p 表示压力；C_{p} 表示恒温下的比热；T 表示温度；ρ 表示密度；Q_{th} 表示总传导热（所有连接在一起的元件的传导热流的和）。

5.4.3 液压阻力的计算

在动态的液压传动过程中，流体会穿过很多节流孔，此类结构在油路中或者液压阀中比较常见，如图 5-50 所示。流体经过节流孔时，会产生液压阻力，从而导致出现压力损失。因此，为了确保液压系统动态特性仿真的精度高要求，需要考虑并尽可能考虑可能的液压阻力，从而精确计算出压力、流量等液压传动的关键性能指标。

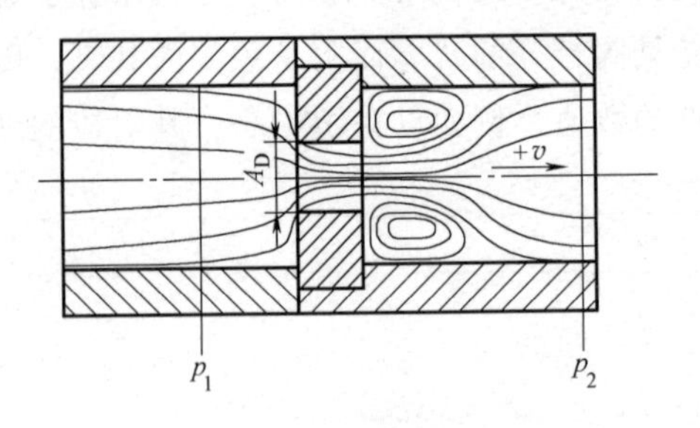

图 5-50　节流孔

通常，在计算液压阻力时，也需要做一些基本假设或者简化处理：

1）入口和出口处的横截面面积相等。

2）流体的流动是稳定的。

3）入口和出口距离节流孔都足够远，可以忽略它们对节流孔处流体的影响。

4）压力损失由平均流速 v 来描述，即 $\Delta p=p_1-p_2=\zeta\rho v^2/2$，式中 ζ 为压损系数。

5）忽略气穴对流体流动行为的影响。

6）平均流速与容积流量成正比，即 $v=Q/A$，式中 A 表示截面面积。

7）由于入口和出口处的容积流量不同，采用进油侧的容积流量 Q_{in} 来计算压力损失。

8）质量流 $mdot$ 由进油侧的容积流量 Q_{in} 和密度 ρ_{in} 计算得到，即 $mdot=Q_{\mathrm{in}}\rho_{\mathrm{in}}$。

雷诺数（Reynolds Number）是一种可用来表征流体流动情况的无量纲数。利用雷诺数可区分流体的流动是层流还是湍流，也可用来确定物体在流体中流动所受到的阻力。雷诺数越小，意味着黏性力影响越显著；越大，意味着惯性影响越显著。因此，雷诺数定义为惯量和黏性力的比值：

$$Re=\frac{|Q|d_h}{Av}$$

式中，Q 表示容积流量；d_h 表示液压直径；v 表示流体的运动黏度。

用于描述液压阻力常用到压损系数 ζ，其数值大小依赖于节流孔的几何形状和雷诺数，目前查阅机械手册可以找到大量简单结构对应的该系数推荐数值；但是，对于复杂的几何结构，往往需要借助于 CFD 仿真来确定该数值。

有些场合下，也可以采用流量系数 α_D 来描述液压阻力的容积流量：

$$\alpha_D=\frac{1}{\sqrt{\zeta}}$$

$$Q=\alpha_D(Re)A_D\sqrt{\frac{2}{\rho}}\sqrt{|\Delta p|}$$

同样，在几何一定的情况下，流量系数也与雷诺数有关，既可以考虑层流损失，也可以考虑湍流损失，由两个非几何参数来确定：

$$\alpha_D=1\Big/\sqrt{\frac{1}{a_1^2Re}+\frac{1}{(\alpha_T)^2}}$$

$$a_1=\alpha_T/\sqrt{Re_K}$$

式中，α_T 表示湍流流量系数；Re_K 表示临界雷诺数。

在所有“流”量中，最主要的是质量流。容积流量依赖于密度，往往入口处（上游）具有高密度，而出口处（下游）具有低密度。液压阻力用于计算质量流、进油侧的容积流量。

5.4.4　机械-液压执行机构

为了实现对不同油路的压力或者流量的控制目标，需要在液压系统中将机械能与液压能不断地进行互相转换。具有此类功能的元器件称为机械-液压执行机构，例如液压缸、泵/马达等，是液压系统建模的重点。

SimulationX 中提供了三种类型的液压缸模型，如图 5-51 所示，其能量转换功能的实质为液压力和机械力之间的转换、容积流量和线性速度之间的转换。因此，液压缸的基本原理就是液压力和机械力之间的平衡方程。在这些模型中，可以定义液压腔的截面几何、推杆的起始终止行程等基础参数，还可以进一步考虑泄漏、摩擦、弹性密封等问题。为了更具有基础性，液压缸模型不包括任何质量/惯量，液压缸可以集成到任意的机械系统中，因此，液压缸承受的机械力来自与液压缸外部连接的其他质量/惯量元件模型，图 5-52 所示的液压缸集成系统模型，其中示意了缸体、推杆、箱体的支撑（刚性或者弹性）等建模方式。因此，液压缸系统的基本方程包括：在液压力、机械力或者摩擦力等的联合作用下，推杆的动力学平衡方程、弹性支撑下缸体的振动方程等。

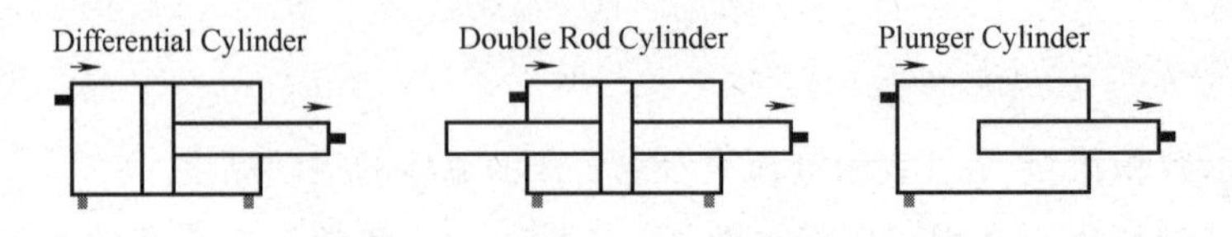

图 5-51　SimulationX 液压学科库中提供的三种液压缸模型

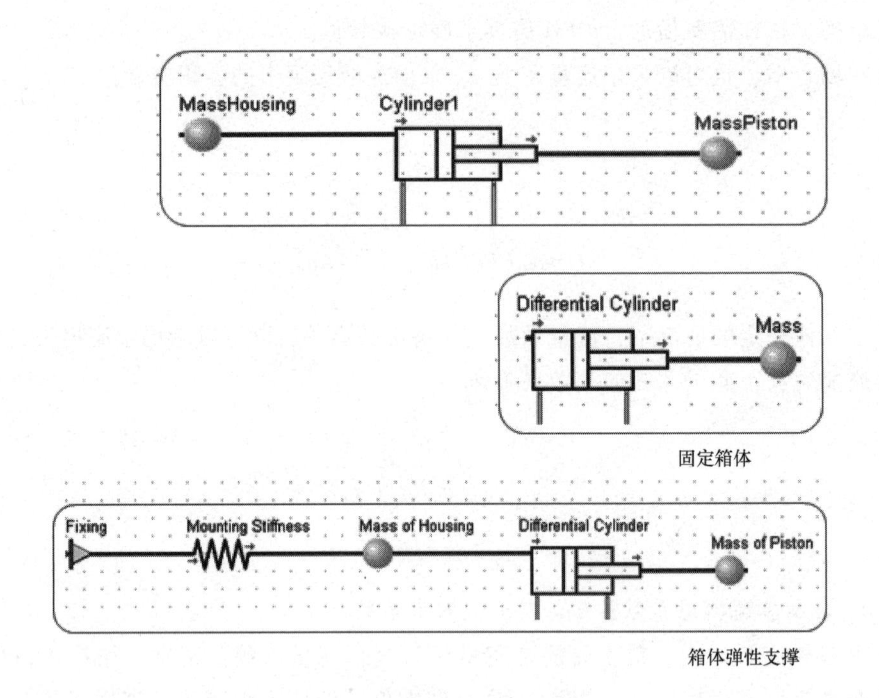

图 5-52　液压缸集成系统的建模方法

SimulationX 中提供了两种类型的泵/马达模型，如图 5-53 所示，用于液压能和机械能之间的转换，其实质为油液压力与机械转矩之间的转换、容积流量与旋转转速之间的转换。因此，泵/马达的基本原理就是转矩平衡方程。根据转速差和压降的符号，这两种模型可以工作为泵，也可以工作为马达。除了设置基本的排量参数外，还可以定义其泄漏、摩擦等特性。同样的道理，为了更具有基础性，泵/马达模型不包括任何质量/惯量，泵/马达模型可以集成到任意的机械系统中，因此，泵承受的转矩来自与其外部连接的其他惯量元件模型。图 5-54 所示为一个简单的定量泵/马达集成系统模型，其中示意了泵/马达转子、定子（刚性或者弹性支撑）的建模方式。图 5-55 所示为一个简单的

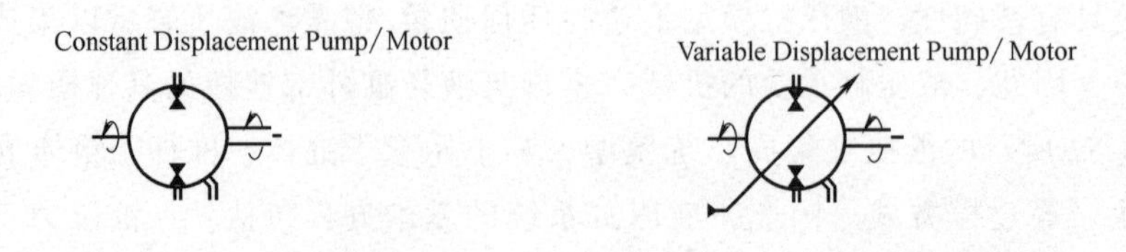

图 5-53　SimulationX 液压学科库中提供的两种类型的泵/马达模型

变量泵/马达集成系统模型，其仿真结果显示可以通过一个二阶传递函数描述其动态特性，不同阻尼比可以模拟出不同的特性。因此，泵/马达系统的基本方程包括：在油液压力、机械转矩或者摩擦力等的联合作用下，转子和定子的动力学平衡方程。

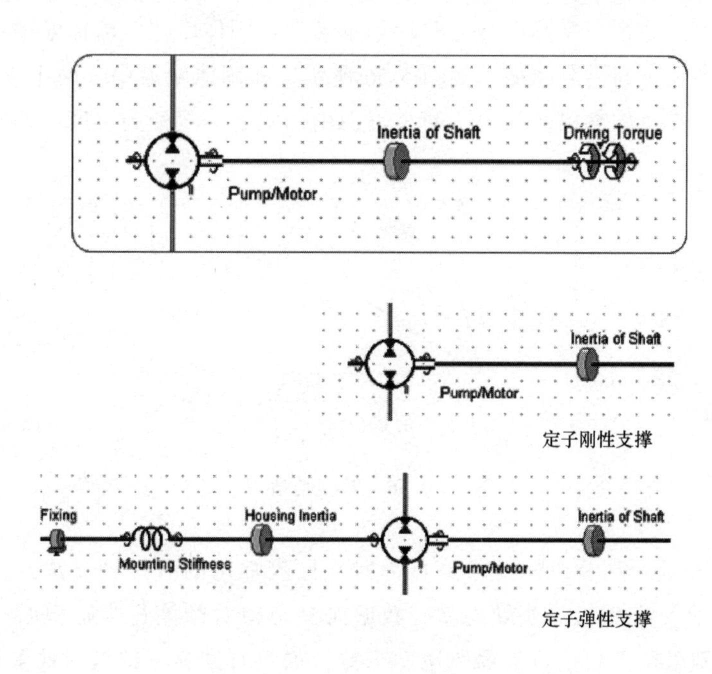

图 5-54　定量泵/马达集成系统的建模方法

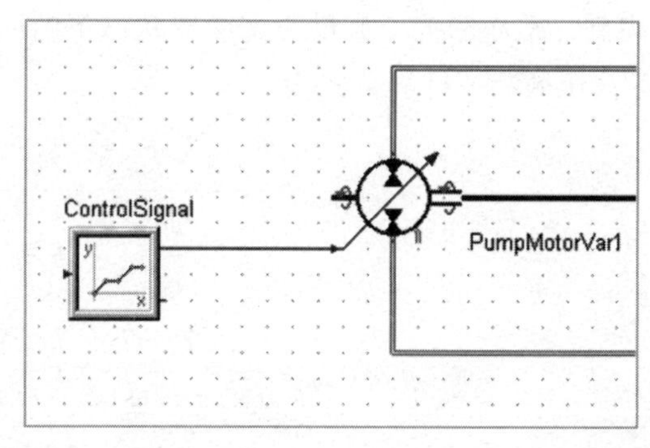

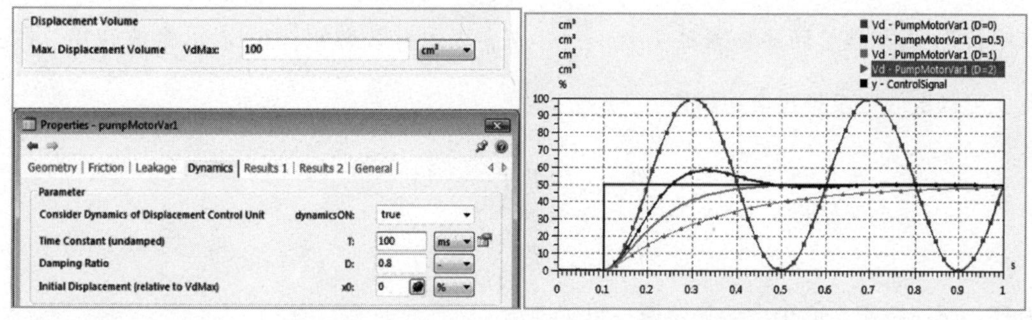

图 5-55　变量泵/马达集成系统模型及其动态特性的设定

存在能量转换的场合，就会存在能量损失。因此，对机械-液压执行机构进行建模时，必须根据仿真目标来慎重对待是否考虑能量损失、如何考虑能量损失的问题。摩擦问题是引起液压执行机构的机械能量损失的主要原因，摩擦力主要依赖于相接触的两个表面的相对速度。通常，摩擦可分为两种基本类型：固体摩擦、流体摩擦，有些场合下两类摩擦同时存在，为混合摩擦，如图 5-56 所示。在固体摩擦中，两个表面相互接触，摩擦力非常大。在流体摩擦范围内，两个表面中间隔着一层油膜，摩擦力相对比较小。

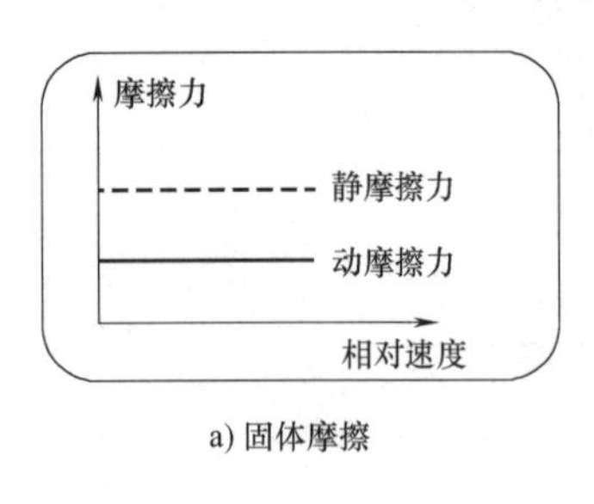

a) 固体摩擦

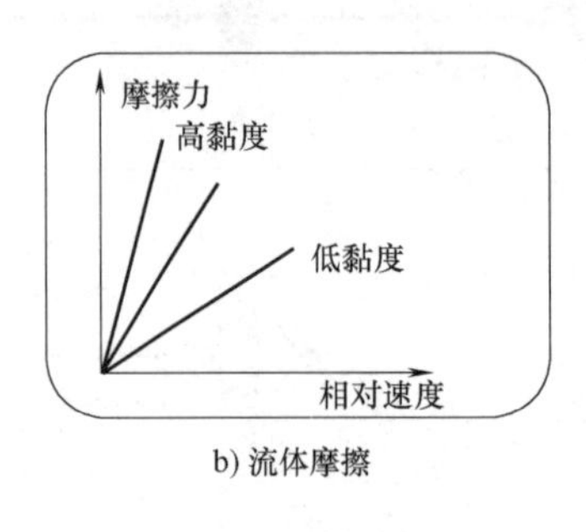

b) 流体摩擦

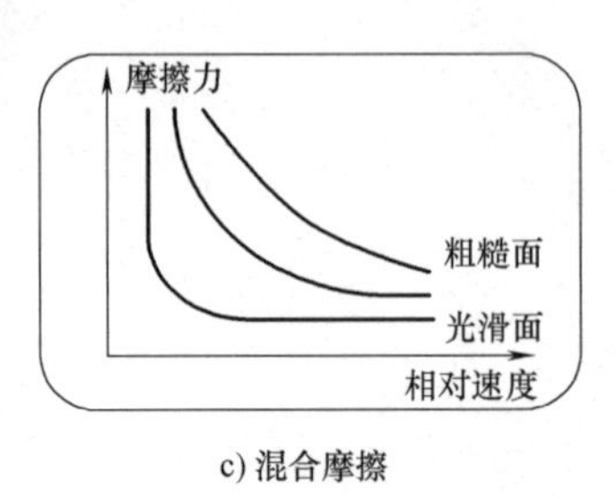

c) 混合摩擦

图 5-56　摩擦类型

在描述机械-液压执行机构的摩擦行为时，比较常用的有两种方法：效率法、斯特里贝克（Stribeck）曲线法。当缺乏基础数据而又必须对摩擦行为建模时，建议采用效率法；反之，则采用斯特里贝克曲线法。当然，如果有试验测试得到真实数据，也可以用查表法来定义其摩擦行为。

效率法的基本思想如图 5-57a 所示，假设摩擦力与液压缸力成正比，由给定的机械效率 η 来计算得到，最小摩擦力假设为干摩擦状态下的库仑摩擦力 F_C。根据定义可知，泵/马达的机械-液压效率的计算公式为

$$\eta_{hm,Pump}=\frac{T_{th}}{T_{eff}}=\frac{T_{th}}{T_{th}+T_{fr}}=\frac{1}{1+\dfrac{T_{fr}}{T_{th}}}$$

$$\eta_{hm,Motor}=\frac{T_{eff}}{T_{th}}=\frac{T_{th}-T_{fr}}{T_{th}}=1-\frac{T_{fr}}{T_{th}}$$

式中，T_{th} 表示理论转矩，满足 $T_{th}=\dfrac{V_d\Delta p}{2\pi}$；$T_{eff}$ 表示有效转矩；T_{fr} 表示摩擦转矩。因此，可以由效率反推出摩擦转矩：

$$T_{fr,Pump}=T_{th}\left(\frac{1}{\eta_{hm}}-1\right)$$

$$T_{fr,Motor}=T_{th}(1-\eta_{hm})$$

另外，摩擦转矩不能小于库仑摩擦转矩 T_C。

斯特里贝克曲线的基本思想如图 5-57b 所示，由于该曲线考虑了所有已知的摩擦影

响，曲线中的参数也容易确定，因此应用最多。

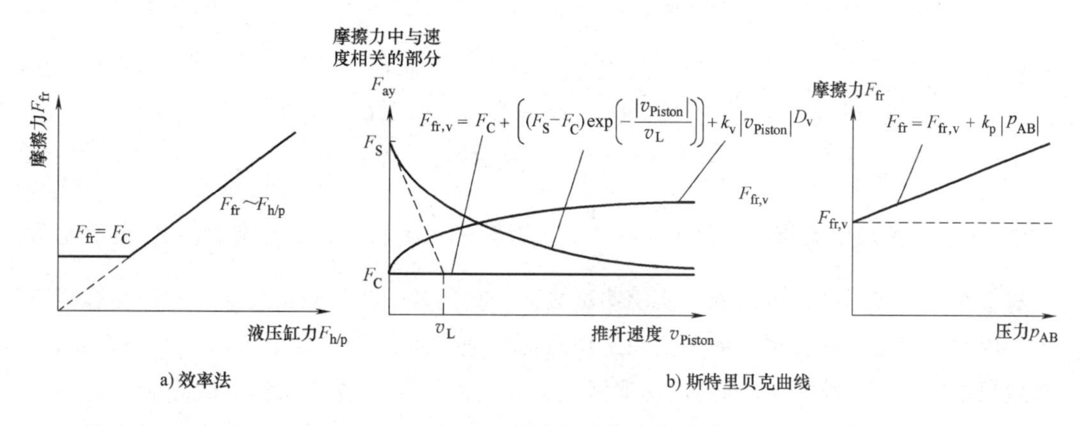

图 5-57　摩擦特性的建模

机械-液压执行机构的泄漏问题是造成容积损失的主要原因。对于液压缸而言，推杆和缸体之间存在相对运动，假设推杆和缸体之间存在长长的缝隙，因此，会造成泄漏问题。根据是否忽略相对运动对泄漏的影响及是否考虑密封油膜的详细几何特征，可以有三种对泄漏问题进行建模的方法，如图 5-58 所示，其中的液力传导系数 Cli 往往需要实验或者仿真得到。对于泵/马达而言，考虑到结构的复杂性，通常采用类似于液压缸的第二或者第三种方法通过与压降的关系式来对泄漏问题进行建模，如图 5-59 所示，这种建模方法的缺点是仅考虑了泄漏与压降之间的关系，但是忽略了考虑速度的关系。

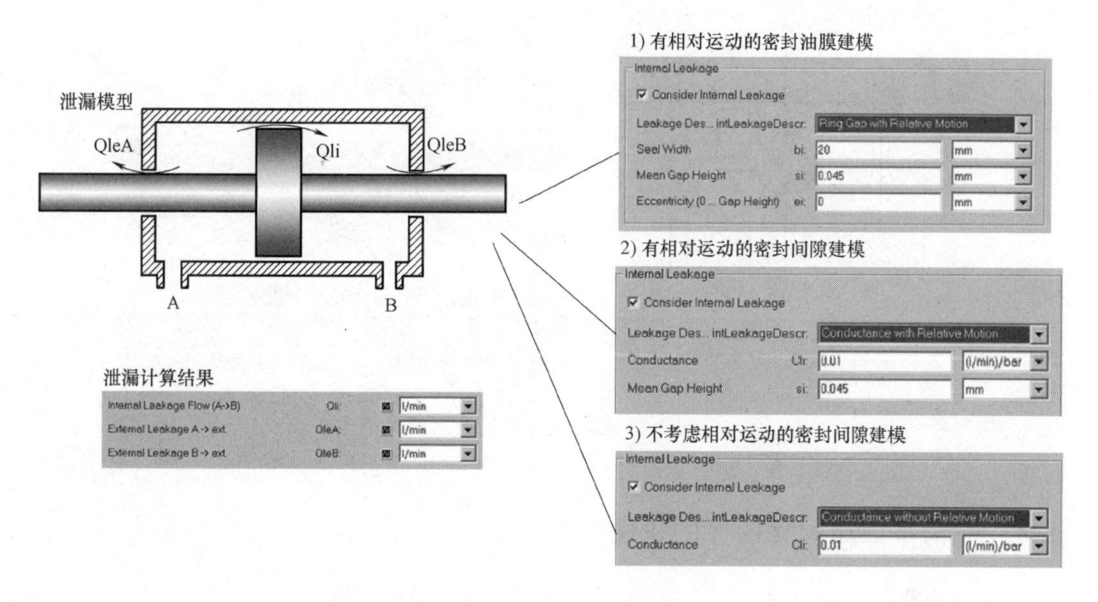

图 5-58　液压缸的泄漏问题

根据泵/马达的容积效率的定义，可以有：

$$\eta_{\text{vol,Pump}}=\frac{Q_{\text{eff}}}{Q_{\text{th}}}=\frac{Q_{\text{th}}-\sum Q_{\text{L}}}{Q_{\text{th}}}=1-\frac{\sum Q_{\text{L}}}{Q_{\text{th}}}$$

$$\eta_{\text{vol,Motor}}=\frac{Q_{\text{th}}}{Q_{\text{eff}}}=\frac{Q_{\text{th}}}{Q_{\text{th}}+\sum Q_{\text{L}}}=\frac{1}{1+\frac{\sum Q_{\text{L}}}{Q_{\text{th}}}}$$

式中，Q_{th} 表示理论流量，满足 $Q_{\text{th}}=\frac{V_{\text{d}}n}{2\pi}$，$n$ 为转速；Q_{eff} 表示有效流量；Q_{L} 表示泄漏流量。在工程实际中，可以基于实验测试数据，获得若干工作点的转速、压降和容积效率。因此，根据泵的基本几何参数和工作点的转速，可计算出各个工作点的理论流量，然后根据效率可计算出泵/马达的总泄漏流量，进而计算出各个工作点的总泄漏传导系数。这些计算出的泄漏传导系数都与转速有关，通过多项式插值方法，可拟合出泄漏传导函数-转速的关系式，将此作为泵/马达泄漏模型的输入。

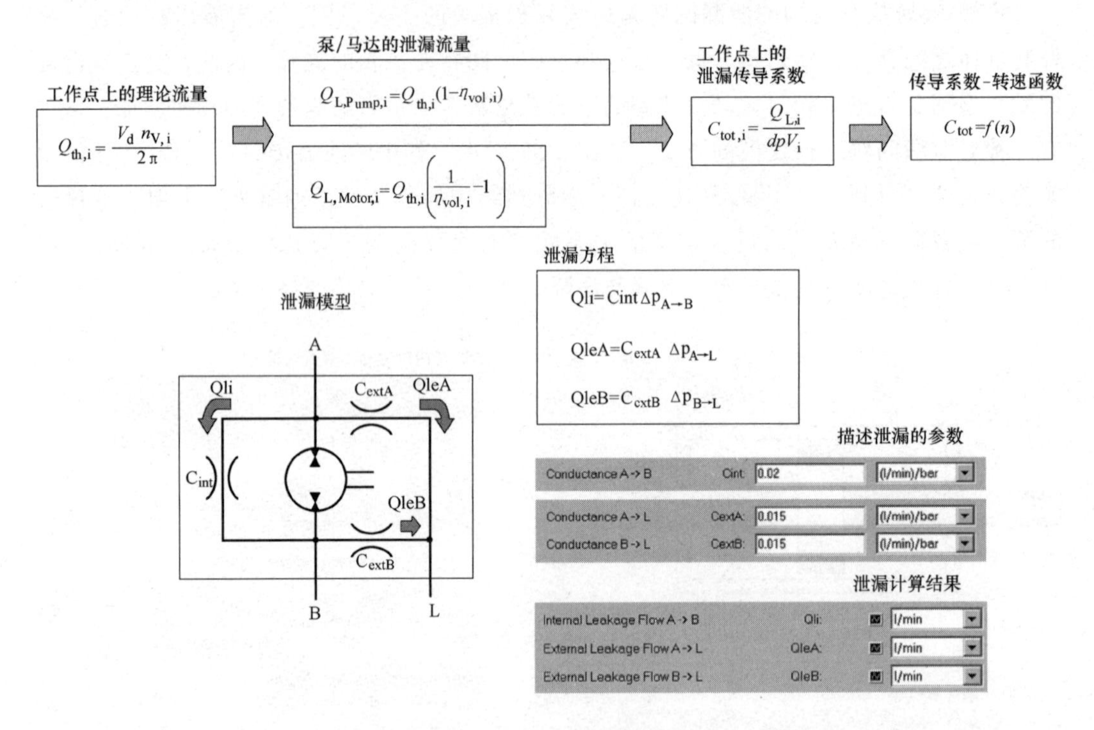

图 5-59　泵/马达的泄漏问题

5.4.5　简单液压阀元器件的建模

1. 压力阀

常用的压力阀主要有两种基础类型：溢流阀、减压阀，除此之外，还有将两种组合在一起形成的压力控制阀，如图 5-60 所示。溢流阀的作用是限制入口 P 的最高压力，一旦入口 P 的压力超过设定值，则阀将打开，连通端口 P 和 T 进行泄油，直至压力降低至设定值。减压阀的作用则是保持出口 A 的压力在设定值，一旦出口 A 的压力低于设定值，则将阀打开，连通端口 P 和 A 进行供油，直至压力提升至设定值。可见，这种阀都有三种不同的运行状态：关闭、打开（控制）和完全打开（节流）。需要注意的是，SimulationX 提供的每个压力阀的模型忽略了阀的动态特性，因此，实现阀功能时，其表现出的压力-流量特性是没有时间延迟的，也就是静态特性。

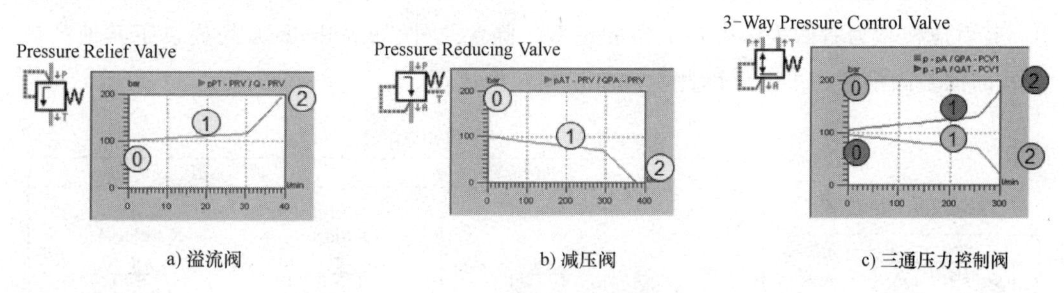

图 5-60　压力阀模型及其静态特性

0—关闭　1—打开（控制范畴）　2—完全打开（节流范畴）

2. 单向阀

单向阀模型包括两种类型：带弹簧的和不带弹簧的，如图 5-61 所示。

与溢流阀类似，带弹簧的单向阀也存在三种运行状态：关闭、打开和完全打开。不带弹簧的单向阀在功能上类似于节流孔，存在两种运行状态：关闭、完全打开。两个模型中也都忽略了阀的动态特性，因此，实现阀功能时，其表现出的压力-流量特性是没有时间延迟的，也就是静态特性。

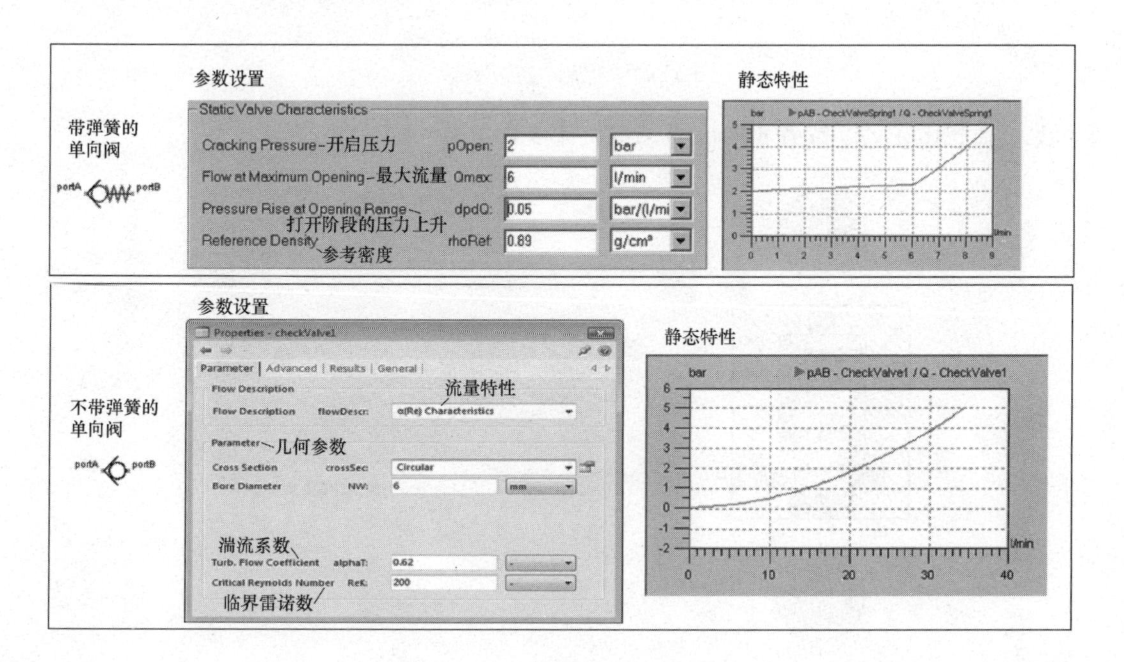

图 5-61　单向阀模型及其静态特性

3. **插装阀**

插装阀与普通液压控制阀有所不同，其流通量可达 1000L/min，通径可达 200~250mm。阀芯结构简单，动作灵敏，密封性好。它的功能比较单一，主要实现液压油路的通或断，与普通液压控制阀组合使用时，才能实现对系统油液方向、压力和流量的控制。插装阀基本组件由阀芯、滑套、弹簧等构成，图 5-62 所示的是一种结构示例，当 A 口压力足够克服 X 口压力以及弹簧压力时，可以推动阀芯上移，从而连通油路 A 和 B，其对应模型为右侧表格中左上角的模型。除此之外，SimulationX 还提供了其他结构型式的插装阀模型。下面仅以此示例来说明建模原理。

插装阀内部结构示例

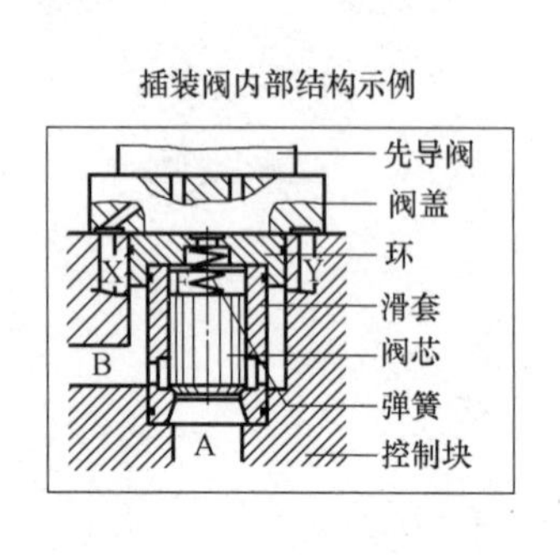

插装阀模型

	提升阀类型	阀芯类型	
弹簧在X口	常闭型 Cartridge1	常闭型 Cartridge3	常开型 Cartridge4
弹簧在A口	Cartridge2	Cartridge5	Cartridge6

图 5-62　插装阀的结构示例与插装阀模型类型

如图 5-63 所示，根据流体静力平衡原理，阀芯承受的总压力为

$$p_{\Sigma,A} = p_A + p_B \frac{A_B}{A_A} - p_X \frac{A_X}{A_A}$$

可见，面积比 A_A/A_X 或者 A_A/A_B 是关键设计参数。

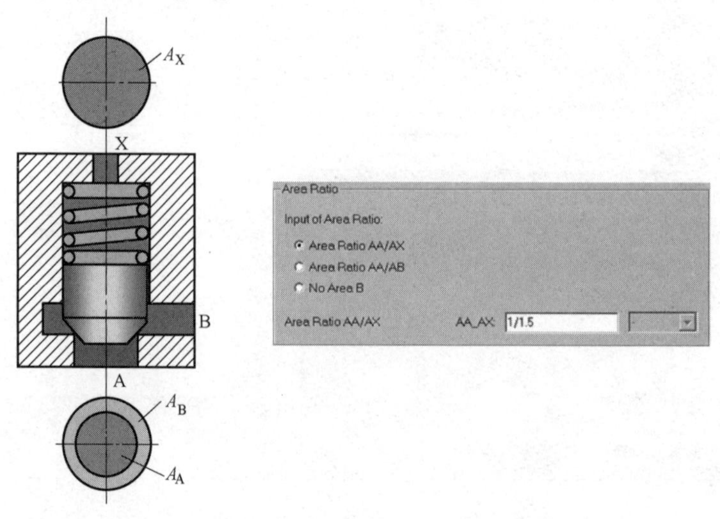

图 5-63　插装阀的关键参数定义

插装阀的相对冲程用 y_{Rel} 表示，其取值范围为［0，100%］。阀的打开过程既可以描述为离散的（不考虑过渡过程），也可以描述为连续的，则 y_{Rel} 在数值上也相应为离散的或者连续的，如图 5-64 所示。对于离散的打开过程，阀芯的稳态位置只有两种：打开、关闭。一旦阀芯的总压力超过开启压力 $p_{\mathrm{AB,Min}}$，阀就完全打开，此时有 $y_{\mathrm{Rel}}=100\%$；否则，处于关闭状态。对于连续的打开过程，阀芯的稳态位置是连续的。当阀芯的总压力超过开启压力 $p_{\mathrm{AB,Min}}$，但仍然小于最大开启压力 $p_{\mathrm{AB,Max}}$ 时，阀开始逐渐打开，直至超过最大开启压力后才是完全打开（$y_{\mathrm{Rel}}=100\%$）。

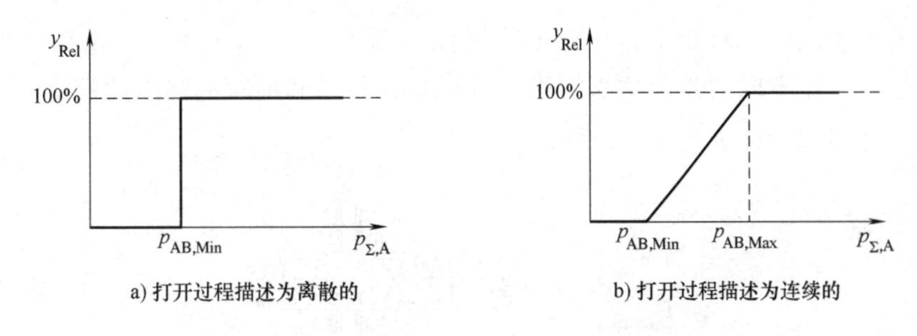

图 5-64 插装阀打开过程的动态描述

如果对插装阀的动态特性进行建模，则可由一个二阶微分方程计算得到插装阀的相对冲程 y_{Rel}，如图 5-65 所示。

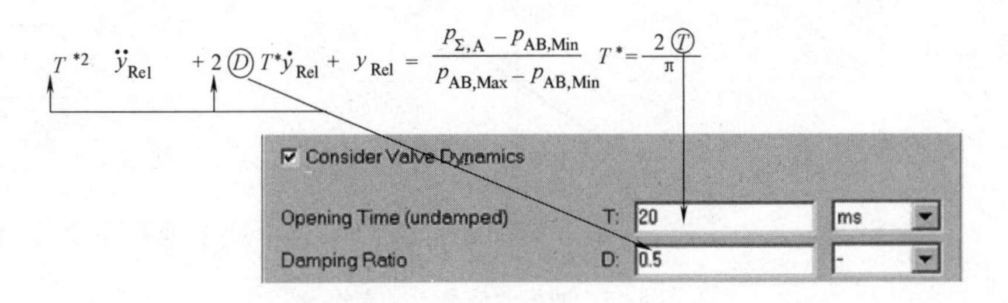

图 5-65 计算插装阀的相对冲程

则实际的流量截面面积和液压直径为

$$A_{\mathrm{A}}=y_{\mathrm{Rel}}A_{\mathrm{A,max}}\quad d_{\mathrm{h}}=y_{\mathrm{Rel}}d_{\mathrm{h,max}}$$

式中，$A_{\mathrm{A,max}}$ 和 $d_{\mathrm{h,max}}$ 可以根据实验测试得到的流量、压降计算得到。

4. 比例方向控制阀

SimulationX 的液压学科库里提供多种类型的比例方向控制阀模型，此类模型的阀芯冲程的变化是信号控制的，因此，此类模型需要和信号方块模型一起来使用。此类模型是基于特性进行建模的，所以不考虑内部容积和液流力，仅考虑内部动态特性。因此，此类模型适合于系统仿真。

以图 5-66 所示的三位四通比例方向控制阀模型为例说明其计算原理。阀的冲程信号定义方式有三种，可以是标准化的 0 至 1 之间的无量纲控制信号，也可以模拟电压信号或者电流信号，如图5-67所示，不同的信号数值会控制阀具有不同的冲程y_{Rel}。不同冲程与阀流量的关系通常简化为线性函数，如图5-68所示，阀的各个相连的端口（P→A和B→T，P→B和A→T）之间的流量随着冲程的增加而线性增加。阀的动态特性仍然可由一个二阶微分方程来描述：

$$T^{*2}\ddot{y}_{Rel}+2DT^{*}\dot{y}_{Rel}+y_{Rel}=y_{Limited}$$

$$T^{*}=\frac{1}{2\pi f_0}\quad y_{Min}\leqslant y_{Limited}\leqslant y_{Max}$$

式中，f_0表示无阻尼固有频率；D表示阻尼比。图5-69列出了不考虑动态特性、考虑动态特性但阻尼比不同的几种仿真结果，可见，计算得到的阀的实际冲程是有较大区别的，需要结合实验情况进行对标。

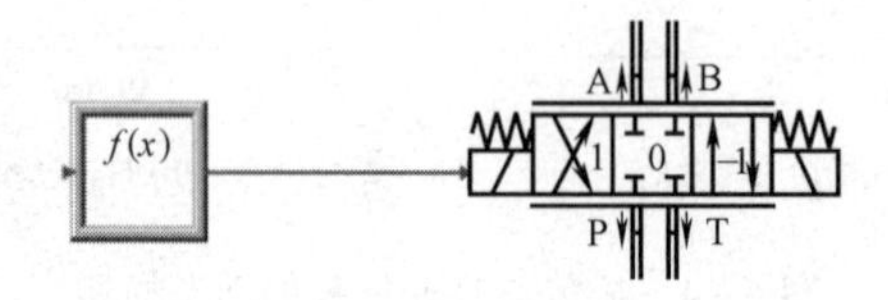

图5-66　三位四通比例方向控制阀模型

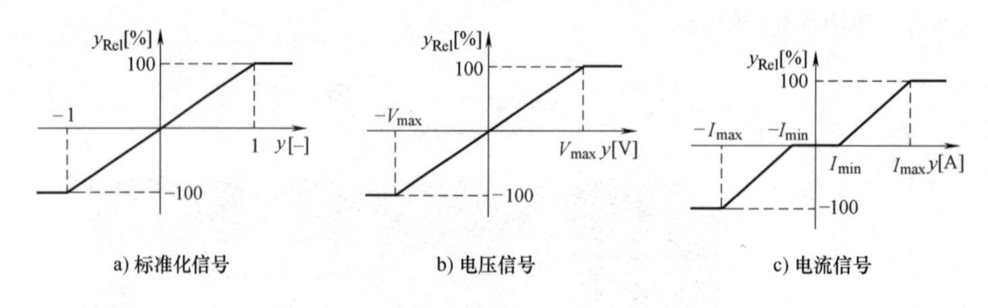

图5-67　冲程的信号定义方式

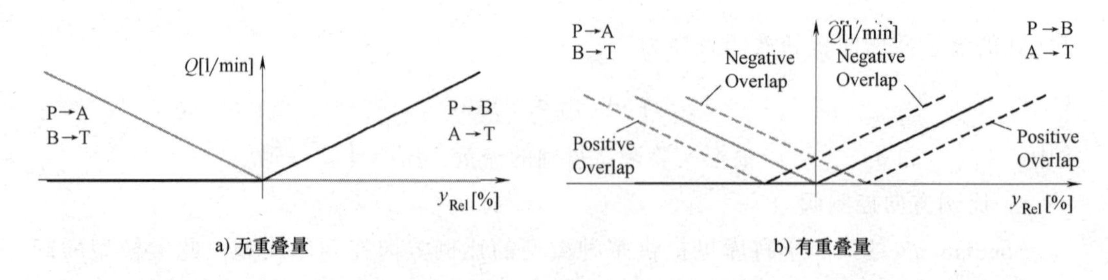

图5-68　阀的流量表示为冲程信号的线性函数

5. 边阀

SimulationX的液压学科库里提供多种类型的边阀模型，这些模型模拟的对象实际上是液压阀的基本元件，可以由若干个边阀来搭建复杂的阀模型。此类边阀模型阀芯位

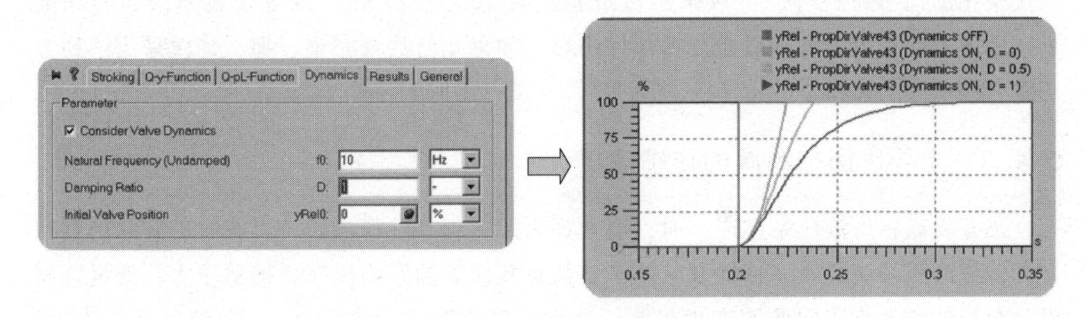

图 5-69 三位四通比例方向控制阀的动态特性

置的控制需要采用物理建模的方式，因此，模型的应用需要和机械类模型一起使用，例如，将阀芯建模为集中质量，弹簧建模为刚度阻尼元件，泄漏问题建模为间隙泄漏模型，摩擦力建模为油膜的剪切模型等。图 5-70 所示的是一个三位四通方向控制边阀的原理结构及其一个简单的集成模型，在外力的作用下，阀芯质量产生加速度，进而发生速度和位移，从而改变阀的冲程，最终导致阀控制方向的改变和流量的改变。

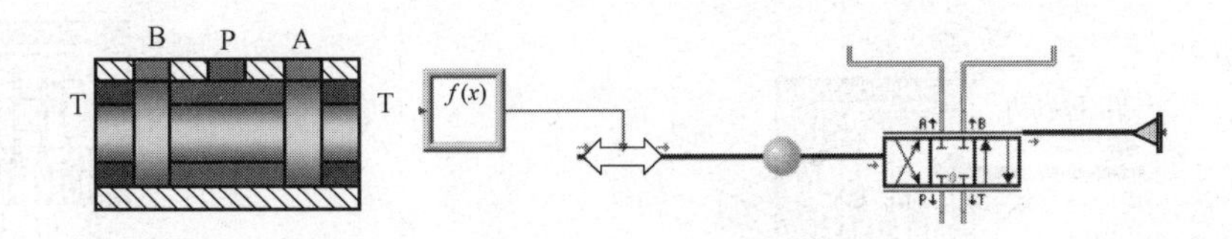

图 5-70 三位四通方向控制边阀模型

边阀模型是根据实际的几何结构来建模的，例如重叠量、截面几何特征、有无孔槽及其数量、有无倒角等，如图 5-71 所示，还可以考虑内部容积、液流力、随阀芯机械

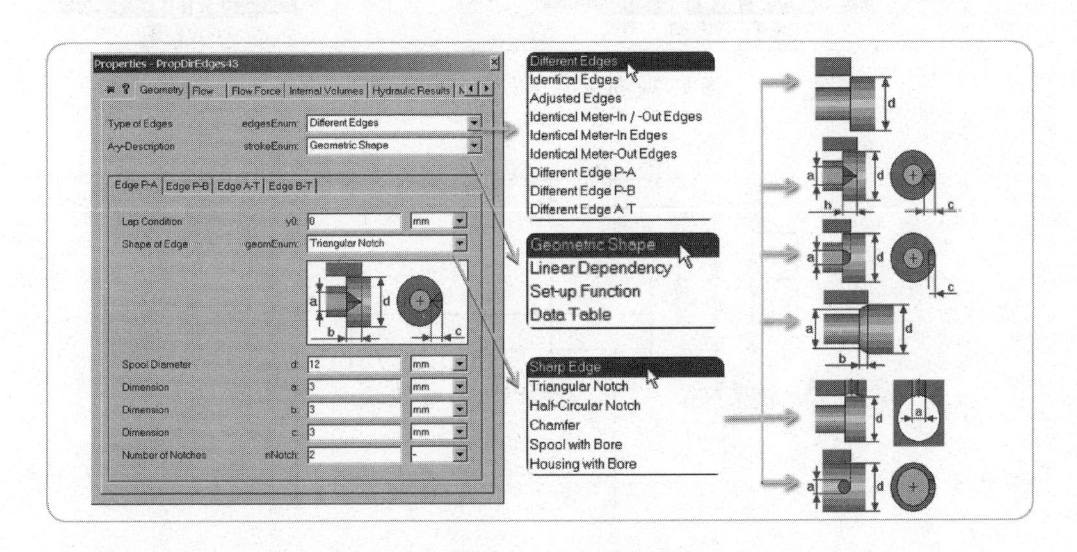

图 5-71 边阀的几何结构建模

系统变化的动态特性等，可以采用流量系数 $\alpha_D(Re)$、$\zeta(Re)$ 或者查表来描述容积流量。因此，此类模型特别适合于零部件仿真，如果几何数据完整，那么建议采用这种方法进行液压阀的建模。

5.4.6 先导比例控制阀的详细建模

当开发高精度液压系统产品时，通常都采用边阀来进行建模，以获取更高的仿真精度，掌握液压系统的动态特性及其结构参数对其性能的影响规律，揭示压力、流量偏离设计目标的相关故障问题的产生机制。这次以图 5-72 所示的一个机械-液压系统为例，来说明如何详细对液压系统模型进行建模。该结构包括两大部分：先导控制部分、液压主体部分。通过手动执行机构，控制先导部分的阀芯位置，从而控制端口 P 和端口 Av 或者 Bv 的连通情况。而端口 Av、Bv 又与主体部分两端的反馈腔相通，从而控制主体阀芯位置的改变，进而控制主体阀中控制端口 P 与 A 或者 B 的连通情况。先导部分可以采用三位四通方向控制阀来进行建模，手动执行机构建模为信号方块模型，作为先导部分阀芯的位置控制信号。主体部分可分解为三个子系统：阀芯与两个弹簧构成的机械

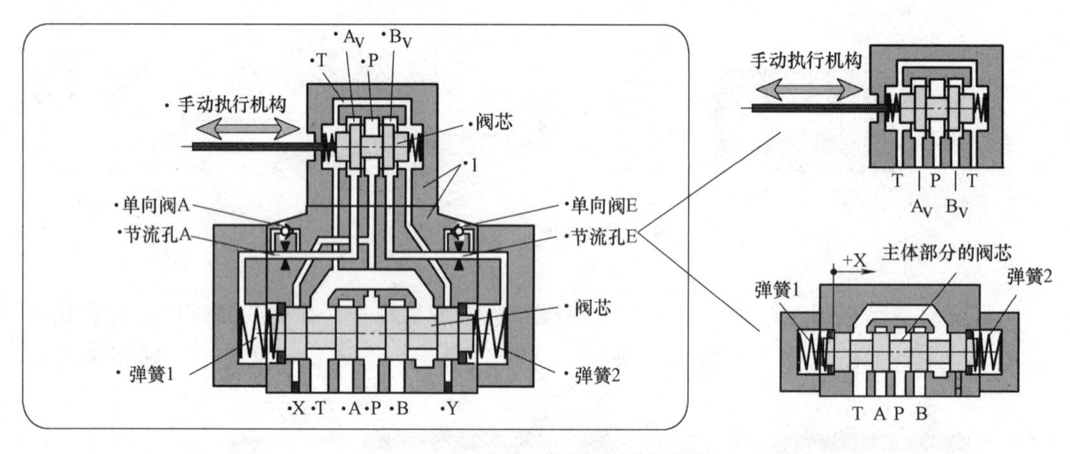

图 5-72　机械-液压系统的结构简图

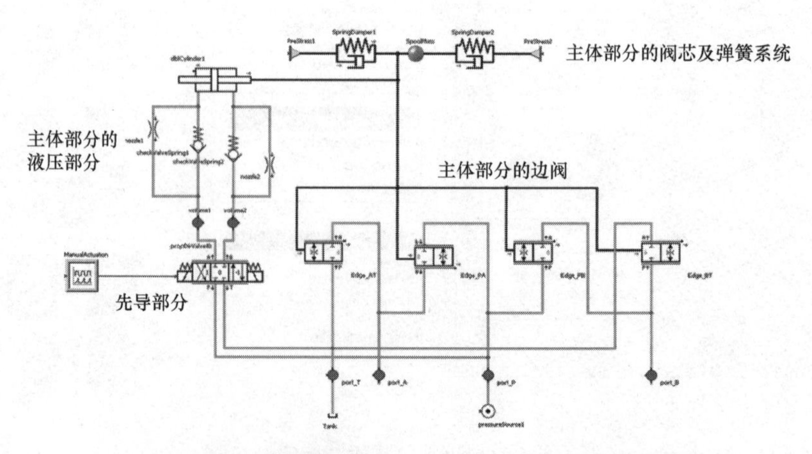

图 5-73　基于结构特征所建立的机械-液压系统的仿真模型

子系统、由四个边阀构成的液压阀子系统、由单向阀和节流孔构成的液压油路子系统，依次进行建模。最后，为了验证所建立的模型的有效性，需要搭建虚拟试验台，增加一个压力源进行系统供油，增加一个油箱进行泄油。最终建立的仿真模型如图 5-73 所示，模型的关键参数设置如图 5-74 所示。

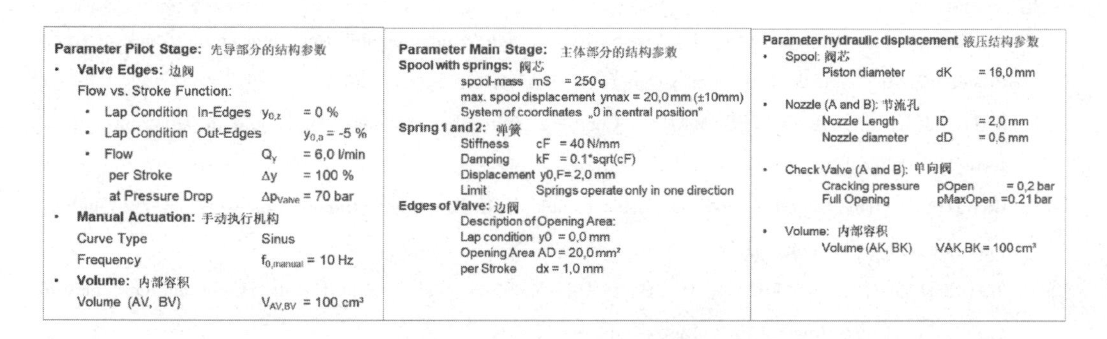

图 5-74　模型的关键参数设置

参 考 文 献

[1] 刘艳芳. SimulationX 精解与实例：多学科领域系统动力学建模与仿真 [M]. 北京：机械工业出版社，2010.

[2] ARZEN K. E., R. OLSSON, J. AKESSON. Grafchart for procedural operator support tasks [C]// Proceedings of the 15th IFAC World Congress, Barcelona: Spain, 2002.

[3] ASTRŐM K. J., B. WITTENMARK. Computer controlled systems: theory and design [M]. New Jersey: Prentice Hall, 1997.

[4] BARTON P. The Modelling and simulation of combined discrete/continuous processes [D]. London: Imperial College London, 1992.

[5] BAUSCHAT M., W. MÖNNICH, D. WILLEMSEN, et al. Flight testing robust autoland control Laws [J]. Proceedings of the AIAA Guidance, 2001.

[6] BENWENISTE A., P. CASPI, S. EDWARDS, et al. The synchronous languages 12 years later [J]. Proceedings of the IEEE, 2003, 91 (1): 64-83.

[7] CARPANZANO E., R. GIRELLI. The tearing problem: definition, algorithm and application to generate efficient computational code from DAE systems [C]//Proc. of 2nd MATHMOD Vienna, IMACS Symposium on Mathematical Modeling, Vienna: Austria, 1997: 1039-1046.

[8] CLAUSS C., J. HAASE, G. KURTH, et al. Extended amittance description of nonlinear n-poles [J]. International Journal of Electronics and Communications, 1995 (40): 91-97.

[9] ENNS D., D. BUGAJSKI, R. HENDRICK, et al. Dynamic inversion: an evolving methodology for flight control design [J]. AGARD Conference Proceedings 560: Active Control Technology: Applications and Lessons Learned, 1994 (7): 1-12.

[10] ELMQVIST H. A structured model language for large continuous systems [J]. Ph. d Thesis Department of Automatic Control Lund Institute of Technology, 1978.

[11] ELMQVIST H. An object and data-flow based visual language for process control [J]. ISA/92-Canada Conference & Exhibit, Instrument Society of America, 1992.

[12] ELMQVIST H., F. CELLIER, M. OTTER. Object-oriented modeling of hybrid systems [J]. Proceedings ESS' 93, European Simulation Symposium, 1993.

[13] ELMQVIST H., S. E. MATTSSON, M. OTTER. Object-oriented and hybrid modeling in modelica [J]. Journal Europeen des Systemes Automatises, 2001: 395-404.

[14] FRANKE R., M. RODE M., K. KRÜGE. On-line optimization of drum boiler startup [C]// 3rd Int. Modelica Conference, LinkÖping: Sverige, 2003 (3-4): 287-296.

[15] HALBWACHS N. Synchronous programming of reactive systems [M]. Berlin: Springer Verlag, 1993.

[16] MATTSSON S. E., G. SÖDERLIND. Index reduction in differential-algebraic equations using dummy derivatives [J]. SIAM Journal of Scientific and Statistical Computing, 1993, 14 (3): 677-692.

[17] MATTSSON S. E., H. OLSSON, H. ELMQVIST. Dynamic selection of states in Dymola [J]. Proceedings of the Modelica Workshop, 2000: 61-67.

[18] HIDING ELMQVIST. Modelica—a unified object-oriented language for physical systems modeling [J].

Simulation Practice & Theory, 1997 (5): 6.

[19] MOSTERMAN P., G. BISWAS. A formal hybrid modeling scheme for handling discontinuities in physical system models [J]. Proceedings of AAAI-96, 1996: 985-990.

[20] MOSTERMAN P., M. OTTER, H. ELMQVIST. Modeling petri nets as local constraint equations for hybrid systems using Modelica [C]//1998 Summer Computer Simulation Conference, Nevada: USA, 1998: 314-319.

[21] OLSSON H., M. OTTER, S. E. MATTSSON, et al. Balanced models in Modelica 3.0 for increased model quality [C]//Proceedings of the 6th International Modelica Conference, Bielefeld: Germany, 2008: 21-33.

[22] OTTER M., F. E. CELLIER. Software for modeling and simulating control systems [M]. Boca Rato USA: CRC Press, 1996.

[23] OTTER M., H. ELMQVIST, S. E. MATTSSON. Hybrid modeling in Modelica based on the synchronous data flow principle [C]//IEEE International Symposium on Computer Aided Control System Design, Hawaii: USA, 1999.

[24] OTTER M., K. E. ÅRZÉN, I. DRESSLER. StateGraph-a Modelica library for hierarchical state machines [C]//Proceedings of the 4th International Modelica Conference, Hamburg, Germany, 2005: 569-578.

[25] PANTELIDES C. The consistent initialization of differential-Algebraic systems [J]. SIAM Journal of Scientific and Statistical Computing, 1998: 213-231.

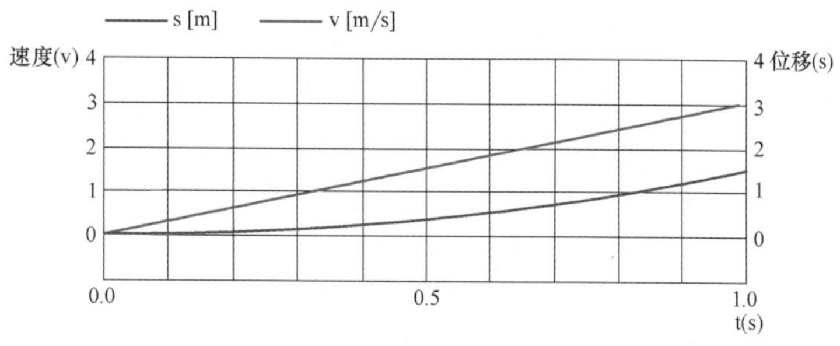

图 1-9　模型仿真结果

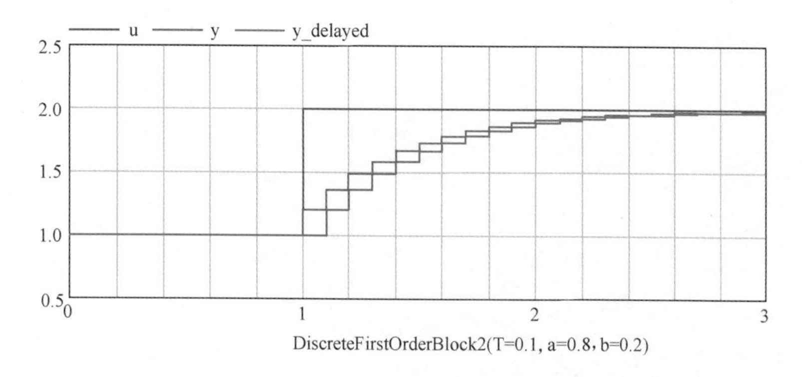

图 2-6　阶跃输入 DiscreteFirstOrderBlockVersion2 模型的仿真结果

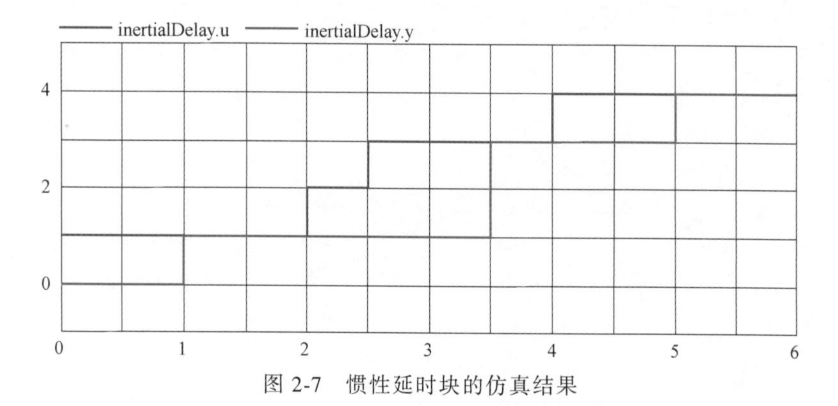

图 2-7　惯性延时块的仿真结果

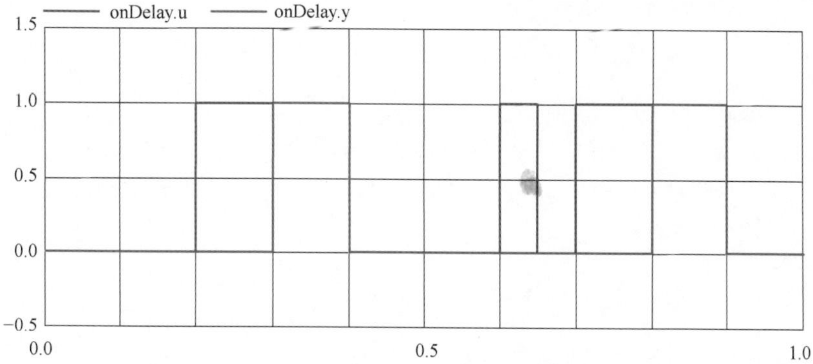

onDelay.u　onDelay.y

1.5
1.0
0.5
0.0
−0.5
0.0
0.5
1.0

图 2-8　延时为 0.1s 的 OnDelay 计算模块的仿真结果

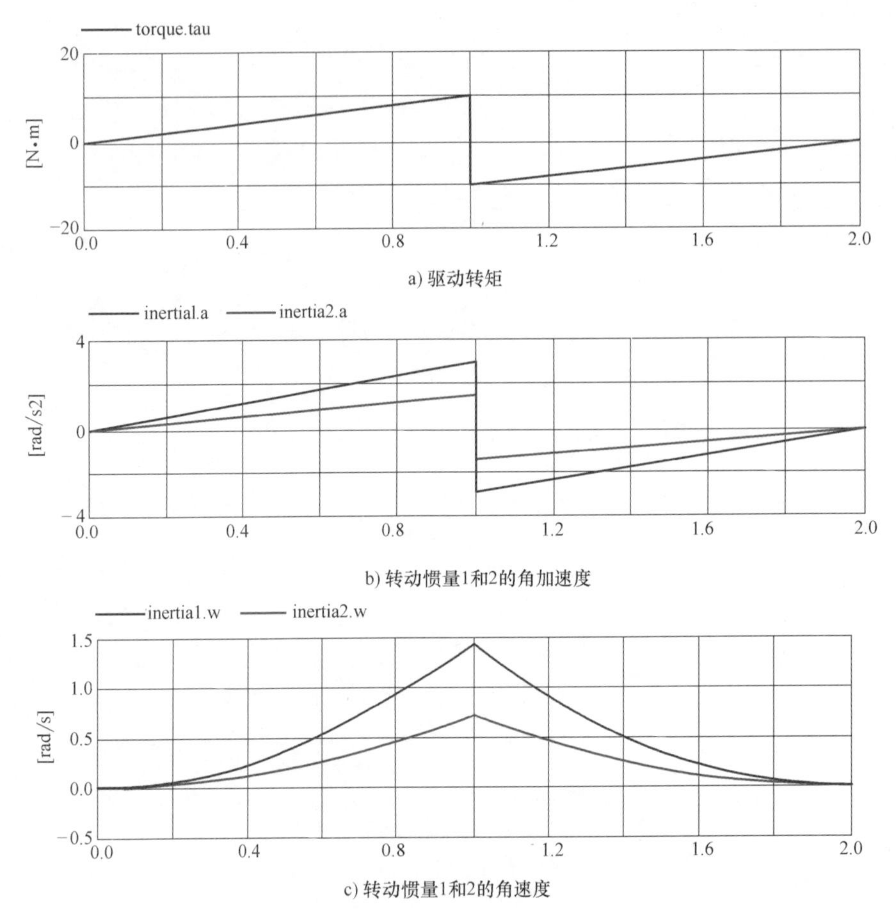

图 3-20 简单传动系统的 Dymola 仿真结果

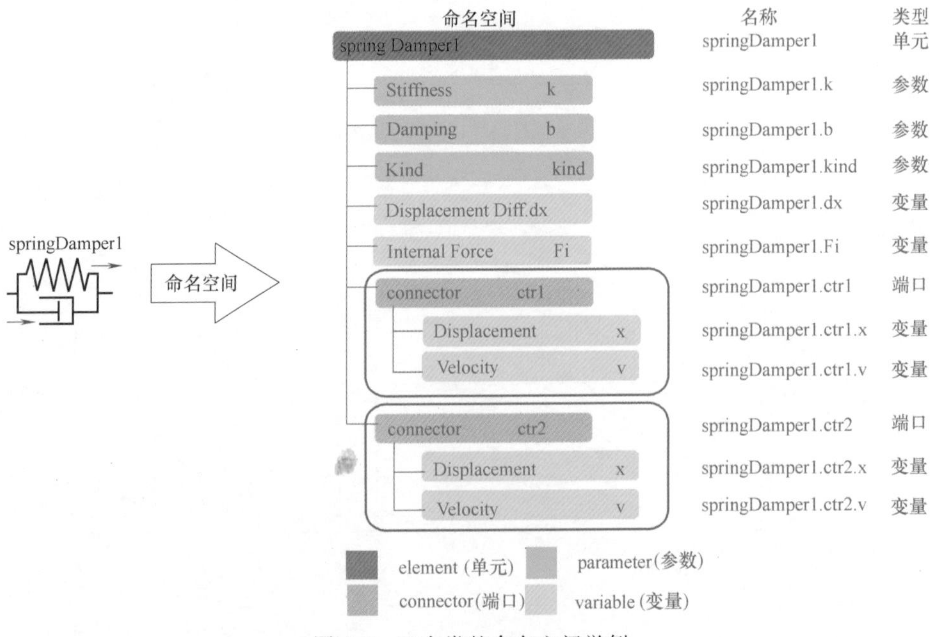

图 4-7 已有类的命名空间举例

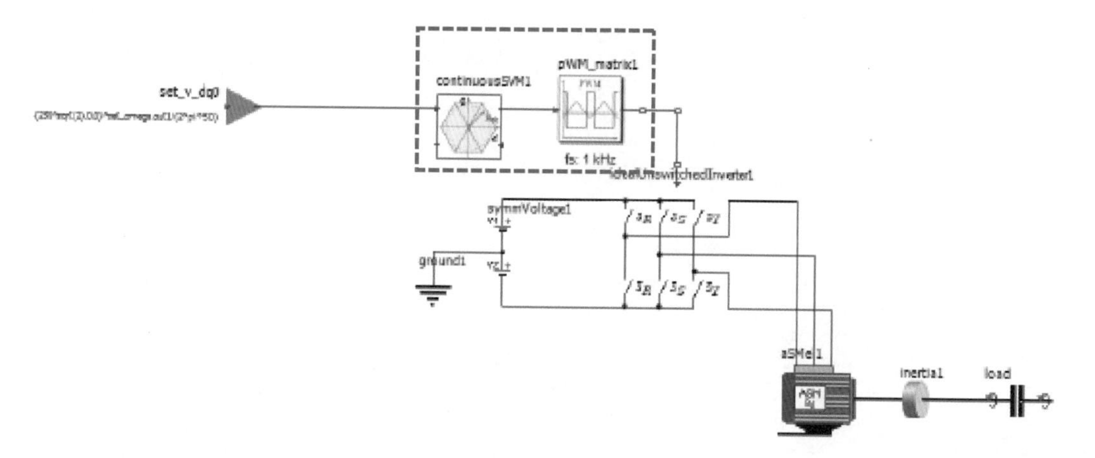

a) 电压源型逆变器的物理模型

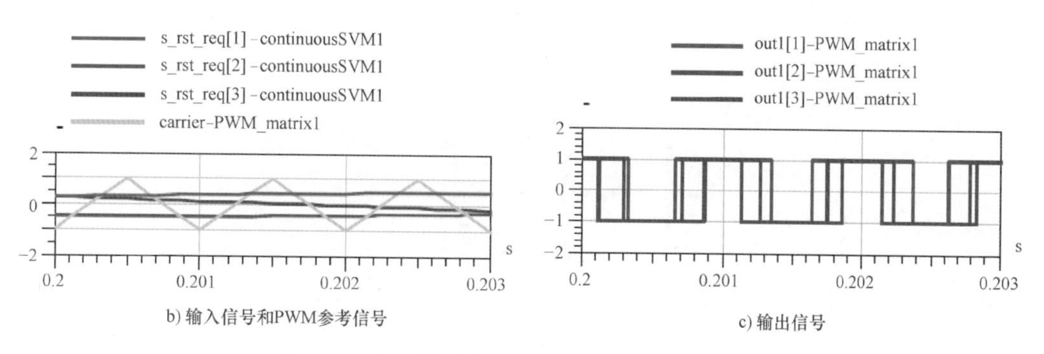

b) 输入信号和PWM参考信号

c) 输出信号

图 4-31 电压源型逆变器的多维信号输入和输出

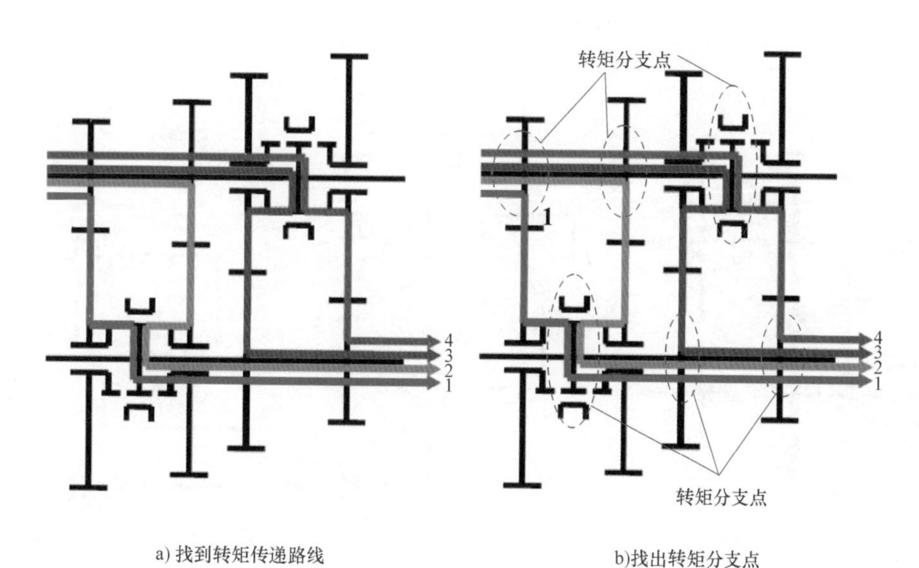

a) 找到转矩传递路线

b)找出转矩分支点

图 5-6 转矩传递路线的确定

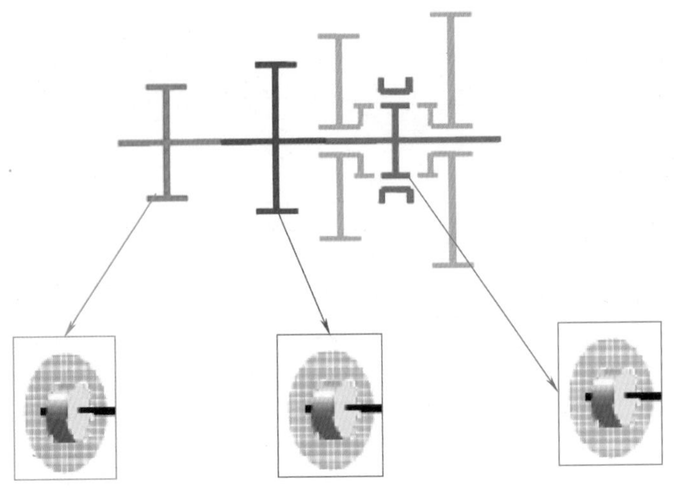

图 5-7　输入轴 1 的分段划分原则及其建模

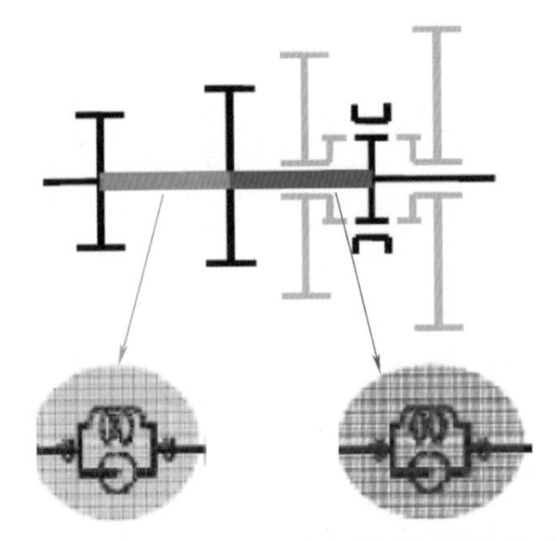

图 5-8　轴的弹性属性的分段划分原则及其建模

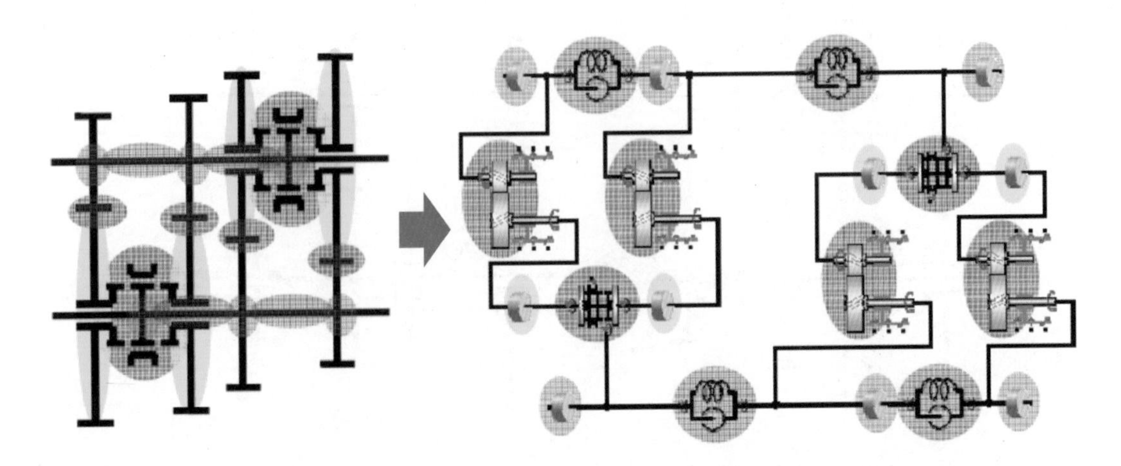

图 5-10　定轴圆柱齿轮传动系统的 SimulationX 模型概览图